Ventilatoranlagen
mit Anwendungsbeispielen aus dem gesamten Ventilatorwesen

Handbuch

für

Ingenieure, Architekten und Studierende

von

Dipl.-Ing. Fritz Mode
Oberingenieur in Berlin

Mit 260 Figuren und 19 Tabellen im Text
sowie 1 Reibungstafel

Berlin und Leipzig 1931

Verlag von Walter de Gruyter & Co.

vormals G. J. Göschen'sche Verlagshandlung — J. Guttentag, Verlagsbuchhandlung
Georg Reimer — Karl J. Trübner — Veit & Comp.

vormals G. J. Göschen'sche Verlagshandlung — J. Guttentag, Verlagsbuchhandlung — Georg Reimer — Karl J. Trübner Veit & Comp.

Berlin W 10 und Leipzig

Druck von Walter de Gruyter & Co., Berlin W 10

Vorwort.

Das Buch behandelt Ventilatoranlagen und soll soweit wie möglich die Unterlagen in systematischer Ordnung und leicht faßlicher Form bieten, welche zur selbständigen Projektierung aller Anlagen gehören, die mit Ventilatoren betrieben werden.

Die Ergebnisse der durch meine langjährige Tätigkeit auf diesem Sondergebiet erworbenen Erfahrungen konnten verwertet werden. Da mir hierbei der Gedankenaustausch mit Herrn Obering. Karl August Hoffmann häufig wertvolle Anregungen gab, sei ihm an dieser Stelle der gebührende Dank.

Die im Buch gegebenen praktischen Vorschläge sollen nicht als Normen gelten, sondern als Richtlinien für die Beurteilung und als Erleichterung für die Projektierung derartiger Anlagen.

Es wurde angestrebt, jeden Abschnitt übersichtlich und als geschlossenes Ganzes zu behandeln; leider war es im Rahmen des Buches nicht möglich, auf Hinweise ganz zu verzichten.

Für die weitgehende Unterstützung, die ich bei vielen Firmen durch bereitwillige Überlassung von Abbildungen und sonstigen Unterlagen gefunden habe, sowie für die wertvolle Hilfeleistung bei der Korrektur durch Herrn Dipl.-Ing. Heinrich Friedrich, sei noch besonders gedankt.

An die verehrten Leser richte ich die ergebene Bitte, mir etwaige Abänderungsvorschläge zukommen zu lassen. Ich werde sie stets dankbar entgegen nehmen und gegebenenfalls später berücksichtigen.

Berlin-Charlottenburg, September 1930.

Fritz Mode.

Inhaltsverzeichnis.

Abschnitt I. Einführung. Seite

1. Hauptigenschaften aller Lüfter 1
2. Besondere Merkmale der Fliehkraft- und Schraubenlüfter. Pendelgefahr 2
3. Physikalische Grundlagen der Gase 5
   a) Drücke. b) Spezifische Gewichte. c) Feuchte Luft. d) Taupunkt. e) Spezifische Wärme. f) Spezifische Wärme feuchter Luft. g) Wärmeinhalt. h) Wärmeübertragung.
4. Luft- und strömungstechnische Grundlagen 9
   a) Statischer, dynamischer und Gesamtdruck. b) Reibungswiderstand und Einzelwiderstände. c) Beziehungen der Drücke untereinander. d) Leistung der Lüfter. e) Diffusorwirkung. f) Neutrale Zone. g) Luftwechsel. h) Saug- und Druckwirkung.

Abschnitt II. Lufterneuerungsanlagen.

1. Allgemeine Wirkungsweise 18
2. Ausführungsformen 18
   a) Drucklüftung. b) Sauglüftung. c) Ausgeglichene Lüftung.
3. Berechnungsart 21
   a) Bestimmung der Luftmenge. b) Kanalabmessungen und Widerstände. c) Berechnungsbeispiel.
4. Anwendungsgebiete 28
   a) Schulen. b) Büroräume. c) Bedürfnisanstalten und Aborte. d) Kleine und mittlere Küchen. e) Kirchen. f) Kleine Gast- und Vergnügungs-Stätten, Kasinoräume. g) Elektrische Zentralen. h) Akkumulatorenräume. i) Transformatorenräume. k) Gießereien. l) Heizkeller und Kesselhäuser. m) Pferde- und Viehställe. n) Bergwerke: Hauptbewetterung. Sonderbewetterung. o) Tunnellüftung. p) Festungsanlagen. q) Schiffslüftung.

Abschnitt III. Lufterwärmungs- und Luftheizungsanlagen.

1. Allgemeine Wirkungsweise 63
   a) Erwärmung durch elektrischen Strom. b) Erwärmung durch Dampf, Warm- oder Heißwasser. c) Erwärmung durch Gas.
2. Ausführungsformen 66
   a) Zentrale Anlagen. b) Einzelanlagen. c) Umluftanlagen. d) Nachwärmeanlagen.
3. Berechnungsart 68
   a) Ermittlung von Luftmenge und Heizleistung bei Lufterwärmungsanlagen. b) Wahl und Bestimmung der Lufterhitzer, Wärmedurchgang. c) Energiebedarf der Lufterhitzer. d) Luftmenge und Heizleistung bei Luftheizungsanlagen. Transmissionsrechnung. e) Verwendung der Lufterhitzer als Kühler.

Seite

4. Anwendungsgebiete 77
a) Theater, Kinos, Konzertsäle: Lüftung von oben nach unten, Lüftung von unten nach oben. b) Lehranstalten. c) Tresore. d) Kirchen. e) Krankenhäuser. f) Bürohäuser, Verwaltungsgebäude. g) Werkstätten. h) Durchfahrten. i) Grubenbetriebe. k) Laboratorien. l) Treibhäuser.

Abschnitt IV. Luftbefeuchtungsanlagen.

1. Wirkungsweise 97
2. Ausführungsformen 98
a) Zentrale Anlagen. b) Lokale Anlagen.
3. Berechnungsart 100
4. Anwendungsgebiete 102
a) Textilindustrie. b) Druckereien. c) Tabakindustrie. d) Museen.

Abschnitt V. Luftkühl- und Klimatisierungsanlagen.

1. Wirkungsweise der Luftkühlanlagen 106
2. Ausführungsformen 107
a) Verdunstung. b) Oberflächenkühlung. c) Kältemaschinen.
3. Wirkungsweise der Klimatisierungsanlagen. Behaglichkeitsfrage 109
4. Ausführungsformen 113
5. Berechnungsart 115
a) Luftmenge und Kühlleistung. b) Wahl und Bemessung des Oberflächenkühlers. c) Verdunstungskühlung. d) Kältemaschinen.
6. Anwendungsgebiete 120
a) Theater und Kinos. b) Große Gaststätten. c) Treibhäuser. d) Kühlräume. e) Automatische Telefonzentralen. f) Elektrische Maschinen: Durchzugstypen, Verdunstungskälte, Ringlaufkühlung.

Abschnitt VI. Luftfilter.

1. Wirkungsweise 130
2. Ausführungsformen 131
a) Siebfilter: Möllerfilter; Haberl-Filter. b) Prallfilter: 1. Delbag-Filter (Viscin); 2. Bartel-Filter; 3. G. L. G.-Filter; 4. Möller-Filter. c) Bewegliche, selbstreinigende Prallfilter: 1. Phönix-Filter; 2. Bartelfilter; 3. Bewegliches G. L. G.-Filter; 4. Schirpfilter. d) Bewegliche, selbstreinigende Stofffilter: Beth-Filter. e) Halbautomatische Stofffilter: 1. Graue-Filter; 2. Winterfeld-Filter. f) Säureabscheider: 1. Afa-Abscheider; 2. Gasfilter. g) Keimfilter: 1. Möller-Keimfilter; 2. Delbag-Baktericidol-Filter. h) Luftwäscher. i) Elektrofilter.
3. Lüfter und Luftfilter 151
4. Bestimmung der Filterfläche 152
5. Anwendungsgebiete 152

Abschnitt VII. Entnebelungsanlagen.

1. Wirkungsweise 153
2. Ausführungsformen 154
a) Zentrale Luftzuführung. b) Verwendung von Einzelheizgeräten.
3. Berechnungsart. a) Luftmenge. b) Lufterwärmung 155
4. Anwendungsgebiete 158
a) Färbereien. b) Wäschereien. c) Textilindustrie. d) Papiermaschinen. e) Großküchen. f) Badeanstalten.

Seite

Abschnitt VIII. Trockenanlagen.

1. Wirkungsweise ... 164
2. Ausführungsformen ... 165
a) Kammertrocknung. b) Kanaltrocknung. c) Stufentrocknung
3. Berechnungsart ... 167
4. Anwendungsgebiete ... 170
a) Holztrocknung. b) Ledertrocknung. c) Fischtrocknung. d) Malztrocknung. e) Preßluft.

Abschnitt IX. Abwärmeverwertung.

1. Wirkungsweise ... 178
2. Ausführungsformen ... 178
a) Direkte Verwertung. b) Indirekte Verwertung.
3. Berechnungsart ... 179
4. Anwendungsgebiete ... 180
a) Porzellanfabriken. b) Glashütten. c) Transformatoren. d) Generatoren und Motoren. e) Luftvorwärmung bei Kesseln.

Abschnitt X. Künstliche Luftführung bei Feuerungsanlagen.

1. Wirkungsweise ... 183
a) Künstlicher Zug im Vergleich zum Schornsteinzug. b) Unterwind und Saugzug. c) Ausgeglichenes System.
2. Ausführungsformen ... 189
a) Unterwind. b) Direkter Saugzug: 1. am Schornstein; 2. am Fuchs; 3. mit Gehäuseregulierung; 4. mit Schraubenlüfter. c) Indirekter Zug.
3. Berechnungsart ... 192
a) Unterwind. b) Saugzug.
4. Allgemeine Betrachtungen ... 195
a) Bewertung der Zuganzeiger am Kessel. b) Überlastung des Saugzuglüfters.
5. Anwendungsgebiete ... 197
a) Landanlagen. b) Schiffsanlagen. c) Ölfeuerung.

Abschnitt XI. Entstaubungsanlagen.

1. Wirkungsweise und Ausführungsformen ... 201
A. Erfassung des Staubes ... 202
a) Geschlossenes System. b) Umschließende Staubsaughaube. c) Saugtrichter und Luftsaughaube. d) Doppelhaube. e) Fortblasen. f) Raumentstaubung. g) Druckbelüftung des Raumes.
B. Abscheidung des Staubes ... 207
a) Luftfilter. b) Fliehkraftabscheider. c) Abscheider mit Koksfilter. d) Davidson-Abscheider.
C. Verlegungsart ... 211
D. Wärmeverluste ... 212
E. Einzelabsaugung ... 213
2. Berechnungsart ... 215
3. Anwendungsgebiete ... 219
a) Holzbearbeitung. b) Schuhindustrie. c) Gießereien. d) Converter-Entstäubung. e) Gummifabriken. f) Schleifereien und Polierwerkstätten. g) Diskusschleifmaschinen. h) Kohlenindustrie. i) Textil-Industrie. k) Elektrische Maschinen.

Seite

Abschnitt XII. Absaugeanlagen von Dämpfen und Gasen.

1. Wirkungsweise ... 233
A. Erfassung ... 233
B. Abscheidung ... 234
2. Berechnungsart ... 234
3. Anwendungsgebiete ... 236
a) Beizereien. b) Rauchabsaugung in Lokomotivschuppen. c) Akkumulatorenräume. d) Laboratorien. e) Entqualmungsanlagen. f) Farbspritzanlagen. g) Garagen und Motorenprüfstände. h) Gießereien. i) Kanalentgasung.

Abschnitt XIII. Pneumatische Förderanlagen für Leichtgut.

1. Wirkungsweise ... 252
2. Ausführungsformen ... 253
a) Direkte Förderung. b) Indirekte Förderung. c) Allgemeine Ausführung.
3. Berechnungsart ... 256
a) Mischungsverhältnis. b) Direkte Förderung. c) Indirekte Förderung.
4. Anwendungsgebiete ... 259
a) Holzspäne und Sägemehl. b) Baumwolle und Kapok. c) Zuckerrohr. d) Lumpen. e) Spreu und Häcksel. f) Heu und Klee. g) Stroh. h) Rohrpostanlagen.

Abschnitt XIV. Lüfter-Ausführungsarten.

1. Fliehkraftlüfter ... 271
a) Dreh- und Blasrichtung. b) Einseitig saugend. c) Zweiseitig saugend.
2. Schraubenlüfter ... 272
a) Horizontale Anordnung. b) Vertikale Anordnung.

Abschnitt XV. Lüfter-Antriebe.

1. Bemessung der Antriebsmaschine ... 272
a) Leistung. b) Axialdruck. c) Radialdruck. d) Drehmoment
2. Direkte Antriebsarten ... 275
a) Fliegende Anordnung. b) Dreilager-Ausführung. c) Vierlager-Ausführung.
3. Riemenantrieb ... 278
4. Verschiedene Antriebsmaschinen ... 279
a) Elektromotor: 1. Gleichstrommotor; 2. Drehstrommotor; 3. Kollektormotor. b) Dampfturbine. c) Luftturbine.

Abschnitt XVI. Rohrleitungen.

1. Material ... 283
a) Schwarzblech. b) Verbleites Blech. c) Verzinktes Blech. d) Tonrohre.
2. Ausführung der Rohre ... 286
a) Nähte. b) Stöße. c) Krümmer und Abzweige. d) Absperrorgane.
3. Aufhängung ... 289
4. Schlitze und Öffnungen ... 290

Seite

Abschnitt XVII. Geräuschfragen.

1. Ursache 291
a) Luft- und Bodenschall. b) Lüfter. c) Motor. d) Unterbau.
2. Vermeidung 292
a) Umfangsgeschwindigkeit. b) Lüfterausführung. c) Dämpfung

Sachverzeichnis 296

Reibungstafel.

Tabellen-Übersicht.

Tabelle 1 über feuchte Luft 7
„ 2 „ Einzelwiderstände 12
„ 3 „ Wärmeabgabe der Beleuchtuug 22
„ 4 „ Wirkungsgrade elektrischer Maschinen 23
„ 5 „ Luftwechsel auf Schiffen 62
„ 6 „ k-Werte zur Transmissionsberechnung 75
„ 7 „ Zuschläge zur Transmissionsberechnung 76
„ 8 „ Behaglichkeitswerte 112
„ 9 „ Kühlmitteltemperaturen und -Drücke 120
„ 10 „ Kühlraumtemperaturen 125
„ 11 „ Spec. Wärme fester Körper 170
„ 12 „ Zusammensetzung von Brennstoffen 193
„ 13 „ Geschwindigkeiten in Entstaubungsanlagen 216
„ 14 „ Sauganschlüsse bei Späneabsaugungsanlagen 217
„ 15 „ „ „ Schleifscheiben 218
„ 16 „ Spez. Gewichte von Gasen 235
„ 17 „ Gefalzte Rohre 284
„ 18 „ Krümmer mit kl. Radius 284
„ 19 „ Krümmer mit gr. Radius 285

Literatur-Verzeichnis.

V. Blaess, Strömung in Röhren. Verlag R. Oldenbourg. München 1911.
H. Groeber, Wärmeübertragung. Verlag J. Springer, Berlin 1926.
Grubenmann, Ix-Tafeln feuchter Luft. Verlag J. Springer, Berlin 1926.
Hausbrand, Das Trocknen mit Luft und Dampf. Verlag J. Springer, Berlin 1920.
Heise-Herbst, Bergbaukunde. Verlag J. Springer, Berlin 1914.
M. Hirsch, Die Trockentechnik. Verlag J. Springer, Berlin 1927.
W. Hort, Technische Schwingungslehre. Verlag J. Springer, Berlin 1922.
„Hütte" Des Ingenieurs Taschenbuch. 25. Auflage. I. u. IV. Bd.
Johow-Foerster, Hilfsbuch für den Schiffbau. Verlag J. Springer, Berlin 1928.
F. Nuber, Wärmetechnische Berechnung. Verlag R. Oldenbourg, München 1926.
W. Philippi, Elektrizität im Bergbau. Verlag W. de Gruyter u. Co., Berlin 1926.
H. Recknagels Kalender für Gesundheits- und Wärmetechnik. Verlag R. Oldenbourg, München 1930.
Rietschel, Heiz- und Lüftungstechnik. Verlag J. Springer, Berlin 1928.
E. Wiesmann, Die Ventilatoren. Verlag J. Springer, Berlin 1930.
Regeln für Leistungsversuche an Ventilatoren und Kompressoren. V. D. I.-Verlag, Berlin NW 7, 1926.
Gesundheitsingenieur. Heft 26, 33, 34, 39, 52. Jhrg. 8, 53. Jhrg. Verlag R. Oldenbourg, München.
V. D. I.-Zeitschrift. Bd. 73, Nr. 40.
Beihefte zum Gesundheitsing.
Übersicht über das Schrifttum der Lufthygiene 1911 bis 1924. Verlag R. Oldenbourg, München.
Der Werksleiter. Nr. 23. Jhrg. 3.

Zusammenstellung häufig vorkommender Bezeichnungen.

G	kg	Luftgewicht
V	m^3	Luftvolumen oder Luftmenge
p_{ges}	$mmWS$	Gesamtdruck
p_{st}	,, ,,	Statischer Druck
p_d	,, ,,	Dynamischer Druck
Q	$kcal$	Wärmemenge
WE	$kcal/h$	Wärmeeinheiten.
i	$kcal/kg$	Wärmeeinhalt
α	$kcal/m^2h\ {}^0C$	Wärmeübergangszahl
k	,,	Wärmedurchgangszahl
λ	$kcal/mh\ {}^0C$	Wärmeleitzahl
F	m^2	Fläche
w	m/s	Geschwindigkeit
x	kg/kg	Feuchtigkeitsgehalt der Luft (absolut)
x'	,, ,,	Feuchtigkeitsgehalt der Luft bei voller Sättigung
φ	—	Relative Feuchtigkeit $\frac{x}{x'}$
γ	kg/m^3	Spezifisches Gewicht
$\mathfrak{c}_p$	$WE/m^3\ {}^0C$	Spezifische Wärme bezogen auf das Gasvolumen bei konst. Druck
c_p	$WE/kg\ {}^0C$	Spezifische Wärme bezogen auf das Gasgewicht bei konst. Druck
t	${}^0C$	Temperatur
ϑ_e	,,	Eintrittstemperatur
ϑ_a	,,	Austrittstemperatur
T_0	-273^0	Absoluter Nullpunkt
T	$273 + t$	Absolute Temperatur
α	$\frac{1}{273}$	Ausdehnungskoeffizient der Gase
ata	kg/cm^2	Absoluter Druck.
$atü$	,, ,,	Überdruck

Abschnitt I.

Einführung.

1. Haupteigenschaften aller Lüfter.

Unter Ventilatoranlagen sind alle diejenigen Anlagen zu verstehen, die mit Hilfe eines Ventilators, im folgenden allgemein Lüfter genannt, arbeiten.

Die Lüfter zerfallen in zwei Hauptgruppen:

Fliehkraftlüfter und Schraubenlüfter. Die Wirkungsweise und Theorie dieser Maschinen wird als bekannt vorausgesetzt, jedoch sollen in einigen Leitsätzen die Haupteigenschaften aller Lüfter und die besonderen der erwähnten Gruppen kurz zusammengefaßt werden.

Alle Lüfter bezwecken die Förderung eines Gases.

Ihre Leistung ist bestimmt durch das von ihnen zu fördernde Luft- oder Gasvolumen und den bei dieser Förderung zu überwindenden Druck.

Alle Lüfter unterliegen dem Proportionalitätsgesetz, nach welchem bei gleichbleibendem äußeren Belastungszustand (Widerstand) aber Veränderung der Drehzahl gilt:

I. Die Luftmenge ist proportional der ersten Potenz der Drehzahl. $\frac{V}{V_1} = \frac{n}{n_1}$

Der Druck ist proportional der zweiten Potenz der Drehzahl. $\frac{p}{p_1} = \frac{n^2}{n_1^2}$

Der Kraftbedarf ist proportional der dritten Potenz der Drehzahl. $\frac{N}{N_1} = \frac{n^3}{n_1^3}$

Ferner gilt bei Anordnung von mehreren Lüftern:

II. Bei Hintereinanderschaltung zweier gleicher Lüfter verdoppelt sich der Druck, bei Parallelschaltung das Luftvolumen. In letzterem Falle besteht jedoch häufig Pendelgefahr. (Vgl. S. 4).

III. Bei verändertem spezifischen Gewicht des Gases, aber gleichbleibender Drehzahl fördert jeder Lüfter das gleiche Luftvolumen, wobei sich jedoch Druck und Kraftbedarf proportional dem spezifischen Gewicht ändern.

2. Besondere Merkmale der Fliehkraftlüfter und Schraubenlüfter.

Der Fliehkraftlüfter (vgl. Fig. 1 u. 2) besteht aus einem Schaufelrad, das von einem spiralförmigen Gehäuse umgeben ist. Er saugt die Luft axial an, und zwar in der Mitte des Gehäusebodens auf einer oder zwei Seiten und drückt sie tangential, d. h. am Umfang der Gehäuseschnecke weiter.

Fig. 1. Einseitig saugender Fliehkraftlüfter. (Danneberg & Quandt, Berlin-Lichtenberg.)

Der Schraubenlüfter (vgl. Fig. 3) besteht aus einem meist schraubenförmigen Flügelrad, das von einem Ring umschlossen sein kann. Er saugt die Luft ebenfalls axial an, drückt sie jedoch auch wieder in gleicher Richtung axial weiter.

Bei veränderter äußerer Belastung und gleichbleibender Drehzahl gilt:

IV. Die Luftmenge und der Kraftbedarf des Fliehkraftlüfters steigt bei abnehmendem äußeren Widerstand.

V. Der Kraftbedarf des Schraubenlüfters sinkt bei abnehmendem äußeren Widerstand trotz steigender Luftmenge.

Fliehkraftlüfter sind für hohe Gegendrücke bis etwa 800 mm WS (einstufig) geeignet. Ihre Wirkungsgrade liegen zwischen 60 und 75% bei guten Konstruktionen.

Fig. 2. Zweiseitig saugender Fliehkraftlüfter. (Siemens-Schuckertwerke, Berlin-Siemensstadt.)

Sie werden mit geraden, vorwärts oder rückwärts gekrümmten Schaufeln in bezug auf die Drehrichtung ausgeführt (vgl. Fig. 4).

Um gleiche Luftleistung zu erzielen, bedürfen Fliehkraftlüfter mit vorwärts gekrümmten Schaufeln kleinere Umfangsgeschwindigkeiten und somit kleinere Drehzahlen als solche mit geraden und rückwärts gekrümmten Schaufeln.

Der Vorteil von rückwärts gekrümmten Schaufeln liegt in ihrem meist besseren Wirkungsgrad, der geringen Veränderung des Kraftbedarfs bei veränderter äußerer Belastung und in der Möglichkeit Parallelschaltung vorzunehmen, ohne daß Pendelgefahr besteht.

Die Pendelgefahr[1]) wird durch das Diagramm Fig. 5 veranschaulicht. In ihm ist für eine bestimmte Drehzahl eines Lüfters mit vorwärts gekrümmten Schaufeln eine Drosselkurve, auch Charakteristik genannt, dargestellt. Diese Kurve zeigt die jeweilige Einstellung von Druck und Volumen bei veränderter äußerer Belastung.

Fig. 3. Schraubenlüfter. (Vereinigte Windturbinenwerke, Meißen i. Sa.)

Gleichzeitig ist die Kraftbedarfskurve eingetragen. Man versteht unter Pendelgefahr die Eigenart mancher Lüftertypen, bei Parallelschaltung verschiedene Luftmengen fördern zu können.

Arbeitet der Lüfter z. B. auf Punkt A, so würde er bei dem Druck p_a die Luftmenge V_a abgeben und einen Kraftbedarf N_a aufweisen. Bei gleichem Druck p_a kann der Lüfter aber auch die größere Luftmenge V_b unter dem höheren Kraftbedarf N_b fördern.

Dieses Überspringen von einem zum anderen Arbeitspunkt kann nun bei Parallelschaltung zweier Lüfter eintreten, besonders wenn durch irgendeine Verschiedenheit in der Drehzahl oder in der Belastung das Gleichgewicht gestört wird.

Fig. 4. Schaufelformen von Fliehkraftlüftern.

Bei solchen Lüftertypen, bei denen die Drosselkurve kein Maximum mit 2 abfallenden Ästen bildet, ist eine Pendelgefahr nicht vorhanden.

---

[1]) Diese Erscheinung ist eingehend untersucht von Berlowitz Z. d. V. d. I. Bd. 69 N 5.

Dies trifft z. B. bei Fliehkraftlüftern mit rückwärts gekrümmten Schaufeln, vgl. Fig. 6, und bei fast allen Schraubenlüftertypen zu.

Schraubenlüfter haben wegen ihrer axialen Fortführung der

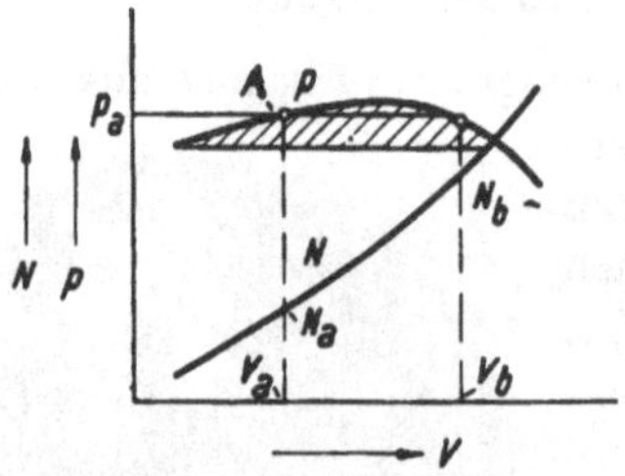

Fig. 5. Charakteristik und Kraftbedarf eines Fliehkraftlüfters mit vorwärts gekrümmten Schaufeln.

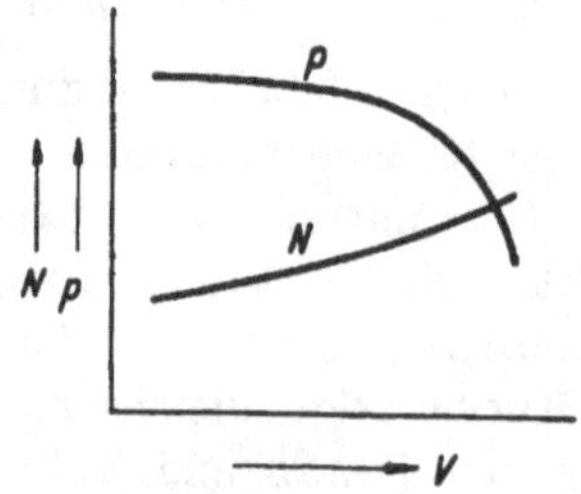

Fig. 6. Charakteristik u. Kraftbedarf eines Fliehkraftlüfters mit rückw. gekr. Schaufeln.

Luft häufig den Vorzug bequemeren Einbaus als Fliehkraftlüfter. Sie können auch mit senkrechter Achse zum Einbau gelangen (vgl. Fig. 7 a).

Der Wirkungsgrad der hochwertigen Schraubenlüfter (vgl. Fig. 7 b u. Fig. 3), der bis vor einigen Jahren noch demjenigen der Fliehkraftlüfter

Fig. 7 a. Siemens-Betz-Schraubenlüfter eingebaut in eine Diesellokomotive.

wesentlich unterlegen war, ist durch Verbesserung der Konstruktion neuerdings außerordentlich gut geworden, so daß er bisweilen den des

Fliehkraftlüfters übertrifft. Gute Konstruktionen erreichen einen Wirkungsgrad von 70% und darüber.

Da sich auch der Bereich dieser hochwertigen Schraubenlüfter auf Drücke bis zu etwa 100 mm *WS* und mehr erweitert hat, ist der Schraubenlüfter neben dem Fliehkraftlüfter jetzt zur Verwendung in den verschiedensten Ventilatoranlagen geeignet.

Fig. 7b. Siemens-Betz-Schraubenlüfter. Antriebsseite (Siemens-Schuckertwerke, Berlin-Siemensstadt.)

Dazu kommt der Vorteil bei Schraubenlüftern, durch einen Wechsel der Drehrichtung die Förderrichtung umkehren zu können. Wenn auch die Förderleistung bei dieser Umkehrung zurückgeht, so ist doch die Umschaltmöglichkeit für manche Betriebe wertvoll.

3. Physikalische Grundlagen der Gase.

a) Drücke.

Der Druck der Gase kann gemessen werden in Atmosphären (*at*), in mm Quecksilbersäule (*QS*) und in mm Wassersäule (*WS*). Dabei ist

$$1\ at = 1\ \text{kg/cm}^2 = 735{,}5\ \text{mm}\ QS\ \text{von}\ 0^0 = 10000\ \text{mm}\ WS\ \text{von}\ 4^0.$$

Da die Drücke in der Ventilatortechnik fast durchweg wesentlich unter einer Atmosphäre liegen, werden sie in mm *WS* ausgedrückt. Man vergegenwärtige sich dabei jedoch stets, daß

$$1\ \text{mm}\ WS = \frac{1}{10000}\ at$$

darstellt.

b) Spezifische Gewichte.

Alle Gase können als elastisch-flüssige Körper angesehen werden.

Das spezifische Gewicht eines festen oder flüssigen Körpers ist das Verhältnis seines Gewichtes zu demjenigen einer raumgleichen Wassermenge von 4^0 C.

1 dm^3 Wasser von 4^0 wiegt 1 kg.

1 dm^3 trockene Luft von 0^0 760 mm wiegt 0,001293 kg.[1])

In der Ventilator- und Wärmetechnik gilt jedoch als Volumen-Einheit das m^3. Man ist daher dazu übergegangen, das tatsächliche

[1]) Luftdichte in größeren Höhen bis 10 km ist angenähert $\gamma = \gamma_0 \cdot 0{,}9^H$, wenn H die Höhe in km über Meeresspiegel ist.

Gewicht eines m^3 Luft schlechthin als Raumgewicht oder auch als spezifisches Gewicht der Luft zu bezeichnen. Mithin

$$\gamma = 1000 \cdot 0{,}001293$$
$$= 1{,}293 \text{ kg/m}^3 \text{ von } 0^\circ/760.$$

Entsprechend ist das spezifische Volumen gleich dem reziproken Wert von γ, also

$$V = \frac{1}{\gamma}$$
$$= \frac{1}{1{,}293} = 0{,}7733 \text{ m}^3/\text{kg}.$$

Bei veränderter Temperatur, aber konstantem Druck verhalten sich nach Gay-Lussac die Volumina wie die absoluten Temperaturen.

$$\frac{V_1}{V_2} = \frac{T_1}{T_2}$$
$$V_2 = \frac{V_1 \cdot T_2}{T_1}.$$

Da $T = 273 + t$ ist, wird $V_2 = \dfrac{V_1 \cdot (273 + t_2)}{273 + t_1}$

oder auch $= V_1 \cdot \left[\dfrac{1 + \frac{1}{273} t_2}{1 + \frac{1}{273} t_1}\right].$

Der Wert $\frac{1}{273}$ wird mit α bezeichnet und stellt dar, um welchen Teil des Volumens sich das Gas bei jedem Grad Temperaturerhöhung vergrößert.

Die Gleichung für die Ermittlung eines Volumens von veränderter Temperatur lautet daher allgemein

$$V_2 = V_1 \left(\frac{1 + \alpha t_2}{1 + \alpha t_1}\right)$$

und wenn V_1 auf 0^0 bezogen und auf t^0 erwärmt wird: $V_2 = V_1 (1 + \alpha t)$. Die Dichte ist das Raumgewicht der Gase bezogen auf Luft $= 1$.

c) Feuchte Luft.

Ist in der Luft Wasserdampf enthalten, so spricht man von feuchter Luft. Bei Rechnungen mit feuchter Luft ist es zweckmäßig mit dem Luftgewicht in kg zu rechnen.

Bei einer bestimmten Temperatur kann 1 kg Luft immer nur ein bestimmtes Höchstgewicht x' an Wasserdampf enthalten, das dem Teildruck des Wasserdampfes bei dieser Temperatur entspricht und mit wachsender Temperatur steigt.

d) Taupunkt.

Ist dieses Höchstgewicht tatsächlich in 1 kg Luft vorhanden, so nennt man die Luft vollgesättigt. Die Temperatur, bei der dieser Zustand eintritt, d. i. bis zu der feuchte Luft bei konstantem Druck abgekühlt werden muß, damit sie sich ohne Aufnahme von Wasserdampf sättigt, nennt man den Taupunkt.

Ist dagegen nur ein Teil dieses jeweiligen Höchstgewichtes in der Luft enthalten, dann ist der Wasserdampf in der Luft überhitzt und man spricht von der relativen Feuchtigkeit φ.

Diese gibt das Verhältnis der Teilsättigung zur vollen Sättigung an. Also bedeutet z. B. $\varphi = 0{,}5$, daß 1 kg Luft 50% ihres dem Taupunkt entsprechenden maximalen Wassergehaltes x' enthält.

Aus der Zustandsgleichung für permanente Gase ergibt sich alsdann das spezifische Gewicht der feuchten Luft [1])

$$\gamma_f = \gamma_{tr} - \frac{0{,}176 \cdot \varphi \cdot p}{T}.$$

Hierin ist p der Teildruck des Wasserdampfes bei der Temperatur t, der aus Tabelle 1 ebenso wie x' zu entnehmen ist, und γ_{tr} das spez. Gewicht der trockenen Luft.

Tabelle 1 [2])

über Dampfspannung, Dampfgehalt und Wärmeinhalt von feuchter Luft.

t^0	p mm QS	x' kg/kg	i kcal/kg	t^0	p mm QS	x' kg/kg	i kcal/kg	t^0	p mm QS	x' kg/kg	i kcal/kg
−20	0,77	0,00065	−4,42	21	18,65	0,0162	14,8	45	71,88	0,067	52,2
−10	1,95	0,00165	−1,43	22	19,83	0,0172	15,7	46	75,65	0,071	55,0
−5	3,01	0,00255	+0,31	23	21,07	0,0183	16,6	47	79,60	0,075	57,9
0	4,58	0,00390	2,32	24	22,38	0,0195	17,6	48	83,71	0,080	60,8
+1	4,93	0,0042	2,74	25	23,76	0,0208	18,6	49	88,02	0,085	64,0
2	5,29	0,0045	3,17	26	25,21	0,0221	19,6	50	92,51	0,089	67,3
3	5,69	0,0048	3,61	27	26,74	0,0235	20,7	51	97,20	0,095	70,8
4	6,10	0,0052	4,06	28	28,35	0,0249	21,9	52	102,1	0,100	74,6
5	6,54	0,0056	4,50	29	30,04	0,0265	23,1	53	107,2	0,106	78,4
6	7,01	0,0060	5,01	30	31,82	0,0281	24,3	54	112,5	0,112	82,6
7	7,51	0,0064	5,52	31	33,70	0,0299	25,6	55	118,0	0,119	87,0
8	8,05	0,0069	6,04	32	35,66	0,0317	27,0	56	123,8	0,126	91,9
9	8,61	0,0074	6,57	33	37,73	0,0336	28,4	57	129,8	0,133	96,5
10	9,21	0,0079	7,13	34	39,90	0,0357	29,9	58	136,1	0,141	101,7
11	9,84	0,0084	7,70	35	42,18	0,038	31,5	59	142,6	0,149	107,2
12	10,52	0,0090	8,30	36	44,56	0,040	33,2	60	149,4	0,158	113,0
13	11,23	0,0096	8,91	37	47,07	0,042	34,9	65	187,5	0,213	148,6
14	11,99	0,0103	9,56	38	49,69	0,045	36,7	70	233,7	0,290	198,7
15	12,79	0,0110	10,2	39	52,44	0,048	38,6	75	289,1	0,403	272
16	13,63	0,0117	10,9	40	55,32	0,051	40,6	80	355,1	0,580	386
17	14,53	0,0125	11,6	41	58,34	0,054	42,7	85	433,6	0,894	587
18	15,48	0,0134	12,4	42	61,50	0,057	45,0	90	525,8	1,559	1014
19	16,48	0,0142	13,2	43	64,80	0,060	47,3	95	633,9	3,88	2500
20	17,54	0,0152	14,0	44	68,26	0,064	49,8	100	760	—	—

[1]) Rietschel, Heizung und Lüftung 28. S. 255. Verlag J. Springer, Berlin.

[2]) Nach Hütte, Bd. I Ausgabe 25.

Kühlgrenze ist die Temperatur, die feuchte Luft erreicht, wenn sie bei konstantem Druck durch Aufnahme von Wasserdampf sich sättigt.

e) Spezifische Wärme.

Die spezifische Wärme ist diejenige Wärmemenge, die nötig ist, um 1 kg des Gases um 1° C bei konstantem Druck (c_p) oder bei konstantem Volumen (c_v) zu erwärmen.

Da in der Ventilatortechnik fast immer mit annähernd konstantem Druck der Luft zu rechnen ist, kommt für alle Rechnungen nur die spezifische Wärme c_p in Betracht.

Die spezifische Wärme kann auch auf 1 m³ des Gases bei konstantem Druck bezogen werden und heißt dann $\mathfrak{c}_p$.

Die spezifische Wärme ist abhängig:

1. von der Atomzahl im Molekül,
2. von der Temperatur des Gases.

Man unterscheidet daher die wahre spezifische Wärme, die nötig ist, um ein Gas von einer bestimmten Temperatur um 1° zu erwärmen von der mittleren spezifischen Wärme, die im Mittel nötig ist, um in einem größeren Temperaturbereich 1 kg bzw. 1 m³ um einen Grad zu erwärmen.

Für die Praxis genügt vollauf die mittlere spezifische Wärme. Unter Zugrundelegung der Atomzahl 2 ergibt sich für trockene Luft von 0° u. 760 mm:

$$c_p = 0{,}237 \sim 0{,}24\ WE/kg$$
$$\mathfrak{c}_p = 0{,}306 \sim 0{,}31\ WE/m^3.$$

Mit steigender Temperatur erhöht sich das c_p um $0{,}000018 \cdot t$[1]), also

$$c_p = 0{,}237 + 0{,}000018 \cdot t \text{ und}$$
$$\mathfrak{c}_p = 0{,}306 + 0{,}000022 \cdot t.$$

Eine wesentliche Wertänderung tritt demnach erst bei Temperaturen über 100° ein.

f) Spezifische Wärme der feuchten Luft.

Die spezifische Wärme für feuchte Luft ergibt sich aus derjenigen für trockne Luft und für Wasserdampf.

Für trockene Luft ist $c_{pl} = 0{,}237$ WE/kg
für Wasserdampf .. $c_{pw} = 0{,}46$ „ „
mithin .... $c_{p_{\text{feucht}}} = 0{,}237 + x \cdot 0{,}46$ in WE/kg,

wobei x der jeweilige effektive Wassergehalt in kg ist (vgl. Tabelle 1). Es wird bemerkt, daß der Wert für Wasserdampf bei steigender

---

[1]) Nach Versuchsergebnissen von Langen, Holborn und Henning.

Temperatur nach Grubenmann zwischen 0^0 und 500^0 noch um 0,02 wächst, also c_{p_w} bei $500^0 = 0,48$.

g) Wärmeinhalt.

Der Wärmeinhalt i ist diejenige Wärmemenge, die nötig ist, um die Temperatur von 1 kg Gas bei konstantem Druck von 0^0 auf t^0 zu erhöhen. Mithin ist für trockene Luft $i = 0,237 \cdot t$,

für Wasserdampf $i_w = 0,46 \cdot t + 595$,

worin 595 die Verdampfungswärme von 1 kg Wasser bedeutet, und für das Gemisch von trockener Luft und Wasser, also feuchter Luft

$$i_{\text{feucht}} = 0,237 \cdot t + x \cdot (0,46\, t + 595).$$

h) Wärmeübertragung [1]).

Die Wärmeübertragung zerfällt in drei Hauptteile: Die Leitung, die Konvektion und die Strahlung.

Unter Leitung versteht man die Fortpflanzung der Wärme von einem materiellen Punkt zu seinem unmittelbar daneben befindlichen Nachbarpunkt.

Bei der Konvektion befindet sich ein materielles Teilchen mit seinem Wärmeinhalt in Bewegung und führt ihn im Raum zu einem neuen Punkt, in dessen Nähe ein Wärmeaustausch mit einem anderen materiellen Teilchen stattfindet.

Bei der Strahlung tritt die von einem Wärmeträger ausgehende Wärme in anderer Energieform durch den Raum und erscheint erst wieder beim Auftreffen auf ein materielles Teilchen an anderer Stelle des Raumes in Form von Wärme wieder.

In der Praxis treten alle drei Arten der Wärmeübertragung meist mehr oder weniger gemeinsam in Erscheinung.

4. Luft- und strömungstechnische Grundlagen.

a) Statischer, dynamischer und Gesamtdruck.

Die von einem Lüfter zu überwindenden Drücke werden, wie schon erwähnt, in der Ventilatortechnik nach mm *WS* gerechnet. Man unterscheidet 3 Hauptarten von Drücken (vgl. hierüber Regeln über Leistungsversuche an Ventilatoren und Kompressoren des V. D. I.):

1. Der statische Druck p_{st} ist der innere Druck, den ein ruhendes Gas auf seine Gefäßwand oder ein strömendes Gas auf ein mit gleicher Geschwindigkeit und in gleicher Richtung in demselben Kanal fortbewegtes Gas ausübt. Ein genau parallel zur Kanalwand strömendes Gas übt auf diese ebenfalls einen Druck aus, der als statisch bezeichnet wird.

---

[1]) Vgl. Gröber, Wärmeübertragung 1926. Verlag J. Springer, Berlin.

2. Der dynamische Druck p_d ist die in Druck umgesetzte Geschwindigkeit des strömenden Gases; er entspricht derjenigen Beschleunigung, die ein ruhender Körper durch das mit der Geschwindigkeit w senkrecht auftreffende Gas erfährt.

Daher $$p_d = \frac{w^2 \cdot \gamma}{2g}$$
worin γ das spezifische Gewicht des Gases und $g = 9{,}81$ die Schwere darstellt.

Für $\gamma = 1{,}2$ entsprechend mittelfeuchter Luft von 20° ergibt sich der gebräuchliche Wert
$$p_d = 0{,}061 \cdot w^2.$$

3. Der Gesamtdruck ist die algebraische Summe des statischen und dynamischen Druckes
$$p_{ges} = p_{st} + p_d.$$

Es fallen nun unter den Begriff statischer Druck alle diejenigen Widerstände, die ein Gas beim Durchströmen eines Kanalnetzes erfährt, während als dynamischer Druck lediglich die zur Aufrechterhaltung der Förderung nötige, in Druck umgesetzte Geschwindigkeit des Gases einzusetzen ist.

b) Reibungswiderstand und Einzelwiderstände.

Daher rechnet man zum statischen Druck alle Widerstände, die entstehen durch

1. Reibung des Gases an der Wandung des Kanals,
2. alle sogenannten Einzelwiderstände, verursacht
   a) durch Richtungsänderungen
   b) „ Verzweigungen
   c) „ Querschnittsveränderungen.

Die Reibung des Gases an der Wandung ist abhängig von der Geschwindigkeit der Durchströmung, von der Oberflächenbeschaffenheit der vom Gas berührten Kanalwand, dem sogenannten Rauheitsgrad, und von der Temperatur des Gases.

Über die Abhängigkeit von der Geschwindigkeit haben u. a. Biel, Bläß, Rietschel und Brabbé Versuche angestellt und ermittelt, daß der Rohrleitungswiderstand mit der zweiten Potenz der Geschwindigkeit steigt, und zwar z. B. bei Bläß nach der Formel
$$R_R = \lambda \cdot \frac{l}{D} \cdot \frac{\gamma \cdot w^2}{2g},$$
worin $\lambda = 0{,}0125 + \dfrac{0{,}0011}{D}$

$\left.\begin{array}{l} l = \text{Länge} \\ D = \text{Durchmesser} \end{array}\right\}$ des Rohrs in m

w = Geschwindigkeit in m/s.

Von Brabbé sind später ein wenig veränderte Werte durch Versuch festgestellt worden, die der am Schluß des Buches beigelegten Reibungstafel zugrundegelegt sind. Mit ihrer Hilfe kann für einen bestimmten Rohr-Durchmesser bei einem gegebenen Luftvolumen oder einer gegebenen Luftgeschwindigkeit der entsprechende Rohrreibungswiderstand für den lfd. m Rohr abgelesen werden. Gleichzeitig sind die Werte p_d, d. i. der zu jeder Geschwindigkeit gehörige dynamische Druck, aufgetragen.

Die Tafel gilt für glatte Blechrohre, für gemauerte oder Betonkanäle sind die abgelesenen Werte praktisch hinreichend genau zu verdoppeln.

Ferner ist zu berücksichtigen, daß die Werte der Tafel für Luft oder ähnliche Gase mit einem spezifischen Gewicht $\gamma = 1{,}2$ (mittelfeuchte Luft von 20°, 760 mm QS) gelten. Für abweichende Temperaturen bzw. spezifische Gewichte sind die abgelesenen Werte entsprechend zu verändern und zwar durch Multiplikation mit dem Faktor

$$f = \frac{\gamma}{1{,}2}.$$

Bei rechteckigen Kanälen muß vor Benutzung dieser Tafel eine Umrechnung auf den äquivalenten Durchmesser vorgenommen werden, d. i. derjenige, für dessen runden Querschnitt das Verhältnis von Umfang zur Querschnittsfläche dasselbe bleibt wie beim rechteckigen.

$$\frac{U}{F} = \frac{\pi D_g}{\frac{\pi D_g^2}{4}} = \frac{4}{D_g}$$

äquiv. Rohr $\varnothing D_g = \frac{4 \cdot F}{U} = \frac{2 \cdot a \cdot b}{a + b}$.

Hierin sind a und b die beiden Seiten des Rechtecks. Die Umrechnung nach der Gleichung ist so einfach, daß eine besondere Kurve hierfür nicht erforderlich scheint.

Bei der Überwindung eines Einzelwiderstandes, sei es in Form von Richtungsänderungen oder Querschnittsänderungen, sei es in Form von Ein- oder Austrittswiderständen, geht immer Bewegungsenergie des Gases verloren. Sie muß also gewissermaßen jedesmal vom Lüfter wieder neu erzeugt werden. Daher ist es berechtigt, den durch diese Einzelwiderstände entstehenden Verlust in Abhängigkeit von der in Druck umgesetzten Geschwindigkeit oder kurz gesagt der Geschwindigkeitshöhe zu setzen. Mithin $R_e = \zeta \cdot p_d = \zeta \cdot \frac{w^2}{2g} \gamma$.

Für die gebräuchlichsten Einzelwiderstände ist der Beiwert ζ durch Versuche von Rietschel und Brabbé als Erfahrungszahl ermittelt. In der nachfolgenden Tabelle 2 sind diese Koeffizienten zusammengestellt:

Tabelle 2. Einzelwiderstände.

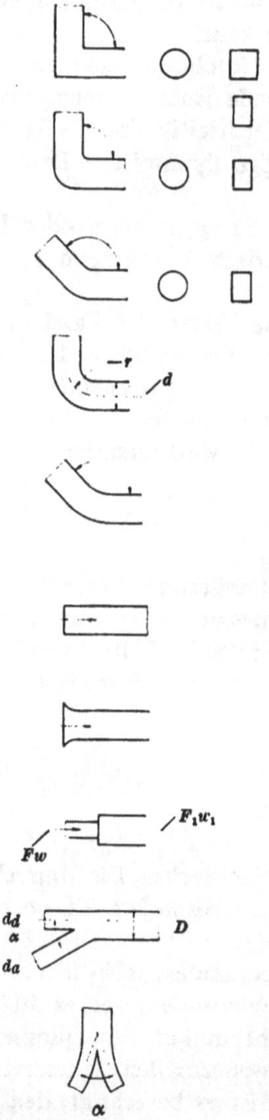

1. Kniee

90° scharf	1,5 *)
„ „	2,0 *)
„ abger.	1,0 *)
135° abger.	0,5 *)

2. Bogen

90° $r = d$	1,0
90° $r \geqq 2d$	0,2
90° $r \geqq 6d$	0
135° $r \geqq 2d$	0,15

3. Querschnittänderungen

Scharfk. Eintritt	0,7
Allm. erw. Eintritt	0
plötzl. Überg. bez. auf w	$\left(1 - \frac{F}{F_1}\right)$
plötzl. Überg. „ „ w_1	$\left(\frac{F_1}{F} - 1\right)$

4. Rohrverzweigungen

	ζ_d	ζ_a
$\alpha \leqq 20°$ $D \cong d_d$	1 *)	0,5 bis 1,5
$\alpha \leqq 20°$ $D > 2d_d$	0,4 *)	0,5 bis 1,5
$\alpha \leqq 20°$ $D > 4d_d$	0 *)	0,5 bis 1,5

Hosenrohr

$\alpha \leqq 20°$	1 *)

c) Erläuterung der Drücke und ihre Beziehungen untereinander.

Der dynamische Druck p_d ist durch seine schon erwähnte Definition hinlänglich klargestellt.

Ist keine Strömung mehr vorhanden, so ist wie bei einem ruhenden

*) Nach Rietschel, Heiz- und Lüftungstechnik 28. Verlag J. Springer, Berlin.

Gase der dynamische Druck gleich Null. Dieser Fall würde z. B. eintreten, wenn der Schieber eines an einen drückenden Ventilator angeschlossenen Rohres geschlossen ist. Eine Luftförderung tritt nicht ein. Vor dem Schieber läßt sich alsdann nur der statische Druck feststellen, der allerdings meist nicht das Maximum für den betreffenden Lüfter darstellt. Das erreichbare Maximum des statischen Druckes wird in der Regel bei geringer Öffnung des Schiebers, d. i. bei kleiner Fördermenge, erzielt.

Bei weiterem Öffnen des Schiebers wird der dynamische Druck bis zu einem dem System entsprechenden Maximum steigen, während gleichzeitig der statische Druck abnimmt.

Am Ende einer Druckleitung ist der statische Druck gleich Null. Es ist nur noch der der Austrittsgeschwindigkeit w entsprechende dynamische Druck vorhanden, der also in diesem Falle gleich dem Gesamtdruck ist.

Der statische Druck auf der Saugseite ist gegenüber der Atmosphäre ein Unterdruck und ergibt als solcher einen negativen Wert, auf der Druckseite dagegen ein Überdruck mit positivem Zeichen von wenigen Ausnahmen abgesehen.

Am Lüfter selbst erreicht der statische Druck sowohl auf der Druckseite wie auf der Saugseite zahlenmäßig seinen Höchstwert.

Der dynamische Druck ist als Geschwindigkeitsdruck immer positiv.

Der Gesamtdruck kann als algebraische Summe von statischem und dynamischem Druck positiv oder negativ sein; er muß bei gleichzeitig saugenden und drückenden Lüftern für jede Lüfterseite besonders errechnet werden. Seine Bestimmung ist maßgebend für die Berechnung der Lüfterleistung.

d) Lüfterleistung.

Die Nutzleistung eines Lüfters errechnet sich nach den angeführten Regeln über Leistungsversuche an Ventilatoren aus dem Produkt von Luftvolumen und der Differenz der Gesamtdrücke vor und hinter dem Lüfter. Hiernach ist

$$L = V \cdot (p_2 - p_1) \text{ in mkg},$$

worin p_1 = Gesamtdruck vor dem $\}$ in mm WS
p_2 = Gesamtdruck hinter dem Lüfter $\}$ in mm WS
V = Luftvolumen in m^3/s

bedeutet.

Um nun für die verschiedenen Fälle eines Lüfters, nur mit Saugleitung, mit Saug- und Druckleitung und nur mit Druckleitung die Rechnung zu vereinheitlichen, betrachtet man in der Praxis alle 3 Arten unter dem ideellen Falle einer angenommenen Druckleitung, die jedesmal alle Widerstände in sich vereinigt.

Dies kann man tun, solange die Luftgeschwindigkeiten auf der Saug- und Druckseite, wie es meist der Fall ist, gar nicht oder nur unwesentlich voneinander abweichen.

Man setzt dann:

$$L = V \cdot p_{ges}$$

und

$$p_{ges.} = S\, p_{st} + p_d,$$

worin $S\, p_{st}$ die Summe aller statischen Drücke des ganzen Systems ist, ganz gleichgültig, ob sie auf der Saug-, Druckseite oder beiden Seiten liegen, während p_d die am Lüfterdruckstutzen aufzubringende Geschwindigkeitshöhe darstellt.

Die Nutzleistung ergibt sich alsdann, wie folgt:

Da $1\ PS = 75$ mkg,

ist $L = \frac{V \cdot p_{ges}}{\cdot 75}$ in PS

oder da $1\ PS = 0{,}736\ KW$

der Leistungsbedarf $N = \frac{V\, p_{ges}}{\eta \cdot 102}$ in KW

bezw. $\eta = \frac{V \cdot p_{ges}}{N \cdot 102}$ der Lüfter-Wirkungsgrad bezogen auf den Gesamtdruck.

e) Diffusorwirkung.

Unter Diffusor versteht man die allmähliche Erweiterung eines Kanals auf einen größeren Querschnitt. Er kommt zur Anwendung innerhalb von Kanalnetzen beim Übergang von einem Querschnitt zu einem größeren, meist jedoch am Ende eines Druckkanals, z. B. bei Grubenventilatoren (vgl. Abschn. II 4 n)bezw. am Ausblas eines Lüfters.

Die Wirkung des Diffusors besteht in der Umsetzung von kinetischer oder Bewegungs-Energie in Druckenergie.

Tritt z. B. aus einem Druckrohr das Gas mit der Geschwindigkeit w in die freie Atmosphäre, dann wäre diese Geschwindigkeit ein Verlust für das System. Setzt man nun an das Ende dieses Druckrohres einen Diffusor mit langsam sich erweiterndem Querschnitt, so wird die Geschwindigkeit des strömenden Gases im Diffusor geringer sein, als vorher im Druckrohr. Man kann sich vielleicht den Vorgang klar machen, wenn man sich denkt, daß die vom Lüfter nachfolgenden Luftmassen mit der größeren Geschwindigkeit w_1 auf solche im Diffusor mit der kleineren Geschwindigkeit w_2 stoßen.

Der hierdurch erzeugte Rückstoß ist gewissermaßen die Umsetzung von Geschwindigkeit in Druck, der nunmehr dem ganzen System derartig zugute kommt, daß der Lüfter einen um diesen Betrag geringeren

Druck aufzubringen braucht. Praktisch wirkt sich dies dahin aus, daß der Lüfter bei Verwendung eines Diffusors schon bei geringerer Drehzahl und damit kleinerer Antriebsleistung dieselbe Luftmenge fördert, wie bei der höheren Drehzahl ohne Diffusor. Oder aber es steigt bei gleicher Drehzahl die geförderte Luftmenge, sobald ein Diffusor angeschlossen wird. Ein Diffusor am Ende oder in der Druckleitung oder auch am Lüfterausblas unmittelbar bringt somit immer einen Gewinn.

Man berücksichtigt in der Rechnung den Gewinn des Diffusors dadurch, daß man den sonst auf den Lüfterausblas zu berechnenden Geschwindigkeitsdruck nunmehr auf den größten Querschnitt des Diffusors bezieht.

Es hat sich aber durch Versuche gezeigt, daß sich die Luft beim Eintritt in den Diffusor und auch beim weiteren Durchströmen des Diffusors nicht gleichmäßig und völlig dem sich erweiternden Querschnitt anpaßt, sondern hauptsächlich durch Wirbelbildung an der Wandung von diesem loslöst.

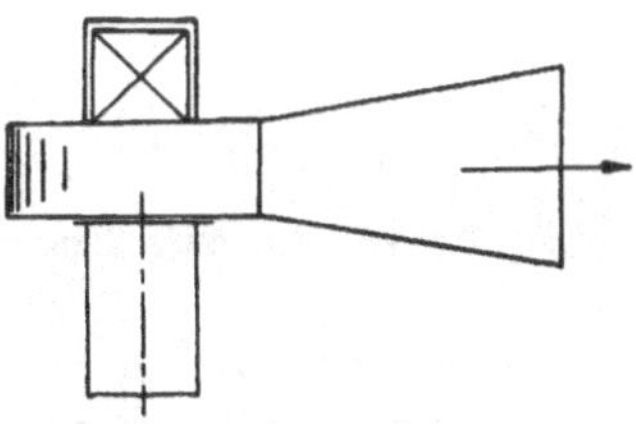

Fig. 8. Lüfter mit Diffusor.

Um diese Randablösung zu berücksichtigen, setzt man noch einen kleinen Wert wieder hinzu, der sich aus einem Beiwert und der Differenz der Geschwindigkeitsdrücke am Ausblas des Lüfters und am Ende des Diffusors zusammensetzt. Wenn man so die ganze Luftleistung auf das Diffusorende bezieht, muß man diesen kleinen Zuschlag als Diffusorverlust bezeichnen. Dieser Verlust sinkt mit der Verkleinerung des Steigungswinkels und ergibt bei Winkeln von $10 \div 15^0$ einen Beiwert von ca. 0,35.

An folgendem Beispiel möge diese Bewertung erläutert werden (vgl. Fig. 8).

Es sei ein Lüfter mit Saugleitung vorhanden, an den Ausblas des Lüfters schließe sich ein Diffusor an. Die Geschwindigkeit am Ausblas sei w_1, die Geschwindigkeit am Diffusor-Ende w_2. Dann ist nach dem früher Gesagten die Nutzleistung

$$L = V \cdot p_{ges} \text{ und}$$
$$p_{ges} = p_{st} + p_{d_2} + (p_{d_1} - p_{d_2}) \cdot 0{,}35.$$

Wäre der Diffusor nicht vorhanden, so würde der Gesamtdruck lauten

$$p_{ges} = p_{st} + p_{d_1}.$$

Da p_{d_1} in jedem Fall größer ist als $p_{d_2} + (p_{d_1} - p_{d_2})\ 0{,}35$, so ist der vom Lüfter benötigte Kraftverbrauch bei Verwendung des Diffusors geringer als ohne Diffusor.

f) Neutrale Zone[1]).

Alle üblichen gemauerten oder betonierten Wände sind mehr oder weniger luftdurchlässig.

In einem von solchen Wänden allseitig umschlossenen Raum, der innen eine Temperatur aufweist, die von derjenigen der äußeren Umgebung wesentlich abweicht, findet ein dauernder Luftaustausch mit der äußeren Umgebung statt, der z. B. im Winter bei 20° Temperaturdifferenz etwa eine Erneuerung des Luftinhalts im Raume in 1—2 Stunden mit sich bringen kann.

Es stellt sich nun infolge der Verschiedenheit der Temperaturen und der spezifischen Gewichte der Luft außen und innen etwa in der Mitte des Raumes der Höhe nach gerechnet, eine neutrale Zone ein, innerhalb welcher ein Druckausgleich stattfindet, während z. B. bei

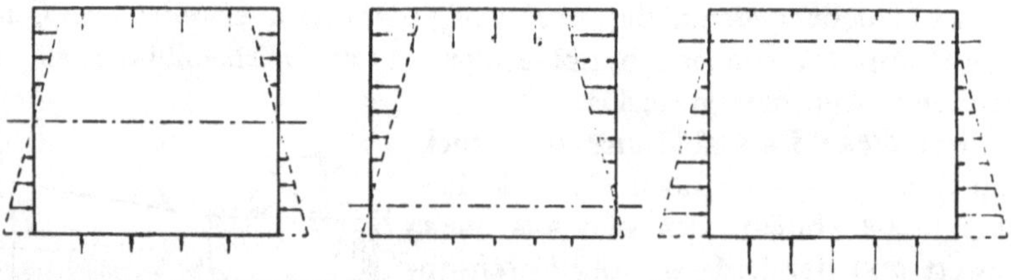

Fig. 9 a—c. Neutrale Zone bei Innenerwärmung, Überdruck und Unterdruck.

innen wärmerer Temperatur unter dieser ein Überdruck von außen nach innen und über dieser ein solcher von innen nach außen auftritt (vgl. Fig. 9 a).

Steht der Raum unter künstlicher Lüftung, so verschiebt sich die neutrale Zone bei Druckluft (vgl. Abschnitt II 2 a) nach unten. Es tritt also keine Außenluft in den Raum ein, sondern nur warme Luft von innen nach außen (vgl. Fig. 9 b).

Bei Saugluft (vgl. Abschn. II 2 b) tritt der umgekehrte Fall ein. Die neutrale Zone verschiebt sich nach oben, es tritt mithin keine Luft von innen nach außen, sondern nur von außen nach innen, und zwar am Fußboden am stärksten (vgl. Fig. 9 c).

Diese lange bekannten Vorgänge sind für die im nächsten Abschnitt behandelten Lufterneuerungsanlagen von Wichtigkeit.

g) Luftwechsel.

Der Luftwechsel eines Raumes wird in der Regel auf die Stunde bezogen und gibt an, wieviel mal in einer Stunde der Luftinhalt eines Raumes erneuert wird. Es bedeutet also z. B. 4facher Luftwechsel, daß alle 15 Minuten die den Raum ausfüllende Luft vollständig erneuert wird.

---

[1]) Nach Recknagel, Rietschel siehe Lit.-Verz.

h) Saug- und Druckwirkung.

Verläßt ein Gas den Kanal mit einer gewissen Austrittsgeschwindigkeit, und findet im Raume, in welchen das Gas austritt, keine störende Luftbewegung statt, so bleibt der Strahl zunächst geschlossen, und zwar auf eine Entfernung, die bis zu einem Maximal-Werte etwa direkt proportional der Austrittsgeschwindigkeit steigt. Alsdann gehen die einzelnen, vorher parallel laufenden Stromfäden auseinander, bis schließlich keine Wirkung praktisch mehr wahrzunehmen ist (vgl. Fig. 10). Auf diese Weise kann also z. B. bei einer Austrittsgeschwindigkeit von 10 m der Strahl bis auf etwa 2—3 m Druckweite geschlossen bleiben und als solcher irgendeine Wirkung ausüben, z. B. das Abblasen von Staub an Maschinenteilen, auch auf größere Entfernung.

Fig. 10. Druckwirkung.

Beim Saugen dagegen, d. h. also, wenn Luft in ein Rohr eintritt, strömt das Gas nicht nur in der geradlinigen Fortsetzung des Rohres in das Innere des Rohres hinein, sondern auch rings um die Mündung herum von oben und von unten her (vgl. Fig. 11). Ein geschlossener Luftstrahl, ähnlich wie im Falle Fig. 10, wird nicht gebildet. Die Luft sucht von allen Seiten auf dem kürzesten Wege in das Rohr zu gelangen.

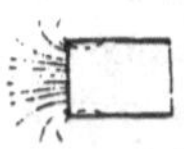

Fig. 11. Saugwirkung.

Es entstehen hierdurch starke Wirbelverluste am Rohreintritt, denen man bekanntlich durch entsprechende trompetenartige Formgebung nach Fig. 12 bis zu einem gewissen Grade begegnen kann. Andererseits folgt hieraus, daß mit einer großen Saugweite beim Ansaugen niemals gerechnet werden kann. Die Saugwirkung sinkt etwa proportional mit dem Quadrat der Entfernung von der Mündung. Bei noch so stark vergrößerter Eintrittsgeschwindigkeit im Rohr wird sich jedoch, wie sich bei Versuchen zeigt, niemals in weiterem Abstand von der Mündung noch eine gleichmäßige und kräftige Saugwirkung feststellen lassen.

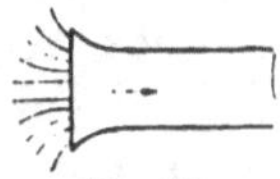

Fig. 12.

Aus diesem Grunde muß bei Staubluft etwa von 0,05 m an die Druckwirkung der Saugwirkung vorgezogen werden, falls sich der gleiche Endzweck damit erzielen läßt (vgl. Abschn. XI 1 A).

Bei feinstem Staub und geringen Mengen ist die Saugweite größer und erreicht praktisch ihr Maximum etwa bei 0,4 m.

Abschnitt II.

Lufterneuerungsanlagen.

1. Allgemeine Wirkungsweise.

Bei allen Lufterneuerungsanlagen handelt es sich darum, die in einem Raum durch irgendwelche Umstände unbrauchbar gewordene Luft in einem bestimmten, möglichst kurz zu bemessenden Zeitraum durch bessere bzw. frischere Luft zu ersetzen. Dies geschieht dadurch, daß entweder ein Lüfter (Schrauben- oder Fliehkraft-Lüfter) bessere Luft in den Raum hineinbläst, oder die unbrauchbare Luft aus dem Raum absaugt oder schließlich in gegenseitiger Unterstützung ein saugender und ein drückender Lüfter gleichzeitig Verwendung finden.

Wie nun auch die Wahl zwischen diesen Möglichkeiten getroffen wird, in jedem Falle ist lufttechnisch die richtige Lösung einer Lufterneuerungsanlage erst gefunden, wenn an allen Stellen, an denen schlechte Luft sich ansammelte bzw. störend empfunden wurde, Frischluft zur Verfügung steht. Dieser so selbstverständlich klingende Grundsatz wird leider oftmals vernachlässigt, so daß vielfach mit an sich guten Mitteln nicht der gewünschte Endzweck erreicht wird. Hieraus geht hervor, daß bei jeder Lufterneuerungsanlage sorgfältige Überlegungen nicht nur über Art und Ort der Entstehung der unbrauchbaren Luft, sondern auch über die Strömungsrichtung der abziehenden und der eintretenden Luft angestellt werden müssen. Je zwangläufiger daher der Luftdurchsatz durch den Raum in dem einmal als richtig erkannten Sinne erfolgt, desto besser wird stets die Anlage arbeiten. Hierbei ist zu berücksichtigen, daß die Luft, von Temperatureinflüssen zunächst abgesehen, immer den Weg des geringsten Widerstandes erstrebt, so daß in allen Fällen, in denen die Luft Punkte berühren soll, die nicht in der Bahn des geringsten Widerstandes liegen, die Strömung durch zwangläufige Führung in Form von Kanälen oder Rohrleitungen bzw. durch zweckmäßige Anordnung der Zu- und Abluft-Öffnungen gerichtet werden muß.

2. Ausführungsformen.

Man unterscheidet drei Hauptsysteme der Lufterneuerung: die Drucklüftung, die Sauglüftung und die ausgeglichene Lüftung.

a) Drucklüftung.

Bei der Drucklüftung kann ein drückender Lüfter allein oder auch daneben noch ein saugender Lüfter Verwendung finden. Das Grundsätzliche beruht darauf, daß dem Raum in der Zeiteinheit mehr gute Luft zugeführt wird, als in gleicher Zeit Abluft entweichen kann oder abgesaugt wird. Hierdurch soll ein geringer Überdruck im Raum gegenüber der äußeren Umgebung geschaffen werden, der sich um so leichter einstellen wird, je dichter der Raum ist.

Zweck dieses Systems ist es

1. das Eindringen von anders temperierter Außenluft, besonders im Winter an unerwünschten Stellen zu verhindern und damit Zugerscheinungen zu vermeiden;
2. den Eintritt staubiger oder hinsichtlich des Feuchtigkeitsgehalts anders gearteter Luft unmöglich zu machen.

Verwendet man nun nur einen drückenden Lüfter, so bieten bei geschlossenen Fenstern und Türen lediglich die Undichtigkeiten der Türen- und Fensterspalten und die mehr oder weniger luftdurchlässigen Wände und Dachkonstruktionen der Luft die Möglichkeit zu entweichen. Man unterschätzt oftmals die Gesamtgröße dieser Austrittsmöglichkeiten. Sie wird beispielsweise in einer großen elektrischen Zentrale mit vielen Fenstern, Türen und Oberlichtern so groß sein, daß Luftmengen, die an sich schon groß erscheinen, nicht hinreichen, um auch nur den geringsten Überdruck zu erzielen. Man muß daher in solchen Räumen meist schon einen mindestens zwanzigfachen Luftwechsel aufbieten, um einen spürbaren Überdruck zu erreichen.

Im allgemeinen wird ein Überdruck von 0,5 mm W. S. schon genügen, während andererseits 3 *mmWS* als Grenze gelten können, da sonst die in diesem Falle von innen nach außen wirkenden Gegendrücke beim Öffnen von Fenstern und Türen zu stark (3 kg/m^2) werden und unliebsame Störungen hervorrufen.

Die Anordnung auch eines saugenden Lüfters bei Drucklüftung ist nur wirksam und erforderlich bei dicht schließenden Räumen, in denen man auf eine allseitig gute Belüftung besonderen Wert legt, wie z. B. in Theatern (vgl. Abschn. III, 4 a). In diesen Fällen hat der saugende Lüfter die Aufgabe, die Strömungsrichtung in Verbindung mit dem drückenden Lüfter in einem gewünschten Sinne zu beeinflussen (vgl. Abschn. II, 1).

Die Drucklüftung wird bei dieser Anordnung dadurch erreicht, daß man den drückenden Lüfter in seiner Luftleistung größer als den saugenden bemißt. Erfahrungsgemäß wird eine um etwa 30 ÷ 50 % größere Luftmenge, die von dem drückenden Lüfter aufzubringen ist, im allgemeinen ausreichen, sofern der damit erzielte Luftwechsel den Undichtigkeiten des Raumes angepaßt ist.

Die neutrale Zone (vgl. Abschn. I, 4 f) verschiebt sich bei der Drucklüftung in die Nähe des Fußbodens, so daß allgemein auf besonders gute Abdichtung der oben liegenden Undichtigkeiten, Dächer und Oberlichter, Wert zu legen ist.

b) Sauglüftung.

Die Sauglüftung kommt im Gegensatz zur Drucklüftung dadurch zum Ausdruck, daß in der Zeiteinheit mehr Luft aus dem Raume abgesaugt wird, als in der gleichen Zeit aus der Umgebung nachströmen kann bzw. nachgeschoben wird. Es wird sich also gegenüber der äußeren Luft ein Unterdruck im Raume einstellen, der wiederum um so größer ist, je besser der Raum abgedichtet ist.

Das System der Sauglüftung wird überall da notwendig, wo der Übertritt schlechterer Luft aus dem zu lüftenden Raum in einen Nebenraum vermieden werden soll. Hier genügen ebenfalls schon ganz geringe Unterdrucke von etwa 0,1 bis 0,5 *mmWS*, um die Nebenräume vor dem Eindringen der unerwünschten Luft zu schützen. Es wird dieses System daher in allen Räumen anzuwenden sein, in denen aufdringliche Gerüche entstehen, wie z. B. in Küchen und Aborten.

Bei diesem System wird oft, wenn es in bewohnten Räumen zur Anwendung gelangt, auch ein drückender Lüfter vorgesehen werden müssen mit etwa 30 — 50 % geringerer Luftleistung. Die neutrale Zone rückt über Mitte Raum oft bis hoch unter Dach (vgl. Abschn. I, 4 f.), so daß gerade in den unteren Teilen des Raumes die Luft durch Undichtigkeiten und bei jedesmaligem Öffnen der Türen stark nachströmt und Zugstörungen hervorruft. Durch zweckmäßige Anordnung des Drucklüfters gegebenenfalls mit Warmluftnachschub können diese Störungen wesentlich vermindert werden.

Die Verwendung nur eines saugenden Lüfters wird sich daher bei der Sauglüftung meist auf von Personen selten benutzte Räume beschränken.

c) Ausgeglichene Lüftung.

Eine ausgeglichene Lüftung findet statt, wenn in den Raum genau so viel Luft einströmt wie in gleicher Zeit aus ihm entweicht. Ein solches System wird im allgemeinen durch Anordnung von Saug- und Drucklüftern durchgeführt werden.

Dieses System ist zu wählen, wenn weder die angegebenen Gründe für eine Drucklüftung noch für eine Sauglüftung vorliegen, andererseits eine zugfreie, möglichst gleichmäßig wirkende Lüftung gefordert wird. Bedeutung gewinnt das System besonders in allen den Fällen, bei welchen sich in den Räumen größere luftverbrauchende Maschinen und Geräte befinden; also z. B. Gießereien, in welchen Öfen zur Aufrechterhaltung der Verbrennung große Mengen von Luft aus dem Raume entnehmen, oder Werkstätten, in welchen eine große Menge von Holz oder Eisen bearbeitenden Maschinen aufgestellt sind, deren Staub durch besondere Absaugeeinrichtungen unter Mischung mit Raumluft ins Freie befördert wird. In diesen Räumen muß im Winter dafür gesorgt werden, daß die entweichende Luft durch eine entsprechende Menge vorgewärmte Frischluft ersetzt wird, und zwar

1. um die mit der entweichenden Luft entstehenden Wärmeverluste zu decken und
2. Zugluft auszuschließen.

3. Berechnungsart.

Bei allen Lufterneuerungsanlagen sind zu berechnen:

1. die notwendige Luftmenge V,
2. die Abmessungen der Kanäle und Rohrleitungen und ihr Widerstand p_{st}.

Für die Bestimmung der Luftmenge sind maßgebend die Ursachen der Luftverschlechterung und die Grenzen der Behaglichkeit, wenigstens soweit Menschen in den zu lüftenden Räumen wohnen oder sich aufhalten.

a) Bestimmung der Luftmenge.

Die Ursachen der Luftverschlechterung können sein:

1. Wärmeabgabe von Menschen (Kohlensäure- und Wasserdampfabgabe),
2. Wärmeabgabe der Beleuchtung,
3. Wärmeabgabe von Maschinen und Geräten,
4. aufdringliche Gerüche,
5. störende Dünste und Gase,
6. Staub.

Aus der Wärmeabgabe (Pos. 1—3) ist die nötige Luftmenge zur Aufnahme der Wärme nach folgender **Grundgleichung** zu errechnen:

$$Q = G \cdot c_p \cdot (t_2 - t_1)$$

oder hieraus:

$$G = \frac{Q}{c_p \cdot (t_2 - t_1)}.$$

Hierin ist:

Q = Wärmemenge, die an die Luft abgegeben wird in WE/h,
G = Luftgewicht in kg/h,
c_p = spezifische Wärme der Luft WE/kg = 0,24,
t_1 = Temperatur der Luft vor Eintritt in den Raum (Frischluft) in °C,
t_2 = Temperatur der erwärmten Luft in °C, welche noch als zulässig erachtet wird.

Die obige Grundgleichung lautet auf das Luftvolumen V umgerechnet, entsprechend:

$$V = \frac{Q\,(1 + a\,t_1)}{c_p\,(t_2 - t_1)}.$$

Hierin ist:

V = Luftmenge in m^3/h von t_1^0,

α = Ausdehnungskoeffizient für Gase = 1/273,

c_p = spec. Wärme der Luft in WE/m³ = 0,31.

Die Werte für Q betragen hinsichtlich der Wärmeabgabe der Menschen nach Rubner und anderen Forschern für den erwachsenen Menschen im Ruhezustande etwa 100—130 WE, in Bewegung etwa 120—160 WE, für die Kinder etwa die Hälfte der obigen Werte.

Hieraus ergibt sich für den in Ruhe befindlichen Menschen nach vorstehender Grundgleichung und 10° Temperaturdifferenz im Mittel 40 m³/h, für denjenigen in Bewegung etwa 50 m³/h.

Eine Nachrechnung des Luftbedarfs nach dem CO_2 Gehalt der ein- und ausgeatmeten Luft ergibt eine geringere Luftmenge. Nach Bürgers[1]) berechnet sich bei Zulassung von nur 1 v. T. CO_2 die erforderliche Luftmenge mit 32 m³/h für einen Menschen.

Aus diesem Grunde ist die Berechnung nach der Wärmeabgabe bei der Bestimmung der Luftmenge vorzuziehen.

Über Wasserdampfabgabe des Menschen vgl. Abschn. V.

Für Beleuchtung kommt praktisch nur noch elektrische und Gasbeleuchtung in Betracht. Die Werte hierfür ergibt nachfolgende Tabelle

Tabelle 3. Wärmeabgabe der Beleuchtung

Kohlenfadenlampe	etwa[2])	2,7 WE/HK	0,69 WE/Watt
Metalldrahtlampe luftleer ...	„	0,9 „	0,67 „
Metalldrahtlampe gasgefüllt .	„	0,43 „	0,71 „
Bogenlampe, Reinkohle......	„	0,7 „	0,44 „
Bogenlampe, Effektkohle	„	0,2 „	0,42 „

Schnittbrenner	etwa	50 WE/HK
Glühlicht stehend	„	7,5 „
„ hängend	„	5 „
Preßgasglühlicht stehend ...	„	5 „
„ hängend ...	„	4 „

Soweit elektrische Maschinen wie Generatoren, Umformer, Transformatoren, Gleichrichter, Elektromotoren und andere in Frage kommen, ergibt sich die Wärmeabgabe allgemein durch den Wirkungsgrad dieser Maschinen, da die Verluste der elektrischen Maschinen sich fast restlos in Wärme umsetzen. Hieraus ergibt sich $Q = N\left(\frac{100}{\eta} - 1\right) \times 860$,

---

[1]) Rietschels Leitfaden der Heizungs- u. Lüftungstechnik. Abschn. Hygiene 28. Verlag J. Springer, Berlin.

[2]) Bloch, Lichttechnik. 21. Verlag R. Oldenbourg, München-Berlin.

darin bedeutet:

N = abgegebene Leistung (Schildleistung) in KW,

η = Wirkungsgrad in %,

860 = Umrechnungszahl von KW in WE/h.

Als gebräuchliche Werte für η von modernen elektrischen Maschinen kann man bei Vollast setzen:

Tabelle 4. Wirkungsgrade elektr. Maschinen.

Generatoren		etwa	0,90—0,94
Umformer		„	0,90—0,95
Motorgeneratoren		„	0,78—0,86
Transformatoren		„	0,98—0,99
Gleichrichter		„	0,85—0,92
Elektromotoren	unter 1 KW	„	0,6 —0,7
„	kleine bis 10 KW	„	0,7 —0,82
„	mittlere bis 100 KW	„	0,82—0,9
„	große über 100 KW	„	0,90—0,92

Bei wärmeabgebenden Maschinen anderer Art wie Dampfmaschinen, Dampfturbinen und Verbrennungsmaschinen sind die Werte für Q nicht allgemein festzulegen, sie müssen vielmehr von den Lieferern angegeben werden. Man könnte vielleicht bei modernen Dampfturbinen-Anlagen für die Wärmeabgabe des Dampfteils einschließlich der unmittelbar anschließenden Rohrleitungen 2—3% der Effektivleistung zugrunde legen.

In der angegebenen Grundgleichung [1]) ist für t_1 zweckmäßig die höchste Temperatur einzusetzen, die in der äußeren Umgebung des Raumes im Sommer herrscht.

Für den Wert t_2 ist die noch zulässige Übertemperatur in dem zu lüftenden Raume einzusetzen. Hierbei ist zu beachten, daß bei dieser Art der Kühlung, also ohne besondere Kühlgeräte wie Wasserkühler usw. (vgl. Abschn. V.) der Raum niemals auf eine tiefere Temperatur, als diejenige der Frischluft gebracht werden kann. Es kann sogar nicht einmal diese Temperatur erreicht werden, da bei gleicher Außen- und Innen-Temperatur $t_2 = t_1$, mithin $t_2 - t_1 = 0$ das Luftgewicht $G = \frac{Q}{0}$ unendlich groß werden würde.

Es ergibt sich somit, daß man immer mit einer Übertemperatur im Raume rechnen und den Wert t_2, d. i. die noch zulässige Raumtemperatur nach den jeweils vorliegenden Verhältnissen bemessen muß.

Um nicht zu große Werte für die Luftmengen und damit allzu große und teure Ventilationsanlagen zu erhalten, wird man im all-

[1]) Mit dieser Bezeichnung wird die Gleichung $Q = G \cdot c_p\,(t_2 - t_1)$ im Folgenden stets benannt werden.

gemeinen, besonders bei industriellen Anlagen mit einer Übertemperatur von $t_2 - t_1 = 10^0$ eine ausreichende Lüftung bzw. Kühlung erzielen. Wird dagegen eine bestimmt einzuhaltende höchste Raumtemperatur vorgeschrieben, so ist die Anlage hierauf abzustimmen, gegebenenfalls unter Verwendung besonderer Kühlmittel (vgl. Abschn. V.).

Bei $t_2 - t_1 = 10^0$ und $t_1 = 20^0$ wird alsdann die stündliche Luftmenge $V = \frac{Q}{2{,}9}$ und bei elektrischen Maschinen $V \sim 300 \cdot \mathrm{KW}$, wenn KW die Verluste darstellen.

Für die Beseitigung von üblen Gerüchen (4), lassen sich bestimmte Berechnungen nicht aufstellen. Hier ist man lediglich auf Erfahrungswerte des Luftwechsels angewiesen, die bei den einzelnen Anwendungsgebieten noch näher zur Sprache kommen.

Für die Entfernung von Dünsten, schädlichen Gasen und Staub (5 u. 6) wird meist eine allgemeine Raumlüftung nicht mehr ausreichen. Es kommen hier besondere Absaugeanlagen in Frage, die in den Abschn. XI u. XII behandelt werden.

In den vorher genannten Fällen der Luftmengenberechnung aus der Wärmeabgabe (1—3) ist es zweckmäßig, eine Kontrolle der errechneten Luftmengen nach dem Luftwechsel vorzunehmen. Je nachdem der zu belüftende Raum ausgenutzt ist, sei es durch enge Anordnung der wärmeabgebenden Maschinen oder durch dichte Besetzung mit Menschen, wird der Luftwechsel (vgl. Abschn. I, 4g) bei gleichen Raumabmessungen verschiedene Werte annehmen. Außerdem wird naturgemäß die Höhe des Raumes hierbei eine wesentliche Rolle spielen. Es haben sich so für die verschiedenen Arten von Räumen gewisse Erfahrungswerte des Luftwechsels herausgebildet, die nach Möglichkeit einzuhalten sind. Allerdings spielen das Lüftungssystem und die Art der Einführung der Luft in den Raum eine so wesentliche Rolle, daß Abweichungen von dem normalen erfahrungsmäßigen Luftwechsel durchaus vorkommen können.

Die Luftwechselwerte lassen sich schwer in einem festen System zusammenfassen und sind daher bei den einzelnen Anwendungsgebieten (Abschn. II, 4) jedesmal angegeben.

Über Einwirkung von Feuchtigkeit und Temperatur auf Behaglichkeit, vergleiche Abschn. V. 3.

b) Kanalabmessungen.

Die Luftkanäle bzw. Rohrleitungen sind unter Zugrundelegung einer von Fall zu Fall festzulegenden Kanalgeschwindigkeit in ihren Abmessungen zu bestimmen. Hierbei gilt die Kontinuitätsgleichung

$$V = F \cdot w$$

$$\text{und } F = \frac{V}{w}.$$

Hierin ist:

V = Luftmenge in m^3/s
F = Kanalquerschnitt in m^2
w = Geschwindigkeit in m/s.

Die Kanalabmessungen sind naturgemäß unter Berücksichtigung der Wirtschaftlichkeit festzulegen, wobei die Anlagekosten gegen die Betriebskosten abzuwägen sind. Große teure Kanäle geben geringe Widerstände und damit kleine Betriebskosten, während enge Kanäle großen Kraftbedarf bedingen und infolgedessen nur bei Platzmangel oder geringem Strompreis in Frage kommen.

Um überhaupt von den Größenverhältnissen der in Frage kommenden Geschwindigkeiten eine Vorstellung zu geben, sind diese nachstehend in einzelne Gruppen mit näherer Bezeichnung eingeteilt.

geringe Geschwindigkeiten	= 0.5— 2 m/s		
kleine ,,	= 2— 4 ,,		
mittlere ,,	= 4— 6 ,,		
große ,,	= 6—12 ,,		
Förder- ,,	= 12—25 ,,	und mehr	

(vgl. Abschn. XIII).

Die geringen und kleinen Geschwindigkeiten sind zu wählen, wenn es sich um störungsfreien Luftein- und -austritt aus Kanalöffnungen bzw. um geräuschlose Luftströmung und um Erzielung möglichst geringer Widerstände handelt. Diese Geschwindigkeiten werden also im allgemeinen für gewerbliche Betriebe wie Gaststätten, Theater usw, in Betracht kommen, wenn kein Raummangel besteht. Die mittleren und besonders die großen Geschwindigkeiten kommen für die erwähnten Betriebe nur dann in Frage, wenn z. B. bei nachträglichen Einbauten Ersparnisgründe oder Platzmangel zum Bau knapper Kanäle oder Rohrleitungen zwingen, oder wenn es sich um verhältnismäßig große Luftmengen handelt. Sonst werden diese Geschwindigkeiten wohl nur in industriellen Anlagen zuzulassen sein, in denen bei geringem Strompreis Vergrößerung des Kraftbedarfs, andererseits ein gewisses Luftgeräusch keine bestimmende Rolle spielt.

Die darüber hinausgehenden Geschwindigkeiten (als Fördergeschwindigkeiten bezeichnet) sollen bei Lüftungsanlagen nur in Ausnahmefällen in Frage kommen.

Ihr Hauptverwendungsgebiet sollen vielmehr diese Geschwindigkeiten bei Entstaubungs-, Absauge- und Förderanlagen finden, wie sie in Abschn. XI, XII und XIII dargestellt werden.

Soweit die Kanäle aus Blechrohrleitungen bestehen, sind ihre Innenwände schon durch die Materialart glatt. Aber auch alle anderen Kanäle sollen in ihren Innenwandungen so weit wie möglich geglättet werden, also z. B. gemauerte Kanäle durch Putz. Alle Kanäle, insbesondere solche in horizontaler Lage, sollen Reinigungsöffnungen mit leicht abnehmbaren Deckeln erhalten, um sie in gewissen Zeitabständen von etwa sich ansammelndem Staube befreien zu können. Bei sämtlichen Richtungs- und Querschnittsänderungen (vgl. Abschn. I, 4 b) sind allmähliche Übergänge und Abrundungen mit möglichst großem Radius vorzusehen. Durch diese Maßnahmen können die Reibungs- und Einzelwiderstände der Kanäle auf ein Minimum verringert werden.

Die Widerstandsrechnung läßt sich am besten an folgendem Beispiel erklären.

c) Berechnungsbeispiel (vgl. Fig. 13).

Vier Räume I—IV eines Hauses sollen entlüftet werden. Die

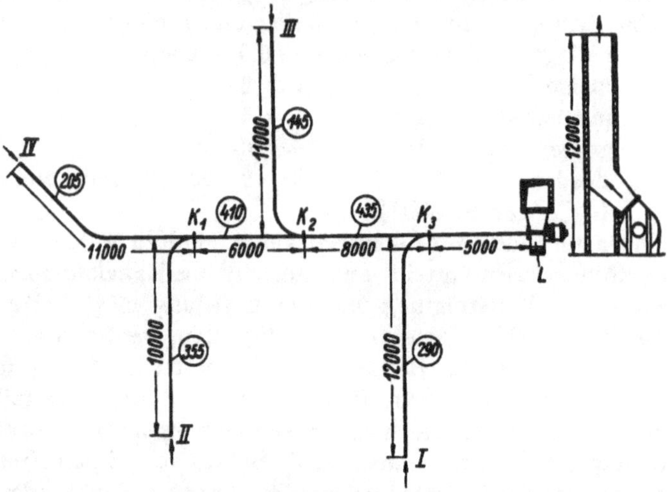

Fig. 13. Rohrplan einer Lüftungsanlage.

Luftmenge für jeden Raum sei auf Grund der im Abschn. II 3 a gegebenen Richtlinien ermittelt zu

$$V_1 = 0{,}4 \text{ m}^3/\text{s}$$
$$V_2 = 0{,}6 \;\;,,$$
$$V_3 = 0{,}1 \;\;,,$$
$$V_4 = 0{,}2 \;\;,,$$

Als Saugkanal soll eine Blechrohrleitung dienen, während der Druckkanal durch einen vorhandenen gemauerten Schacht von 500×400 mm Querschnitt und 12 m Höhe gebildet sei.

Zu bestimmen sind die Rohrdurchmesser und der Widerstand des ganzen Systems.

Da die Anlagekosten nicht zu hoch werden sollen, wird zunächst eine Rohrgeschwindigkeit von $w = 6$ m gewählt und aus den gegebenen Luftmengen und der Kontinuitätsgleichung

$$F = \frac{V}{w} = \frac{\pi d^2}{4}$$

jeder einzelne Rohrdurchmesser festgelegt. Man beginnt zweckmäßig mit dem äußersten Rohrstrang des Netzes, also in diesem Falle bei IV und schreitet dann zum Lüfter L am Hauptstrang, in der Reihenfolge vor, wie sich die anderen Nebenzweige anschließen, also Richtung $IV - K_1 - K_2 - K_3 - L$. Dann ergeben sich die in nachstehender Tabelle angegebenen Rohrdurchmesser d in mm.

$W = 6$ m/s

	V	F	d
V_4	0,2	0,033	205
V_2	0,6	0,1	355
V_{4+2}	0,8	0,133	410
V_3	0,1	0,0166	145
V_{4+2+3}	0,9	0,15	435
V_1	0,4	0,066	290
$V_{4+3+2+1}$	1,3	0,216	525

Die obigen Werte lassen sich mit dem Rechenschieber schnell ermitteln, zumal bei gleicher Geschwindigkeit w die Flächen proportional den Luftmengen sind:

$$\frac{F_2}{F_4} = \frac{V_2}{V_4} \text{ usw.}$$

Die Rohrdurchmesser sind in der letzten Stelle auf 0 und 5 abgerundet. Nunmehr werden nach der am Ende beigefügten Reibungstafel und der Tabelle 2 die Widerstände ermittelt (vgl. Abschn. I 4 b). Auf der Saugseite wird zunächst der Linienzug des größten überhaupt auftretenden Widerstandes durch Nachrechnung oder bei einiger Übung durch Erfahrung ermittelt. Dieser braucht durchaus nicht dem längsten Weg zu entsprechen. Tatsächlich tritt hier im Wege $III - K_2 - K_3 - L$ der größte Widerstand auf, nicht etwa in dem längeren Wege $IV - K_1 - K_2 - K_3 - L$. Alsdann ergeben sich für Weg $III - L$ folgende Widerstände:

	R_R/m	l	R_R ges.	ζ	p_d	R_E		
III Eintr.-Verlust				0,7	2,2	1,55	$K_2 = 9{,}39$	$K_3 = 12{,}39$
$III - K_2$ (Reibung)	0,37	11	4,1					
,, (Krümmer)				0,2	2,2	0,44		
,, (Abzweig)				1,5	2,2	3,3		
$K_2 - K_3$ (Reibung)	0,1	8	0,8					
K_3 (Abzweig)				1	2,2	2,2		
$K_3 - L$ Reibung	0,07	5	0,35					
			5,25			7,49		

Der gesamte vom Lüfter auf der Saugseite zu überwindende Widerstand ist mithin 5,25 + 7,49 = 12,74 mm WS.

Jetzt müssen jedoch noch die Knotenpunkte K_1, K_2, K_3 auf Druckausgleich geprüft werden. Da an jedem dieser Punkte nur ein einziger Druck herrschen kann, müssen die Widerstände aller in einem Knotenpunkte sich vereinigenden Rohrstänge gleich groß sein. Die Drücke in K_2 und K_3 sind aus der Rechnungstabelle unmittelbar abzulesen, und zwar mit $K_2 = 9{,}39$ und $K_3 = 12{,}39$.

Es muß mithin der Widerstand $I - K_3 = 12{,}39$ mm WS sein. Es ergibt sich aus der Reibungstafel und der ζ-Tabelle jedoch bei $d = 290$ nur ein gesamter Widerstand von 6,53 mm WS; infolgedessen muß dieser Rohrstrang auf 270 mm verengt werden.

Auf dieselbe Weise muß der Rohrstrang $IV - K_1$ und $II - K_1$, sowie $K_1 - K_2$ nachgeprüft werden. Es ergeben sich bei II und IV die Rohrdurchmesser von 330 und 200 mm.

Um den Widerstand der Druckseite zu berechnen, muß für den Schachtquerschnitt von 400 × 500 mm der äquivalente Durchmesser d_g ermittelt werden:

$$\text{zu } d_g = \frac{2\,a \cdot b}{a + b} = \frac{0{,}4}{0{,}9} = 0{,}445 \text{ m},$$

alsdann aus der Reibungstafel für d_g und der Geschwindigkeit im Schacht der zugehörige Wert R_R/m mit 0,085 × 2 und bei 12 m Höhe = 2 mm WS. Ein Übergangsverlust zwischen Lüfter und Schacht wird bei schlanker Ausbildung des Übergangsstückes mit 1 mm angenommen, so daß der ganze vom Lüfter zu überwindende Widerstand

$$p_{st} = 12{,}74 + 3 = 15{,}74 \text{ mm}$$

und bei $w = 6$ m $p_{ges} = 15{,}74 + 2{,}2 = 17{,}96 \sim 18$ mm WS vom Lüfter aufzubringen ist.

4. Anwendungsgebiete.

a) Schulen.

Da Zugluft in jedem Falle vermieden werden muß, ist Drucklüftung oder mindestens ausgeglichene Lüftung (vgl. II, 2 a u. *c*) unter Verwendung von Zu- und Abluft-Ventilatoren anzuwenden.

Die Luftmenge ergibt sich aus der Wärmeabgabe der Schüler bei maximaler Klassenbesetzung. Als Wärmemenge ist je Kopf 60—100 WE je nach Alter der Schüler einzusetzen. Da die Klassen im allgemeinen für eine Höchstzahl von 40 Schülern eingerichtet sind, ergibt sich

$$V = \frac{Q \cdot (1 + \alpha t_1)}{c_p \cdot (t_2 - t_1)}$$

$$\left.\begin{array}{l} t_1 = 15^0 \\ t_2 = 25^0 \end{array}\right\} \text{angenommen}$$

im Mittel eine Luftmenge von etwa 1100 m³/h und Klassenraum.

Bei einer durchschnittlichen Größe des Klassenzimmers von etwa 220 m² würde sich ein Luftwechsel von $\frac{1100}{220} = 5$ bzw. 28 m³/h je Kopf ergeben.

Im allgemeinen kann schon ein dreifacher Luftwechsel für Schulen als ausreichend angesehen werden. Nach den Vorschriften des Preuß. Minist. f. öffentliche Arbeiten sind 10—25 m³/h für den Schüler vorgeschrieben. Man wird jedoch die Lüftungsanlage besser etwas reichlicher wählen, um bei höheren Außentemperaturen, z. B. während der Pausen, mit stärkster Lüftung zu fahren, während man im Unterricht die Luftmenge auf etwa dreifachen Luftwechsel durch Drosselung

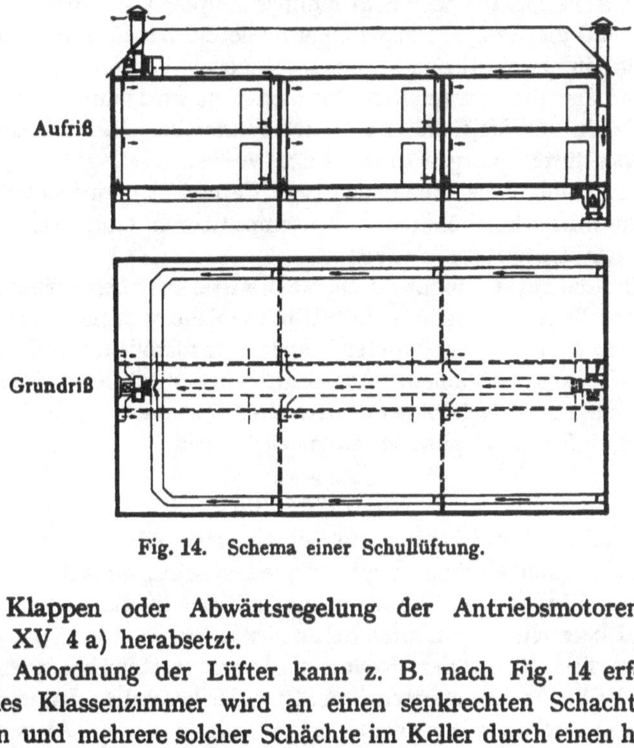

Fig. 14. Schema einer Schullüftung.

mittels Klappen oder Abwärtsregelung der Antriebsmotoren (vgl. Abschn. XV 4 a) herabsetzt.

Die Anordnung der Lüfter kann z. B. nach Fig. 14 erfolgen.

Jedes Klassenzimmer wird an einen senkrechten Schacht angeschlossen und mehrere solcher Schächte im Keller durch einen horizontalen Kanal zu einem Lüfter zusammengezogen. Es ist auch nichts dagegen einzuwenden, wenn, um Baukosten zu sparen, mehrere übereinanderliegende Räume an denselben Schacht angeschlossen werden. Das gleiche gilt für die Entlüftung. Hier müssen jedoch Laboratorien und Aborte besondere Schächte erhalten. Es ist ferner Sorge zu tragen, daß die Zuluft, wenn nicht eine besondere Filterung erfolgt, durch einen senkrechten Schacht so hoch wie möglich entnommen wird, um das Einsaugen von Straßenstaub und Benzindünsten zu vermeiden.

Im Raum selbst wird man die Lüftung von oben nach unten bevorzugen, um die ruhig sitzenden Schüler nicht der direkt einwirkenden kühlen Luftströmung auszusetzen, und andererseits eine Staubaufwirbelung am Fußboden zu vermeiden. Die Zuluftöffnungen sind daher im oberen Teile und die Abluftöffnungen in der unteren Hälfte der Wände anzubringen. Alle Öffnungen müssen mit leicht bedienbaren Drossel- oder Jalousieklappen ausgerüstet sein.

Die Luftkanäle selbst sollen für eine Höchstgeschwindigkeit von etwa 4 m gewählt werden, um Übertragung von Luftgeräuschen in den Klassenraum zu vermeiden. Auch muß die Möglichkeit der Reinigung der Kanäle bestehen. Die Lüfter selbst sind zur Schalldämpfung auf elastische Platten oder Schwingungsdämpfer (vgl. Abschn. XVII) zu setzen, und die Saugöffnungen ebenso wie die Drucköffnungen mit den Kanälen durch elastische Zwischenstücke zu verbinden.

Sind die Mittel ausreichend vorhanden, so wird man, um die Lüftung ohne Gefahr für die Schüler auch im Winter betreiben zu können, für die Drucklüfter vorgewärmte Luft verwenden (vgl. Abschn. III). Eine Kühlanlage einzubauen (vgl. Kapitel IV) wird sich erübrigen, da bekanntlich bei höheren Außentemperaturen (zum Teil schon bei 25° C) der Unterricht ausfällt.

Sind die zur Verfügung stehenden Mittel sehr beschränkt, so kann man notfalls auch nur eine Entlüftungsanlage vorsehen. Diese wäre nur in den Pausen bei geöffneten Fenstern anzustellen, um Zugluft beim Unterricht auszuschließen. Die Luftmenge muß man dann jedoch mindestens für etwa 6-fachen Luftwechsel vorsehen, um in 10 Minuten die Raumluft einmal ganz erneuern zu können.

b) Büroräume.

Die künstliche Lüftung von vollbesetzten Büroräumen wird vielfach noch, wenn sie überhaupt vorgesehen wird, einfach durch nachträglichen Einbau von Wandschraubenlüftern in die Fenster als ausreichend betrachtet. Da diese Schraubenlüfter meist saugend arbeiten, d. h. also die Luft aus dem Raume absaugen, entsteht bei jedesmaligem Öffnen der Türen ein unangenehmer Zug, der besonders den in der Nähe der Türen sitzenden Personen höchst unliebsam ist. Aber auch bei geschlossenen Türen tritt eine gute Luftzirkulation im Raum nicht ein, weil die Luft auch durch die unteren Schichten der Wände und insbesondere durch die größten Undichtigkeiten, die unteren Fensterspalten, nachströmt (vgl. neutrale Zone Abschn. I 4 f.). Dadurch werden auch die Plätze in der Nähe der Fenster von Zugluft getroffen.

Arbeitet der erwähnte Wandlüfter drückend, d. h. drückt er die Frischluft von außen in den Raum hinein, so werden die in der Nähe dieses Lüfters sitzenden Personen von dem drückenden Luftstrom belästigt, da immerhin erhebliche Luftmassen an einer Stelle eindringen.

Eine zweckentsprechende Lüftung, die modernen Ansprüchen genügt, muß nach Möglichkeit von vornherein beim Bau des Hauses unter Zusammenarbeit von Architekt und Lüftungstechnikern berücksichtigt werden.

Wird in den Büroräumen Schreib- oder Zeichenarbeit geleistet, so wird man auch hier im allgemeinen zur Drucklüftung schreiten. Die Drucklüfter werden in Nebenräumen oder im Dachgeschoß Aufstellung finden. Die Aufstellung des Lüfters in den Räumen selbst muß wegen der unvermeidlichen Geräusche vermieden werden. Die Einströmung muß an mehreren Stellen mit kleiner Geschwindigkeit erfolgen.

Ein Anordnungsbeispiel zeigt Fig. 15. Hier wird die Luft durch einen längs dem Raume oben an der Wand entlang laufenden Kanal durch einzelne Schlitze eingeführt. Die Zuführung erfolgt durch einen Schraubenlüfter von der Flurseite her. Handelt es sich um eine Gruppe von Büroräumen, so wird man wieder ähnlich wie bei den Schulen die Luft vom Keller oder vom Dachboden in senkrechten Schächten den Räumen zuführen. Auf besondere Abluftventilatoren wird man allgemein verzichten können. In den Räumen selbst ist die Lüftung von oben nach unten zu wählen, bei der die kühlere Luft in den oberen Teil des Raumes eintritt, sich langsam mit der wärmeren Raumluft mischt und herunterströmt, um durch die Undichtigkeiten von Fenstern, Türen und Wänden nach außen zu entweichen.

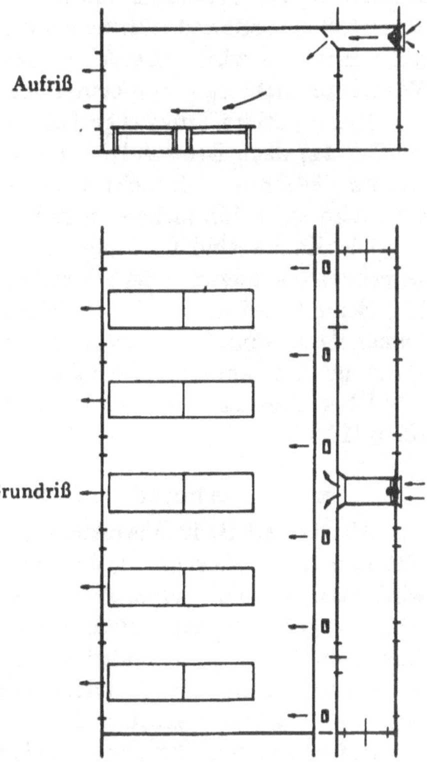

Fig. 15. Schema einer Bürolüftung.

Empfehlenswert ist es, die Luft an der dem Fenster gegenüber liegenden Seite, wenn nicht anders möglich, auch an den Querseiten einzuführen, niemals jedoch an der Fensterwand selbst.

Im Winter kann die eingeführte Luft gewärmt werden (vgl. Abschn. III 4 f.).

Die Luftaustrittsöffnungen sind vorteilhaft durch Schlitze längs der ganzen Wände so auszubilden, daß eine Austrittsgeschwindigkeit von 1—2 m/s nicht überschritten wird. Bei solcher Einrichtung kann eine Lüftungsanlage ohne weiteres im Sommer und auch im Winter, strenger Frost ausgenommen, in Betrieb sein, da durch die feinverteilte Einführung der Frischluft und durch ihre Mischung mit der wärmeren Raumluft eine störende Wirkung auf die im Raum anwesenden Personen nicht eintreten wird. Hierbei ist natürlich vorausgesetzt, daß für den Winter eine nicht zu knapp bemessene Raumheizung zur Verfügung steht.

Die benötigte Luftmenge kann wiederum aus der Grundgleichung (vgl. S. 21) nach Zahl und Alter der beschäftigten Personen errechnet werden. Wenn es sich nicht um besonders anfällige Personen handelt, wird man einen fünffachen Luftwechsel unbedenklich zulassen können.

Die Kanäle sind für kleine Geschwindigkeiten, also etwa 4 m/s zu berechnen und hiernach die Widerstände zu ermitteln (vgl. Abschn. II 3).

Bemerkt sei noch, daß die künstliche Belüftung von Büroräumen immer dann wünschenswert erscheint, wenn für den einzelnen weniger als 18 m^3 Luftraum zur Verfügung steht.

Über Lüftung von Bürohäusern, Verwaltungsgebäuden vgl. Abschn. III 4 f.

c) Aborte und Bedürfnisanstalten.

Aborte und Bedürfnisanstalten sind ausnahmslos nach dem Sauglüftungssystem (Abschn. II, 2 b) einzurichten. Kleinere Abortanlagen wird man lediglich durch Wandschrauben-Lüfter entlüften, die oftmals mangels besseren Platzes in die oberen Fenster eingebaut werden. Man muß jedoch dann dafür sorgen, daß das Fenster möglichst geschlossen gehalten wird, da sonst ein kurzgeschlossener Luftkreislauf einsetzt, der dem Raum selbst nicht zugute kommt. Für das Nachströmen von Luft muß durch Öffnungen in einer gegenüber liegenden Wand oder auch durch Jalousieklappen in der Tür Vorsorge getroffen werden.

Bei größeren Abortanlagen, wie z. B. in Gaststätten, Hotels, Warenhäusern sowie in Bedürfnisanstalten, wird man die schlechten Dünste durch senkrechte Schächte möglichst hoch über Dach ins Freie abführen. Der Lüfter wird daher zweckmäßig an der Wand unterhalb der Decke oder auch, wenn mehrere Geschosse zur Verfügung stehen, unter dem Dach zur Aufstellung gelangen. Es steht nichts im Wege, gleichartige Räume auch in verschiedenen Stockwerken an denselben Lüfter anzuschließen.

Grundsätzlich falsch ist es jedoch, auch andere bewohnte Räume in die gleiche Entlüftungsanlage einzubeziehen, da auf diese Weise leicht schlechte Gerüche bei stillstehendem Lüfter infolge von Windstößen oder sonstigen Druckschwankungen in die erwähnten Räume eindringen können.

Da man wegen des nur vorübergehenden Aufenthalts der Personen in diesen Räumen auf Zugstörungen nicht so sehr bedacht sein braucht, wird man die Lüfter für 8—10fachen Luftwechsel bemessen. Die Kanäle sind für mittlere Geschwindigkeiten festzulegen. In der Regel werden für diese Anlagen Fliehkraft-Lüfter, die man ebenso wie etwaige Rohrleitungen wegen der Säure enthaltenden Gase aus verbleitem Blech herstellt, in Frage kommen.

Um die schlechten Gerüche, die etwa noch entstehen sollten, zu überdecken, empfiehlt es sich, kleine Ozongeräte[1]) in den Räumen aufzustellen.

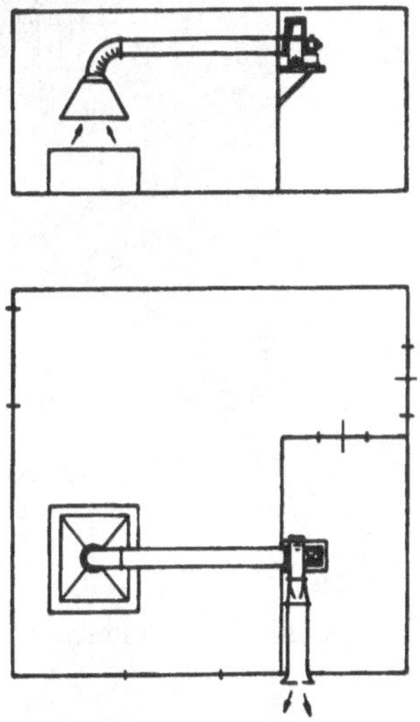

Fig. 16. Schema einer Küchenentlüftung.

d) Kleine und mittlere Küchen.

Küchen, in denen Gerüche und geringe Dampfbildungen auftreten, wird man ebenfalls nach dem Sauglüftungs-System behandeln. (Größere Küchen vgl. Abschn. VII.) Die Anordnung von Wandlüftern in den Fenstern ist nicht zweckmäßig. Die Dämpfe sind möglichst unmittelbar an ihrer Entstehungsstelle zu erfassen. Aus diesem Grunde sieht man über dem Herde Saughauben vor und schließt diese durch ein Rohrsystem an den Fliehkraftlüfter an, der im Flur oder einem sonstigen Nebenraum Aufstellung finden kann. Die Abluft ist auf dem nächsten Wege ins Freie zu fördern.

Sechs- bis achtfacher Luftwechsel soll im allgemeinen nicht überschritten werden. Rohrleitungen bzw. Kanäle sind für eine Geschwindigkeit von 6—8 m/s auszuführen, wobei auf eine Saughaube von je 1 m² größtem Querschnitt ein Anschlußrohr von 200 mm ∅ zu rechnen ist. Die beifolgende Fig. 16 zeigt die Anordnung eines Fliehkraftlüfters in Verbindung mit einer Saughaube schematisch und Fig. 17 eine ausgeführte Anlage.

In neuerer Zeit verwendet man häufig auch in die Rohrleitungen eingebaute Schraubenlüfter, die sich gut bewähren. Störungen an dem im Luftstrom liegenden Motor sind bei hinreichender Wartung nicht zu befürchten.

[1]) Ozon wird erzeugt durch Glimmentladung hochgespannten Wechselstroms. Es genügt für Lüftung etwa 0,1 mg je m³ Luft.

Fig. 17. Küchenentlüftung mit Doppelhaube.
(Berventulo, Berlin W 62.)

Da derartige Küchen meist offenstehende Türen oder Türfenster haben, sind besondere Öffnungen für nachströmende Luft nicht erforderlich.

e) Kirchen.

Kirchen werden im allgemeinen mit Drucklüftungsanlagen ausgestattet. Man muß dafür sorgen, daß die Luft möglichst unmittelbar

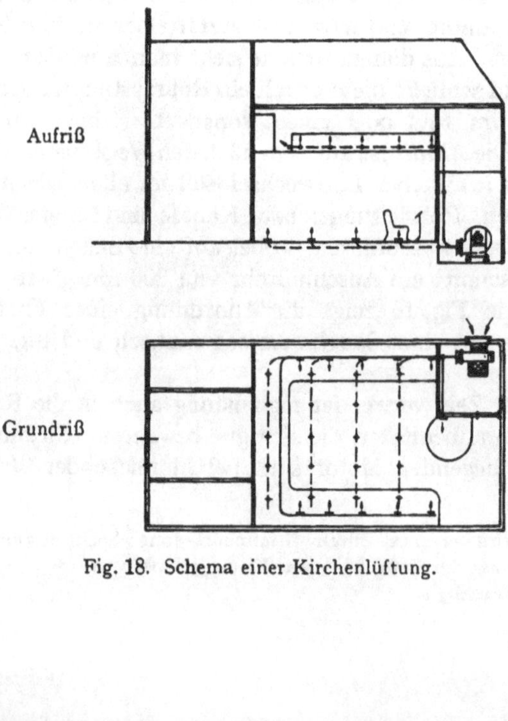

Fig. 18. Schema einer Kirchenlüftung.

in der Nähe der Sitzbänke ausströmt. Man wird daher den Lüfter in der Sakristei oder einem anderen Nebenraum, meist zur ebenen Erde, aufstellen und die von außen über eine möglichst staubfreie Stelle angesaugte Frischluft in das Hauptschiff und einen Abzweig nach oben zur Empore führen (vgl. Fig. 18).

Die Luft tritt durch perforierte Bleche mit geringer Geschwindigkeit von etwa 0,5—1 m/s unter den Sitzen aus.

Trotz der Raumhöhe genügt bei solcher Anordnung ein 1,5—2facher Luftwechsel bzw. etwa 20 m³ je Person. Die Kanäle sind möglichst

Fig. 19. Lüftungsanlage in einer Gaststätte. (Rud. Otto Meyer, Hamburg 23.)

groß für kleine Geschwindigkeiten von 2—3 m/s einzurichten. Der Lüfter muß besonders ruhig-laufend sein und ist zweckmäßig auf geräusch-dämpfende Unterlagen zu stellen (vgl. Abschn. XVII).

Im Winter ist die Frischluft vorzuwärmen (vgl. Abschn. III).

f) Kleine Gast- und Vergnügungsstätten.

Kleine Gaststätten, ebenso kleinere Versammlungssäle und kleine Lichtspieltheater, die im allgemeinen größere Kosten für die Lüftungsanlage nicht aufbringen, sind zweckmäßig nur mit Sauglüftern auszustatten. Der Einbau von Wandlüftern in den Fenstern ist jedoch nicht zu empfehlen (vgl. hierüber Abschn. II, 4 b). Eine möglichst gleichmäßige Entlüftung des ganzen Raumes muß in jedem Falle angestrebt werden. Diese läßt sich nur durch feine Verteilung der Abluftöffnungen über den ganzen Raum erreichen. In der Regel wird man daher zunächst die meist vorhandenen senkrechten Abzugsschächte benutzen und sie durch einen horizontalen Kanal über Dach zu einem Fliehkraftlüfter zusammenziehen. Stehen solche senkrechten Schächte nicht in genügender Zahl zur Verfügung, so ist ein horizontaler Kanal durch den ganzen Raum zu verlegen, der durch irgendwelche Verkleidungen oder Verzierungen in seiner äußeren Form dem Raum angepaßt werden kann. Dies kann z. B. erfolgen in Form von Eckverkleidungen aus Rabitzgewebe mit Eintrittsöffnungen nach Fig. 19 a oder mit Hilfe von Doppeldecken nach Fig. 19 b für Absaugung aus der Mitte und 19 c für Absaugung von den Seiten her. An diese Kanäle wird man dann den Fliehkraftlüfter, der in einem Nebenraum Aufstellung findet, anschließen und die Abluft ins Freie befördern.

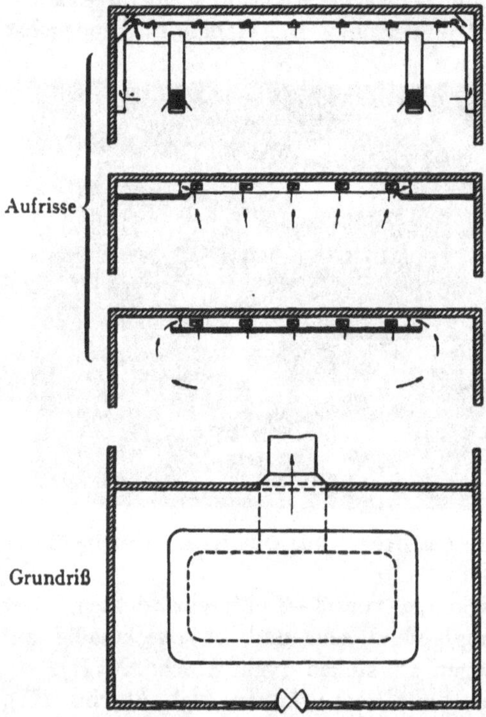

Fig. 19 a—c. Kanalanordnungen für Gaststättenlüftung.

Die Absaugeöffnungen soll man im Falle 19 a in etwa 2—3 m Höhe über dem Fußboden anordnen. Auf diese Weise wird man z. B. in Lokalen, in denen viel geraucht wird, den wie eine Wolke in gewisser Höhe unter der Decke schwebenden Rauchdunst am besten erfassen. Allerdings müssen für das Nachströmen der Luft Zuluftöffnungen möglichst in gleicher Höhe vorgesehen werden (vgl. Fig. 19).

Bei dem ganzen System ist auf besonders gute Dichtung von Fenstern und Türen Wert zu legen, desgleichen müssen die Heizkörper, wie auch meist üblich, unter den Fenstern angeordnet sein.

3—5facher Luftwechsel ist angängig. Kanäle sind für mittlere Geschwindigkeiten von 4—6 m/s, die Ansaugeöffnungen für eine Eintrittsgeschwindigkeit von 1—2 m/s auszubilden.

Über Belüftung mit gefilterter Warmluft siehe Abschn. III 4 a.

g) Elektrische Zentralen.

Als bestes Lüftungssystem für elektrische Zentralen kann in den allermeisten Fällen die Drucklüftung angesehen werden (vgl. Abschn. II 2 a).

Alle Wicklungsteile elektrischer Maschinen, alle Kollektoren und Schleifringe, Schaltapparate und Stromschienen sind gegen Staub besonders empfindliche Körper. Die Lüftung muß also so eingerichtet sein, daß diesen Teilen nach Möglichkeit nur staubfreie Luft zugeführt und ein Eindringen von staubiger Außenluft verhindert wird. Dies läßt sich nur durch Drucklüftung erreichen, bei welcher die dem Raum zugeführte Frischluft durch vorherige Filterung (vgl. Abschn. VI) soweit wie möglich gereinigt und im Raum ein kleiner Überdruck erzielt wird.

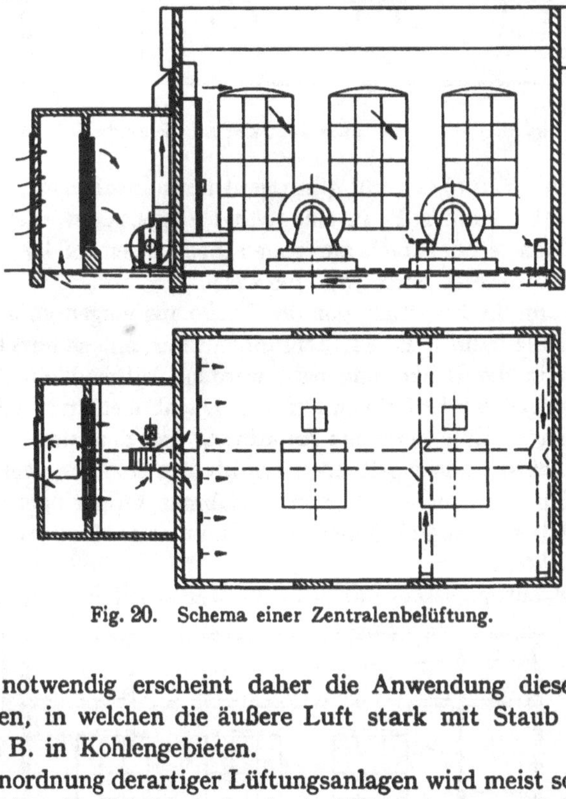

Fig. 20. Schema einer Zentralenbelüftung.

Dringend notwendig erscheint daher die Anwendung dieses Systems in Gegenden, in welchen die äußere Luft stark mit Staub durchsetzt ist, also z. B. in Kohlengebieten.

Die Anordnung derartiger Lüftungsanlagen wird meist so getroffen, daß der Lüfter die Frischluft durch ein Filter ansaugt und durch einen Kanal dem Raume zuführt. Eine Ausführungsform zeigt Fig. 20. Filter und Lüfter sind in einem kleinen Anbau aufgestellt, der ein- oder auch zweiseitig saugende Lüfter drückt die gefilterte Luft durch einen senkrechten Schacht in einen horizontalen Luftkanal oberhalb der Schaltanlage und aus diesem durch Schlitze, die über die ganze Breite des Raumes verteilt sind, in die Zentrale. Im Winter kann mit Umluft gearbeitet werden, indem der Lüfter die warme Luft aus der Zentrale in den Rohluftraum zurücksaugt. Von hier kann sie allein oder mit

Frischluft gemischt nach erneuter Filterung dem Zentralenraum zugeführt werden.

Die Verwendung von hochwertigen Schraubenlüftern kann häufig

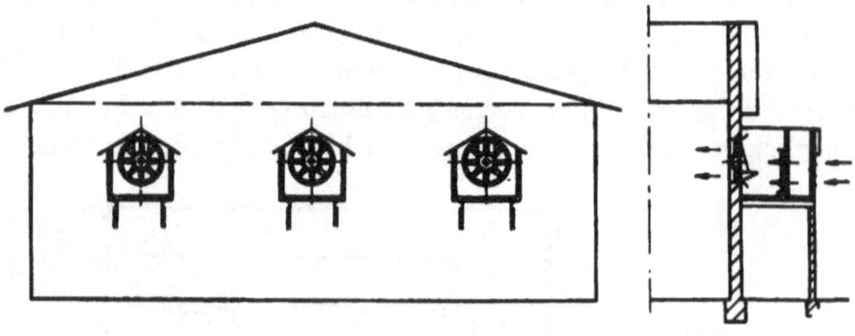

Fig. 21. Belüftung einer Zentrale mit Schraubenlüftern.

bei Zentralenbelüftungen recht günstige Anordnungen ermöglichen. Der Schraubenlüfter kann z. B. in eine Wand eingebaut werden, während auf einem Konsol oder auch zur ebnen Erde in einem kleinen Anbau das Filter angeordnet wird (vgl. Fig. 21).

Auch kann die Belüftung von der Decke aus vorgenommen werden. In diesem Falle kann z. B. ein Schraubenlüfter mit senkrechter Welle unmittelbar in die Decke eingebaut werden, während ein den Lüfter umschließender Kanal zu einem auf dem Dachboden errichteten Filterhäuschen führt. Eine derartige Anordnung hat u. a. den Vorteil, daß die Luft leicht aus höher gelegenen Punkten entnommen werden kann, so daß die in der Luft enthaltenen Staubmengen geringer sind. Aus diesem Grunde kann man bei dieser Anordnung unter Umständen auf das Filter verzichten.

Soll die Lüftungsanlage auch im Winter arbeiten, so kann die An-

Fig. 22. Belüftung mit Schraubenlüftern von oben nach unten.

ordnung auch hier so getroffen werden, daß ein Teil der angesaugten Luft wieder aus dem Raum entnommen, mit der gleichzeitig angesaugten Frischluft gemischt dem Raume wieder zuströmt (vgl. Fig. 22).

Durch diese Ausführungsform der sogenannten Verwendung von Umluft erübrigt sich in den meisten Fällen eine besondere Vorwärmung der Luft im Winter.

Gehören die in der Zentrale arbeitenden Maschinen der geschlossenen Type an, bei welcher die Luft durch die Wicklungen des Stators tritt, so kann diese Maschinen-Belüftung in das Drucklüftungssystem eingeschlossen werden (vgl. Fig. 23). Auch bei offnen Maschinen läßt sich dies unter Abdeckung der Maschinengruben durchführen. Die Frischluft tritt genau wie in den vorher beschriebenen Anordnungen, nachdem sie auf der Saugseite des Lüfters das selbstreinigende Filter passiert hat, in ein geschlossenes Kanalsystem unter Zentralen-Flur. In Fig. 24 ist ein solcher begehbarer Luftkanal einer großen Zentrale dargestellt. Aus diesem führen einzelne kurze Stichkanäle unmittelbar in die Gruben der Maschinen, so daß die Luft durch die Maschinen tritt und von hieraus weiter in den Raum strömt. Es ist selbstverständlich, daß bei einer solchen Belüftungsart die Luftmenge sehr reichlich gewählt werden muß, wenn sie im Raume selbst noch kühlend wirken und ein Überdruck im Raume erzielt werden soll.

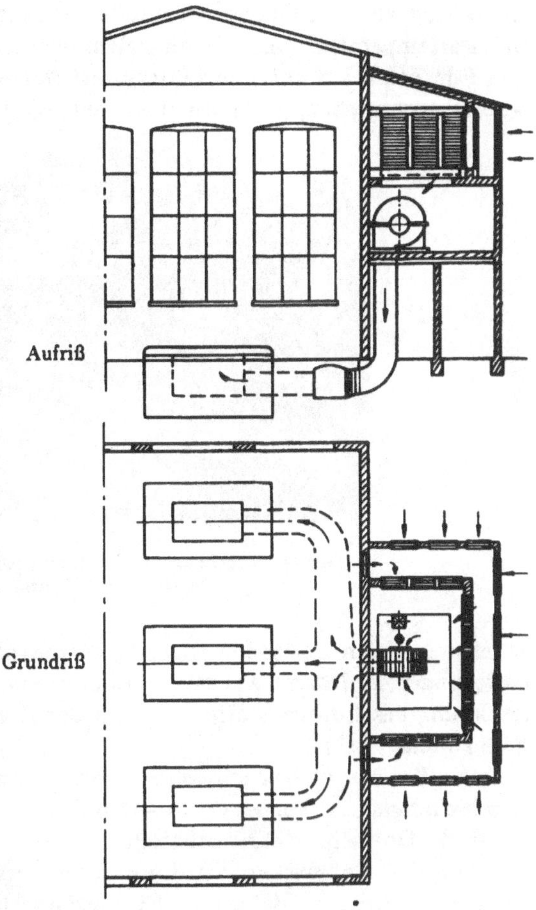

Fig. 23. Drucklüftung in Verbindung mit unmittelbarer Belüftung elektr. Maschinen.

Ausgeführte Anlagen dieser Art bestätigen die praktische Durchführbarkeit derartiger Anordnungen.

Die Berechnung der Luftmenge erfolgt auf Grund der Wärmeabgabe der elektrischen Maschinen unter Berücksichtigung ihrer Wirkungsgrade und Hinzufügung sonstiger Wärmequellen nach der Grundgleichung (vgl. Abschn. II, 3). Wenn nicht bestimmte Temperaturen vorgeschrieben sind, kann als Temperaturdiffreenz $t_2 - t_1 = 10^0$ eingesetzt werden, wobei sich also bei einer Höchstaußentemperatur von 30^0 eine Innenmindesttemperatur von 40^0 einstellen würde.

Für Zentralen mit Drucklüftung ist mindestens ein 20facher Luftwechsel vorzusehen, während man eine Höchstgrenze von 50 nur in

Fig. 24. Begehbarer Luftzuführungskanal einer großen Umformer-Zentrale.

seltensten Fällen anwenden wird, da hierbei schon sehr störende Luftbewegungen im Raume auftreten. Andrerseits vermindert sich mit Vergrößerung des Luftwechsels die Gefahr der Kondenswasserbildung (vgl. Entneblung Abschn. VII).

Die Kanäle werden infolge der großen Luftmengen auch für große Geschwindigkeiten von etwa 10—12 m/s zu bemessen sein, um nicht zu große Querschnitte zu erhalten.

Für das Entweichen der Luft dürfen besondere Öffnungen nicht vorgesehen werden, da sonst der gewünschte Überdruck nicht auftritt. Dieser wird im Gegenteil um so größer sein, je dichter der Raum gehalten wird.

Eine besondere Vorwärmung der Luft ist, wie schon erwähnt, bei Umluftbetrieb im Winter nicht erforderlich. Dagegen wird es vorkommen können, daß eine besondere Kühlung der zugeführten Luft notwendig wird, besonders dann, wenn die Maschinen stark überlastet werden müssen, oder durch Neuaufstellung von Maschinen der Raum sehr beengt wird. Als Mittel für die Kühlung kommen Verdunstungskühler oder Oberflächen-Kühler in Frage (vgl. Abschn. V).

h) Akkumulatorenräume.

Akkumulatoren-Räume sind durchweg nach dem Sauglüftungssystem zu lüften.

Aus den Batterien entströmen verschiedenartige Gase, die sich zum Teil infolge ihres hohen spezifischen Gewichtes, wie z. B. Schwefelsäure, in der Nähe des Fußbodens ablagern, während andere, wie z. B. Wasserstoffgase, sich in dem oberen Teil der Räume ausbreiten. Durch letztere können unter Umständen bei Mischung mit Luft Explosionen entstehen. Aus diesen Gründen muß ein Kanalsystem vorgesehen werden, das sich sowohl am Fußboden entlang wie auch unterhalb der Decke erstreckt. Diese Kanäle sind alsdann an den stets außerhalb des Akkumulatorenraumes aufzustellenden Fliehkraftlüfter unter Vermeidung sackartig sich vergrößernder Luftwege anzuschließen. Eine bewährte Anordnung dieser Art zeigt die Fig. 25.

Im allgemeinen wird es nicht möglich sein, Zweigkanäle zwischen den Zellen durchzuführen. Wenn es jedoch geschehen kann, ist es für die Anlagen nur günstig. Die Kanäle selbst sind aus Rabitzgewebe, Holz oder verbleitem Eisenblech herzustellen, ebenso ist der Fliehkraftlüfter zu verbleien.

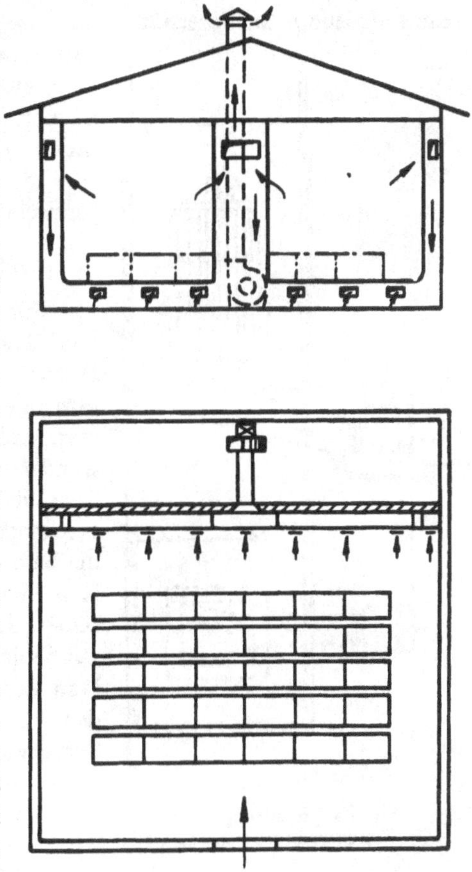

Fig. 25. Schema der Entlüftung eines Akkumulatorenraumes.

Es ist zweckmäßig, falls Fenster nicht vorhanden sind, für die nachströmende Luft auf der der Absaugseite gegenüberliegenden Wand Zuluftöffnungen einzubauen. Dagegen ist die Verwendung von Drucklüftern für Zuluft nicht ratsam, um in jedem Falle ein Übertreten der Gase in einen Nachbarraum zu vermeiden.

Die Verwendung von Schraubenlüftern mit Motoren, die

dem Abluftstrom ausgesetzt sind, muß in allen Fällen vermieden werden.

Ein 10—15facher Luftwechsel kann als ausreichend gelten. Die Kanäle können für große Geschwindigkeiten von 10—12 m/s ausgebildet werden. Der Druckkanal hinter dem Lüfter soll möglichst hoch über Dach münden. Ist das nicht möglich und sind Belästigungen der Nachbarschaft durch die ausströmenden Gase zu befürchten, so ist der Einbau eines Säureabscheiders auf der Saugseite des Lüfters notwendig (vgl. Abschn. VI, 2. f.). Flammen, glühende Stoffe oder funkenbildende Teile sind von der Austrittstelle des Luftgasgemisches fernzuhalten.

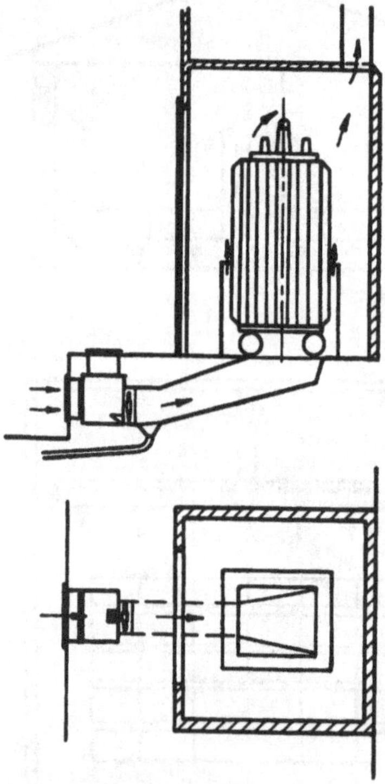

Fig. 26. Belüftung eines Transformatorenraumes.

i) Transformatorenräume.

Für die Lüftung bzw. Kühlung von Transformatorenräumen ist das Drucksystem als ganz besonders wirksam zu empfehlen. In manchen Fällen wird jedoch auch Sauglüftung angewendet werden müssen.

Die Transformatoren befinden sich bei modernen Anlagen meist einzeln in besonders abgeschlossenen Zellen. Eine Seitenwand ist als Tür ausgebildet, durch welche der Transformator auf Schienen ein und ausgefahren wird. Man sieht nun zweckmäßig unterhalb des Transformators zwischen den Schienen eine Grube vor, die durch einen horizontalen Kanal mit der Außenluft in Verbindung gebracht wird. Am Ende des Kanales baut man einen Lüfter, wohl am besten einen Schrauben-Lüfter ein, der die Frischluft unmittelbar von außen ansaugt und unter den Transformator drückt. Um zu verhindern, daß die angeblasene Luft nach dem Aufprallen auf den Boden des Transformators allseitig in den Raum tritt, hat es sich besonders gut bewährt, eine etwa 1—1,5 m hohe, abnehmbare Blechverkleidung an allen vier Seiten des Transformators anzuordnen. Auf diese Weise wird die Luft gezwungen, an den Rippen des Transformators hochzuströmen und seine Wärme aufzunehmen (vgl. Fig. 26). Durch die in der Decke der Zelle einzubauende Abluftöffnung zieht die Luft alsdann ins Freie ab.

Damit etwa überlaufendes Öl abfließen kann, ist der Kanal leicht ansteigend auszuführen und mit einem Ölabfluß zu verbinden.

Da bei einem gewöhnlichen Transformator äußere besonders staubempfindliche Teile nicht vorhanden sind, erübrigt sich eine Filterung der zugeführten Frischluft.

Bei Drehtransformatoren dagegen, bei welchen die Luft von unten her den beweglichen Teil des Transformators durchströmt, und unmittelbar mit den Wicklungen in Berührung kommt, empfiehlt es sich, die Frischluft durch Filterung von Staub zu befreien. Das Filter wird hierbei in einem kleinen Anbau, am besten vor dem Lüfter zur Aufstellung gebracht (vgl. Abschn. VI).

Eine gleiche oder ähnliche Anordnung kann natürlich auch getroffen werden, wenn mehrere Transformatoren zu belüften sind. Man wird in solchem Falle eine Reihe von hintereinanderliegenden Zellen durch einen unter diesen entlangführenden Kanal durch einen gemeinsamen Lüfter kühlen. Um eine möglichst gleichmäßige Luftverteilung zu erhalten, wird man diesen Kanal reichlich bemessen, also etwa für eine Geschwindigkeit von 4 m/s, und bei größeren Geschwindigkeiten eine Regelungsmöglichkeit gegebenenfalls durch Einbau von einzelnen Schiebern oder noch einfacher durch verschiebbare Deckbleche schaffen.

Ist die Möglichkeit der Unterkellerung nicht gegeben, dann wird man meist zur Sauglüftung schreiten müssen. Der Lüfter wird in den an der Decke vorzusehenden Abzugsschacht zu setzen sein und auf diese Weise die Warmluft aus dem Raum absaugen. Für das Nachströmen der Frischluft sind zweckmäßig in der unteren Hälfte der Tür oder aber einer anderen Wand Öffnungen mit Jalousieklappen vorzusehen. Man wird gut tun, bei dieser Art der Entlüftung gegenüber der vorher beschriebenen Belüftung einen erhöhten Luftwechsel zugrunde zu legen, da Leitbleche, welche die nachströmende Kühlluft in Richtung auf den Transformator zu strömen zwingen, meist nicht angebracht werden können und die Außenluft durch alle Undichtigkeiten einströmt.

Die Berechnung der Luftmenge geschieht wiederum nach der Grundgleichung (vgl. II, 3) unter Benutzung des Wirkungsgrades der Transformatoren. Dieser ist, wie aus Tabelle 4 Seite 23 hervorgeht, bei modernen Ausführungen mit etwa 98—99% einzusetzen. Eine Erwärmung der Zulufttemperatur um 10—15° gibt fast immer ausreichende Werte für die Festlegung der Luftmenge. Die Kanäle sind, wenn es sich um Einzelbelüftung handelt, für Geschwindigkeiten von 6—8 m/s, bei gemeinsamer Belüftung von mehreren Transformatoren jedoch, wie erwähnt, besser auf kleine Geschwindigkeiten abzustimmen.

k) Gießereien.

In Gießereien ist die Raumlüftung in der Regel nach dem Saugsystem oder dem ausgeglichenen System anzulegen (vgl. Abschn. II 2 b, c).

Die Ursachen der Luftverschlechterung sind in der Gießerei verschiedenster Art. Die Hauptquelle ist die Formsand-Aufbereitung, bei der durch Schüttelsiebe, Mischtrommeln und Schleudermaschinen eine große Menge Staub entsteht, die allerdings zum Teil durch besondere Absaugung beseitigt wird (vgl. Abschn. XI). Die aus den Schmelzöfen sowohl wie aus den Gußtiegeln aufsteigenden Gase müssen gleichfalls durch besondere Absaugung erfaßt werden (vgl. Abschn. XII). Schließlich entstehen beim Eingießen des Gußmaterials in die Formen Gase, die auch in den Raum treten, da infolge ihrer Verteilung über den Boden eine besondere Absaugung sich schwer anbringen läßt. Daneben erfüllt natürlich der feine Staub vom Einformen und alle

Fig. 27. Schema einer Gießereientlüftung.

diejenigen Verunreinigungen, die bei den oben erwähnten Absaugeeinrichtungen nicht miterfaßt werden, den ganzen Raum mit für die Atmung schädlichen Staub- und Gasteilchen, so daß eine besonders wirksame Entlüftung am Platze ist.

Eine zweckmäßige Anordnung der Entlüftung besteht in der Verteilung eines horizontalen Rohrsystems in mittlerer Höhe, von welchem senkrecht nach unten führende Abzweigrohre an denjenigen Stellen vorzusehen sind, die besonders als Staub- oder Verunreinigungsquellen in Betracht kommen (vgl. Fig. 27). Unterhalb der Kranbahn arbeiten an den beiden Längsseiten je ein Schraubenlüfter auf ein Rohrsystem. In den senkrechten Abzweigen sind unten und oben einstellbare Öffnungen für schweren Staub und leichte Gase vorgesehen.

Ist der zu lüftende Raum von einer oder mehreren Seiten frei, dann läßt sich oft auch eine gute Absaugung durch Einbau kräftiger Schraubenlüfter seitlich in den sonst gut geschlossenen Fenstern erzielen. Hierbei ist es ratsam, die Höhe dieser Einbauten nicht über 2,5—3 m über Flur vorzusehen, da sonst der wirksame Saugbereich der

Lüfter infolge der Undichtigkeiten der Räume zu gering ist. Aus diesem Grunde ist auch der Einbau der Schraubenlüfter in die Decke bei sehr hohen Räumen nicht besonders zu empfehlen.

Irgendeine Berechnung der Luftmenge läßt sich bei derartigen Anlagen natürlich nicht vornehmen. Bei gut verteilter Anordnung der Absaugstellen kann ein 15facher Luftwechsel im allgemeinen als Richtschnur dienen.

Da die neutrale Zone (vgl. I 4 f.) stark nach oben verschoben wird,

Fig. 28. Warmluftzuführung in einer Gießerei durch Siemens-Betz-Schraubenlüfter. (Siemens-Schuckertwerke, Berlin.)

ist die Zuführung von warmer Luft in den unteren Teil des Raumes im Winter erforderlich; vgl. Fig. 28 (siehe Abschn. III 4 g, Lufterwärmung in Werkstätten). Die Rohrleitungen können für große Geschwindigkeiten von 8—10 m/s, die Absaugeöffnungen für 5—6 m/s bemessen werden.

l) Heizkeller und Kesselhäuser.

Unter Heizkellern sollen hier solche Räume verstanden sein, in welchen die für die Zentralheizung größerer Häuser nötigen Heizkessel Aufstellung finden. Diese Heizkeller sind zweckmäßig nach dem Saugsystem zu lüften.

Ursache für die Lüftungsnotwendigkeit solcher Keller ist die Staubbildung durch das meist im gleichen Raume befindliche Kohlenlager, vielfach aber auch Bildung von Rauch oder CO beim Anheizen oder schlechter Verbrennung. Da häufig diese Keller in der Nähe bewohnter Räume liegen, ist eine gute Entlüftung auch aus diesem Grunde notwendig. Andererseits darf die für die Feuerung nötige Luftzufuhr nicht unterbunden werden. Man wird daher zweckmäßig in eine nach außen führende Wand oder in einen in die Decke einmündenden Schacht einen Schraubenlüfter einbauen. Für bequemes Nachströmen von Frischluft ist auf der entgegengesetzten Seite unten, durch Anordnung von unverschließbaren Öffnungen, die möglichst den doppelten Querschnitt des Abzugkanals besitzen, zu sorgen.

Bei größeren Anlagen wird man vielfach auch einen Rohrstrang hinter den Kesseln vorsehen und diesen mit Schlitzen versehen, um auf diese Weise etwa im Raum vorhandene schädliche Gase durch einen am Ende der Rohrleitung angebrachten Lüfter ins Freie zu befördern. Ist eine besonders gute Entstaubung, wie z. B. in Lungenheilstätten nötig, so wird man das erwähnte Saugrohr mit senkrecht nach unten führenden Abzweigen ausstatten und die am Boden sich bildende Staubluft mit den Abgasen hoch über Dach ins Freie fördern. Derartige Anlagen wird man meist mit Fliehkraftlüftern betreiben.

Um die Zugverhältnisse der Kessel nicht zu beeinflussen, soll ein drei- bis fünffacher Luftwechsel im allgemeinen nicht überschritten werden.

Auch in größeren Kesselhäusern sieht man in neuester Zeit häufig eine Entlüftung vor. Die Wärme staut sich in den Zonen oberhalb der Kessel zu solchen Temperaturen, daß eine Begehung der Kessel in Frage gestellt wird. Sind Unterwind-Anlagen (vgl. Abschn. X) am Kessel erforderlich, so kann man die Saugseite dieser Unterwind-Lüfter durch einen Rohrstrang zu den besonders warmen Teilen des Raumes führen, saugt die Warmluft dort ab und drückt sie in die Kessel. Infolge vorhandener Undichtigkeiten wird eine Anordnung von besonderen Frischluftöffnungen nicht erforderlich sein.

Sind Unterwind-Lüfter nicht vorhanden, so müssen besondere Schraubenlüfter in die oberen Teile der Wände oder in die Decken eingebaut werden. Für diesen Fall sind allerdings dann wieder große Öffnungen zum Nachströmen der Frischluft vorzusehen, um Störungen des Kesselzuges zu vermeiden.

m) Pferde- und Viehställe.

Pferde- und Viehställe sind nach dem Saugsystem zu lüften.

In den erwähnten Räumen gilt es in erster Linie, die durch die starken Gerüche aus den Exkrementen der Tiere entstehenden Dünste zu beseitigen. Aus diesem Grunde wird man bis etwa $^1/_2$ m über Flur senkrechte Kanäle herunterführen und unten mit Ansaugeöffnungen versehen. Diese einzelnen Kanäle zieht man dann zweckmäßig durch horizontale Sammelstränge zusammen und schließt diese an einen z. B. auf dem Heuboden aufzustellenden Lüfter an.

Für das Einführen der Frischluft wird man bei billigeren Anlagen lediglich Öffnungen an den oberen Teilen der Wände oder auch in der Decke vorsehen, so daß die nachströmende kalte Luft mit der wärmeren Raumluft gemischt den unteren Zonen des Raumes zuströmen wird. Auf diese Weise vermeidet man Zugstörungen, gegen welche z. B. viele Pferde im ruhenden Zustande sehr empfindlich sind. Aus diesem Grunde

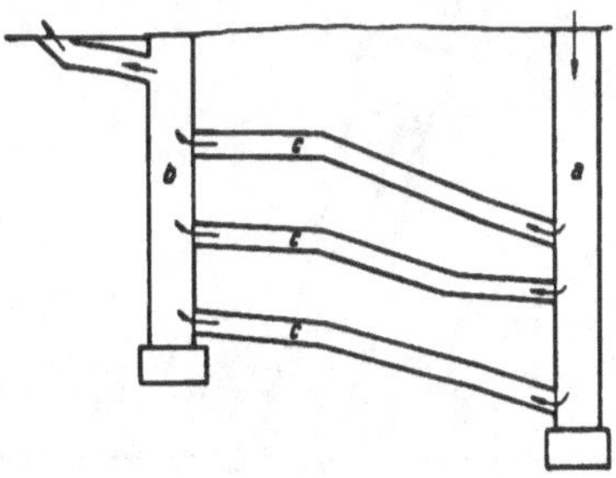

Fig. 29. Schema einer Hauptbewetterung.

ist es bei größeren Anlagen vorzuziehen, erwärmte Frischluft durch besondere Drucklüfter einzuführen, besonders wenn es sich um wertvolles Pferdematerial, oder aber auch um leidende Pferde (Tierarzneischule) handelt (vgl. Abschn. III).

Häufig wird man sich auch mit dem Einbau von Wandlüftern begnügen. Mehrere kleine sind dann besser als ein großer.

Eine Berechnung der Luftmenge nach der Wärmeabgabe der Tiere würde oft zu geringe Werte ergeben, da die Räume im allgemeinen groß sind, so daß sich nur ein geringer Luftwechsel hieraus ergeben würde. Nach Maercker ist für ein Stück Großvieh, gleichbedeutend mit 5 Schweinen oder 10 Schafen, 30 bis 40 m^3/h erforderlich. Man wird meist einen 3—5fachen Luftwechsel zugrundelegen. Die Kanäle können für große Geschwindigkeiten von 10 m, die Absaugeöffnungen von etwa 3 m, die Zuluftöffnungen für 2 m Geschwindigkeit eingerichtet werden.

Die Sauglüfter und etwa dazugehörige Rohrleitungen sind aus verbleitem Blech herzustellen.

n) Bergwerke.

Die Lüftung der Bergwerke, Bewetterung genannt, zerfällt in zwei Hauptarten: die Hauptbewetterung und die Sonderbewetterung.

Bei der Anlage von Bergwerken sieht man in der Regel zwei senkrechte Hauptschächte vor. Diese Hauptschächte sind durch horizontal gelegte Wetterwege in einzeln übereinander liegenden Sohlen mit einander verbunden (vgl. Fig. 29). Bezeichnet man a) als den einziehenden, b) als den ausziehenden Schacht und läßt man am Punkte b) einen Lüfter mit der Saugseite anschließen, so wird dieser Lüfter die Luft durch den einziehenden Schacht unter Benutzung der übereinander liegenden horizontalen Verbindungswege c) von außen her hindurchsaugen, um sie alsdann auf der Druckseite des Lüfters ins Freie zu be-

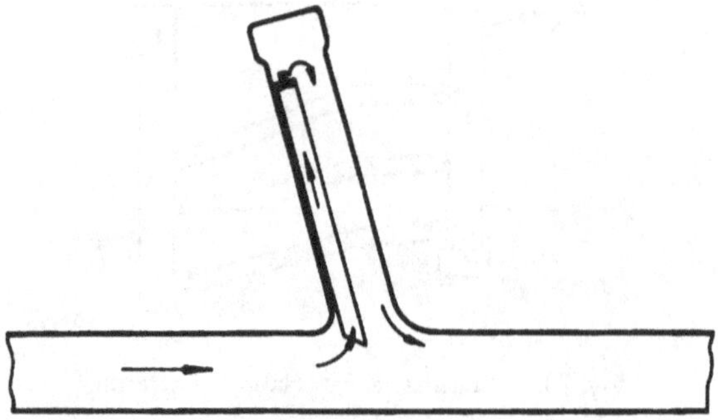

Fig. 30. Schema einer Sonderbewetterung.

fördern. Eine solche grundsätzliche Anordnung bezeichnet man mit Hauptbewetterung. Von dieser Lüftung werden mithin vorzugsweise alle diejenigen Stellen berührt, die in unmittelbarer Verbindung mit den beiden erwähnten senkrechten Schächten stehen.

Werden nun von irgendeiner Sohle von diesen Verbindungsstrecken Querschläge oder Abbaustrecken in das Gebirge hinein vorgetrieben, so würden diese Wege von den das gesamte Kanalsystem durchströmenden Luftmassen wenig oder gar nicht berührt werden, solange ein Durchschlag zu einem zweiten Wetterweg nicht erfolgt ist. Da aber gerade beim Ausbau des Bergwerks an diesen Stellen, die gewissermaßen eine Sackgasse bilden, hauptsächlich gearbeitet wird, muß die Luft von der Hauptstrecke durch besondere Lüfter mit angeschlossenen Rohrleitungen zu diesen Punkten zwangsweise geführt werden (vgl. Fig. 30). Eine derartige Belüftung wird Sonderbewetterung genannt.

Hauptbewetterung.

Die Hauptbewetterung wird in den überaus meisten Fällen nach dem Saugsystem ausgeführt. Die Gründe für dieses System sind nicht lufttechnischer Art, sondern rein äußerlich dadurch gegeben, daß bei Wahl der Drucklüftung der einziehende Schacht geschlossen sein müßte. Da aber dieser meist auch für die Hauptförderung des Abbaugutes benutzt wird, muß er nach außen offen bleiben. Aus diesen Gründen zieht man es vor, den Lüfter an den ausziehenden Schacht anzuschließen und läßt ihn an dieser Stelle saugen.

Der Lüfter wird gewöhnlich über Tage in einem besonderen Hause

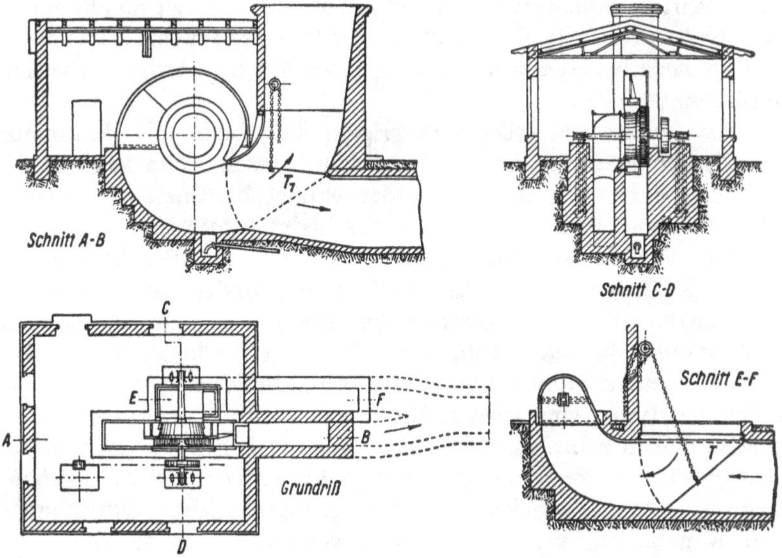

Fig. 31. Umschaltung eines Grubenventilators.

aufgestellt und seine Saugseite durch einen Kanal mit dem oberen Ende des ausziehenden Schachtes verbunden. Die Druckseite des Ventilators erhält in den meisten Fällen einen etwa 6—15 m hohen Diffusor (vgl. Abschn. I, 4e), um Druck zurückzugewinnen bzw. die Leistung zu verbessern. Es gibt aber auch Fälle, in denen eine Umschaltung der Saugwirkung auf Druckwirkung verlangt wird, sei es, um einen Brand von dem ausziehenden Schacht fernzuhalten, oder aber um Abbaustellen, die in der Nähe des ausziehenden Schachtes liegen, mit frischen Wettern zu versorgen. Für solche Fälle wird eine Umschalteinrichtung nach Fig. 31 vorgesehen. Durch Umsteuerung der Klappen T und T_1 saugt der Lüfter statt aus dem Schachte aus dem Freien an und drückt die Luft in den Schacht statt in den Diffusor.

Die Berechnung der Ventilatorluftmenge könnte bei der Hauptbewetterung auch wieder von dem theoretischen Luftbedarf der unter Tag arbeitenden Personen, der sich aus ihrer Wärmeabgabe ergibt (vgl. Abschn. II 3 a), ausgehen. Neben der Versorgung der Menschen und Tiere mit Luft dient die Bewetterung z. B. in Schlagwettergruben auch einer Verminderung der Explosionsgefahr. Ferner ist auch eine möglichst weitgehende Verdünnung der Luft wegen der oft in den Gruben vorkommenden CO_2-Ausbrüche sowie anderer schädlicher Gase, wie sie bei Sprengungen im Gestein und durch die Verwesung der Grubenhölzer entstehen, nötig. Aus diesen Gründen geht man mit der Luftmenge unter Verwendung von Erfahrungszahlen an die Grenze, wie sie durch Wirtschaftlichkeit noch gegeben ist. Man rechnet im allgemeinen mit etwa 2 m³/min je Kopf und bei Schlagwettergruben mit 3 m³/min und oft noch höheren Werten, wenn besonders ungünstige Verhältnisse vorliegen.

Eine zweite wesentlich schwierigere Aufgabe ist die Bestimmung des Widerstandes des ganzen Grubenkanalnetzes. Man kann die Berechnung unter Zugrundelegung der einmal bestimmten Luftmenge nach Abschnitt II 3 c vornehmen. Es bleibt jedoch immer noch eine wichtige Variante in dieser Berechnung offen, und das ist der Wert für die Reibung der Luft an den Wänden, Böden und Decken der Grubenbaue (Strecken, Querschläge usw.). Hierzu kommen die Widerstände, die sehr häufig ihren Standort wechseln, wie Grubenbahnen, einzelne Hunte, Luttenrohre und ähnliches mehr. Alle diese Umstände lassen eine genaue Bestimmung des Widerstandes in den meisten Fällen kaum zu. Man wird daher auch heute noch neben der oben erwähnten Berechnung, die man in früheren Zeiten überhaupt nicht anstellte, Vergleichungen mit grubenähnlichen Querschnitten und Kanalnetzen vornehmen und gegebenenfalls beide Werte aufeinander abstimmen.

Durch die weitgehende Regulierungsmöglichkeit der Lüfter-Antriebsmaschinen (vgl. Abschn. XV), ferner durch Anordnung von Wettertüren und künstlichen Querschnittsverengungen ist man dann außerdem noch in der Lage, eine möglichst günstige Verteilung des Wetterstroms herbeizuführen.

Der erwähnte Widerstands-Vergleichswert für Gruben wird durch die sogenannte Grubenweite oder gleichwertige Öffnung zum Ausdruck gebracht:

$$A = 0{,}38 \frac{V}{\sqrt{p_2 - p_1}} \quad \text{(vgl. Abschn. I 4 a—d).}$$

Dieser Wert bedeutet den Querschnitt einer Öffnung in einer dünnen Wand, die dem Durchfluß einer Luftmenge den gleichen Widerstand bietet, wie das Grubennetz. A ist für die schon bestehenden Gruben ermittelt, und wird von Zeit zu Zeit durch weitere Messungen ergänzt.

Eine solche wiederholte Messung ist erforderlich, da durch den fortschreitenden Ausbau der Grube und oft auch durch Änderungen der Luftwege der Wert $p_2 - p_1$, damit aber auch V und A sich verändern kann. Je größer z. B. das A ist, d. h. je größer die vom Wetter durchströmten Querschnitte sind, um so kleiner wird der Widerstandswert $p_2 - p_1$ bei gleichbleibendem V.

Da es sich meist um saugende Bewetterung handelt, ist $p_2 - p_1$ ein Unterdruck, der im Bergwerksbetrieb als Depression bezeichnet wird. Der Gesamtdruck ergibt sich aus der algebraischen Summe von Unterdruck und dynamischem Druck. Er wird bei Grubenlüftern in der Regel kleiner sein als die Depression. Die gebräuch-

Fig. 32. Einseitig saugender Hauptgrubenventilator von der Saugseite gesehen.
(Schüchtermann & Kremer-Baum, Dortmund.)

lichen Werte für A schwanken zwischen 1 und 5 m^2, die Depressionen zwischen 100 und 600 mm WS. Im allgemeinen handelt es sich um verhältnismäßig große Luftmengen von 20 bis 300 m^3/s. Daher erreichen auch die Hauptgrubenventilatoren die größten Abmessungen, die überhaupt für Ventilatoren in Betracht kommen. Ein derartiger Hauptgrubenventilator wird in den Fig. 32 und 33 dargestellt.

Bei dieser Gelegenheit möge noch erwähnt sein, daß der natürliche Auftrieb, der vorzugsweise im Winter durch die Temperaturdifferenz zwischen äußerer Luft und der Temperatur im Bergwerk entsteht, im allgemeinen die Wirkung des künstlichen Zuges unterstützt, wenn nicht gerade große Höhendifferenzen zwischen ein- und ausziehendem Schacht bestehen, die eine bestimmte Zugrichtung bedingen. Bei gleicher Höhenlage, oder annähernd gleicher, wird die Auftriebsrichtung durch den einmal eingeleiteten Wetterstrom beeinflußt. Anderenfalls kann der Auftrieb dem künstlichen Zug entgegenwirken. Da im übrigen

Fig. 33. Einseitig saugender Hauptgrubenventilator, Antriebsseite. (Schüchtermann & Kremer-Baum, Dortmund.)

die Temperaturdifferenzen nicht allzu hoch sind, von 25 m Tiefe ab steigt die Temperatur bei weiteren je 33 m um etwa 1°, so daß also bei 1200 m auch erst eine zusätzliche Temperatur von 36° zustande käme, — und andererseits die Widerstandswege recht lang sind, wird sich eine Berücksichtigung des Auftriebes bei der Bemessung der Lüfter nicht empfehlen, zumal im Sommer durch die höheren Außentemperaturen die Verhältnisse wesentlich ungünstiger liegen und oftmals sogar ein Umschlag in der Auftriebsrichtung erfolgt.

Sonderbewetterung.

Für die Bewegung der Wetter durch Lutten, wie sie bereits im Abschnitt I, 3 beschrieben ist, sind grundsätzlich zwei verschiedene Einrichtungen üblich: Erstens Sonderbewetterung durch Düsen, zweitens Sonderbewetterung durch Lüfter.

Da die erstere Art durch Anschluß der Düsen an die im Bergwerk verlegte Preßluft oder Wasserleitung betätigt wird, gehört sie nicht zur Aufgabe dieses Buches. Es sei bemerkt, daß ihre Wirkung auf dem Injektor-Prinzip beruht und infolge des bekannt schlechten Wirkungsgrades dieses System aus wirtschaftlichen Gründen besonders für größere Leistungen nicht zu empfehlen ist.

Die Sonderbewetterung durch Lüfter besteht in der Verbindung der Saug- oder der Druckseite eines Schrauben- oder Fliehkraftlüfters mit einer Rohrleitung, genannt Luttenleitung. Diese Rohrleitung ist in der Regel aus glatten Blechrohren zusammengesetzt, in seltenen Fällen auch aus Stofflutten, von etwa 200—600 mm ∅ bei Längen von 50—500 m, ausnahmsweise auch darüber bis maximal etwa 1000 m.

Da die gesamte Luttenleitung aus einzelnen Schüssen von 2—4 m besteht, ist eine möglichst dichtschließende Verbindung durch verschmierte Muffen oder Flanschen erforderlich. Trotzdem sind die Undichtigkeitsverluste in der Praxis so groß, daß für die Bemessung der Lüfter zur Erreichung einer bestimmten Luftmenge am Ende der gesamten Luttenleitung ein erheblicher Zuschlag gemacht werden muß, der naturgemäß von dem Innendruck und dem Zustand der Leitung abhängig ist. Man kann bei einer Endgeschwindigkeit von 10 m/s für Luttenleitungen bis 200 m etwa mit 50 %, bis 500 m bis 100 % und darüber hinaus bis zu 200 % Zuschlägen rechnen, um vor Ort noch eine bestimmte Luftmenge zu erzielen.

Dient die Sonderbewetterung zur Frischluftversorgung von Leuten vor Ort, so wird die notwendige Luftmenge sich aus der Zahl der vor Ort beschäftigten Menschen ergeben. Man pflegt in diesen Fällen fast immer für den Mann Belegschaft mit 0,05 m^3/s bzw. 3 m^3/min zu rechnen. Die sich so ergebende Luftmenge muß alsdann um den obigen Zuschlag erhöht werden. Für die Berechnung des Widerstandes in der Lutte (vgl. Abschn. I, 4) ist jedoch nur eine mittlere Luftmenge von etwa dem arithmetischen Mittel zwischen effektiver Luftmenge vor Ort und derjenigen einschließlich Zuschlag einzusetzen. Es läßt sich auch eine genauere Berechnung auf die Weise ermöglichen, daß man an jedem Schuß unter Annahme eines bestimmten Spaltes von z. B. 0,25 mm einen Spaltverlust in Anrechnung bringt, und so Schuß für Schuß den Widerstand aus der jeweils veränderten Luftmenge errechnet, wie es von Berlowitz[1]) vorgeschlagen und rechnerisch erfaßt wurde.

Fig. 34. Schlottergebläse für Sonderbewetterung. (Siemens-Schuckertwerke, Berlin-Siemensstadt.)

Die gebräuchlichste Art der Sonderbewetterungsgebläse sind die Schraubenlüfter. Sie eignen sich besonders für diesen Zweck infolge ihres bequemen Einbaus und ihres axialen Luftdurchgangs. Sie kommen für mittlere Leistungen und bei Hintereinanderschaltung mehrerer Aggregate (vgl. Abschn. I, 2) auch für große Leistungen

[1]) Verluste durch Undichtheit. Berlowitz und Jasse, Zeitschr. d. V. d. I. 20 S. 258.

Fig. 35. Siemens-Betz-Schraubenlüfter als Luttenlüfter. (Siemens-Schuckertwerke, Berlin-Siemensstadt.)

in Frage. Bei sehr langen Lutten und besonders großen Luftmengen von etwa 5 m^3/s an sind Fliehkraftlüfter zu wählen. In Fig. 34 ist ein elektrisch angetriebenes Schlottergebläse dargestellt, bei welchem durch die Verwendung eines Leitapparates auf der Druckseite hinter dem Gebläse eine Verbesserung des Wirkungsgrades bis auf etwa 72 % erzielt wird. Die Fig. 35 zeigt den Siemens-Betz-Schraubenlüfter. Durch die Ausbildung der Flügel dieses Lüfters entsprechend der Tragflächenform von Flugzeugen wird ebenfalls ein hoher Wirkungsgrad von 70% und darüber erreicht.

Fig. 36 zeigt einen durch Preßluft angetriebenen Lüfter, bei welchem der Kranz des Lüfterrades in konstruktiv guter Lösung als Schaufelkranz einer Luftturbine ausgebildet ist. Die Preßluft wird durch zwei gegenüberliegende Düsen zugeführt.

Die Frage, ob die saugende oder die blasende Lutten-Bewetterung vorzuziehen ist, hängt von dem jeweiligen Zweck der Sonderbewetterung ab (vgl. Abschn. I 4. h). Im allgemeinen wird dem drückenden Wetterstrom der Vorzug zu geben sein, wenn es sich darum handelt, den vor Ort arbeitenden Menschen dauernd gute und frische Luft zuzuführen. In diesem Falle wird der aus der Lutte geschlossen heraustretende Luftstrahl auch auf eine größere Entfernung von mehreren Metern seine Wirkung ausüben, andererseits würden bei der saugenden Bewetterung nur die in unmittelbarer Nähe des Luttenendes sich befindenden Mannschaften eine Wirkung verspüren. Man wird daher einen Lutten-Lüfter nur dann saugend anordnen, wenn es sich darum handelt, schädliche Gase, die sich an einem bestimmten Punkte angesammelt haben, z. B. beim Sprengen, von diesem zu entfernen, und wenn man das Luttenende dicht an die vergaste Stelle heranbringen kann.

Fig. 36. Eltur-Luttenlüfter für Preßluftantrieb. (Heinr. Korfmann, Witten-Ruhr.)

Bei größeren Luttenlängen empfiehlt

es sich, den Lüfter in der Mitte der ganzen Leitung einzubauen, da auf diese Weise infolge der kleineren statischen Drucke auch geringere Undichtigkeitsverluste auftreten.

Ist es nicht möglich, mit einem Schraubenlüfter die gesamte Luttenlänge zu versorgen, so können zwei oder mehr Schraubenlüfter in entsprechenden Abständen hintereinander geschaltet werden.

o) Tunnellüftung.

Man kann zwei Arten von Tunnellüftung unterscheiden: Die direkte Tunnellüftung und die indirekte.

Bei der direkten Lüftung wird entweder die Saugseite oder die Druckseite des Lüfters an den Tunnel angeschlossen und auf diese Weise der Tunnel gelüftet. Bei der indirekten Tunnellüftung drückt ein Lüfter Frischluft mit einer großen Geschwindigkeit durch eine Düse in den Tunnel, wobei die in Druck umgesetzte Bewegungsenergie zur Überwindung des Reibungswiderstandes des ganzen Tunnels und zur Erzeugung eines Unterdruckes am Tunnelanfang dient.

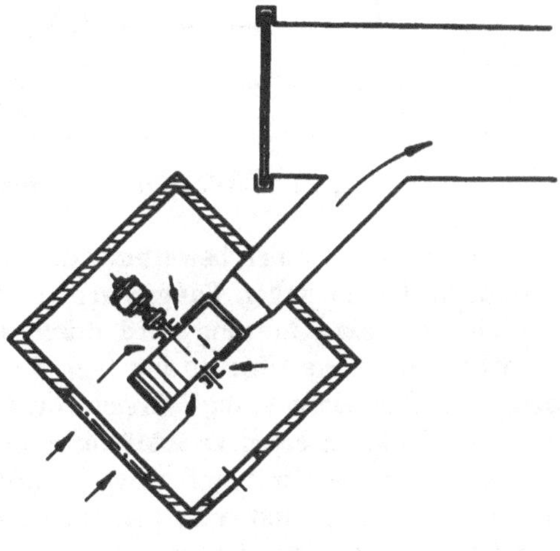

Fig. 37. Direkte Tunnelbelüftung mit Vorhang.

Die erste Art ist die gewöhnliche. Der Lüfter drückt, wie in Fig. 37 dargestellt, die Luft kurz hinter der Mündung des Tunnels in diesen hinein. Die rückliegende Seite des Tunnels muß bei diesem Verfahren durch einen Vorhang geschlossen sein, da sonst die unter Überdruck stehende Luft im Tunnel nach hinten ausströmen würde.

Eine zweite Art der direkten Lüftung besteht darin, daß etwa in der Mitte des Tunnels ein senkrecht nach oben führender Schacht angeordnet wird. Am Anfang dieses Schachtes wird der Lüfter aufgestellt, der jetzt die Luft von beiden Seiten aus dem Tunnel absaugt (vgl. Fig. 38). Diese Methode hat den Vorteil, daß beide Tunnelmündungen dauernd offen stehen können, und daß ferner infolge der Anordnung des Lüfters in der Mitte für den Luftdurchgang der geringste Widerstand auftritt, vorausgesetzt, daß der senkrechte Schacht nicht zu hoch ist und genügend großen Querschnitt besitzt. Nach diesem System ist z. B.

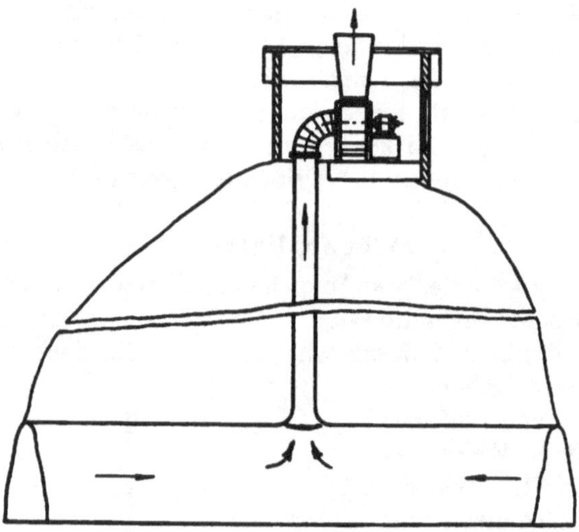

Fig. 38. Direkte Tunnelentlüftung ohne Vorhang.

der Hauenstein-Tunnel bewettert, der eine Länge von 8134 Metern bei einem 130 m hohen Saugschacht aufweist.

Die indirekte Lüftung wird durch die sogenannte Saccardodüse bewirkt. Bei dieser Einrichtung (vgl. Fig. 39) ist kurz hinter der Mündung des Tunnels ein ringförmiger Kanal vorgesehen, der mit seinem hinteren Ende an einen Drucklüfter angeschlossen ist. Die Luft tritt am Düsenende bei c mit großer Geschwindigkeit von 20 m/s und mehr in den Tunnel hinein und reißt die von hinten nachströmende Frischluft ebenfalls in der Längsrichtung des Tunnels mit [1]). Auf diese Weise ist z. B. der Gotthard-Tunnel und der Kaiser-Wilhelm-Tunnel

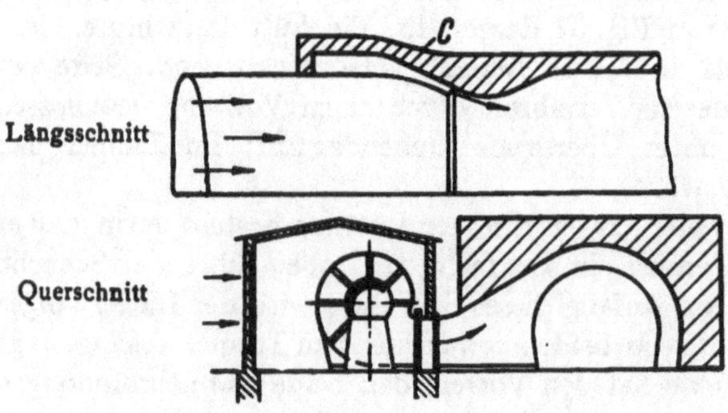

Fig. 39. Indirekte Tunnelbelüftung. (Saccardodüse.)

[1]) Näheres hierüber vgl. Wiesmann: Die Ventilatoren. J. Springer, Berlin, 1930.

bei Bochum sowie der Dössen- und Tauerntunnel belüftet. Da es sich um eine injektorartige Wirkung handelt, ist natürlich der Kraftbedarf wesentlich größer als bei der direkten Lüftungsart. Sie bietet jedoch den Vorteil, auch in dem Falle, bei welchem die Anordnung eines senk-

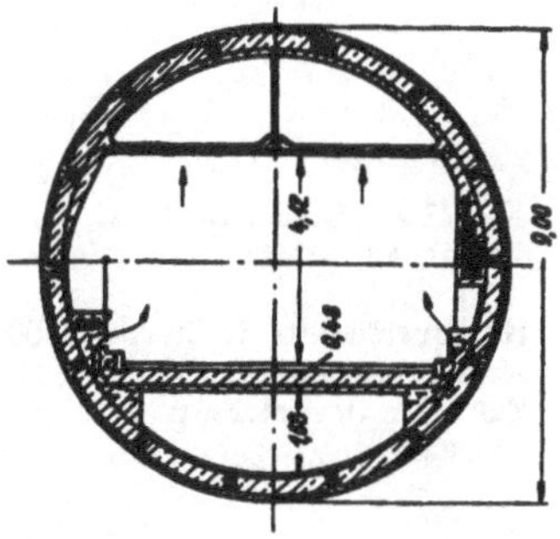

Fig. 40 a. Querschnitt des Hollandtunnelrohres.

Nutzquerschnitt d. Straße	29,50 m²
Abluftkanalquerschnitt	7,80 „
Zuluftkanalquerschnitt	8,20 „
Frischluftmenge	900 m³/s

rechten Schachtes, z. B. infolge zu großer Höhe des darüber liegenden Berges, nicht möglich ist, ohne Verschließung der hinteren Seite des Tunnels durch einen Vorhang eine Belüftung zu erzielen. Allerdings ist besonders bei Gegenwind ein Luftaustritt nach dem nahe der Düse liegenden Tunnelportal kaum zu vermeiden.

Die beiden beschriebenen Tunnellüftungsarten kommen hauptsächlich für Eisenbahntunnels in Betracht. Zur Bestimmung der Luftmenge wählt man einen Luftwechsel von 2- bis 5mal in der Stunde.

Eine Sonderstellung in der Lüftung nehmen die neuzeitlichen Tunnels ein, die für Automobil- und Straßen-Verkehr eingerichtet sind. Bei ihnen spielt die Beseitigung der aus dem Automobilmotor entweichenden Abgase eine so wichtige Rolle, daß schon beim Bau des Tunnels auf die Lüftung weitgehend Rücksicht genommen werden muß. Während bei den vorher erwähnten Tunnellüftungsarten aus-

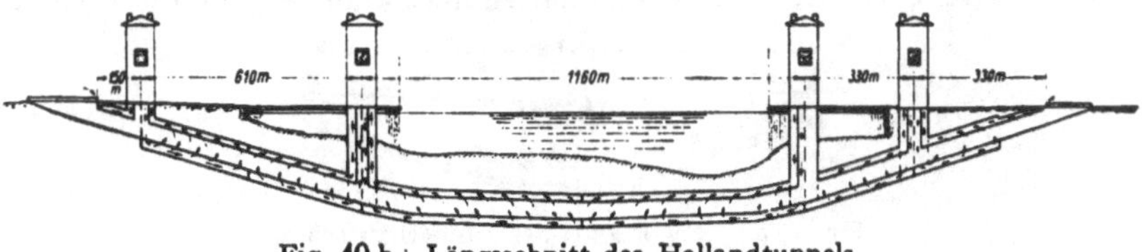

Fig. 40 b. Längsschnitt des Hollandtunnels.

schließlich solche in der Längsrichtung zur Ausführung kommen, wird hier die Querlüftung bevorzugt. Hierunter ist zu verstehen, daß die Strömungsrichtung der Luft quer zur Tunnelachse erfolgt. Dies bedingt wiederum eine künstlich herzustellende Zu- und Abführung. Der erste größere Tunnel, der nach diesem System ausgeführt wurde, ist der Hollandtunnel [1]) mit einer Länge von 2800 m in Amerika.

[1]) Aus Engeneering News Record 27, S. 392 u. 934.

Er führt von New-Jersey nach New-York unter dem Hudsonfluß und besitzt für jede Fahrtrichtung ein besonderes Tunnelrohr. Für die Lüftung sind vier senkrechte Schächte, je zwei an jeder Flußseite, vorgesehen, in denen insgesamt 84 Lüfter für die Zuluft und für die Abluft

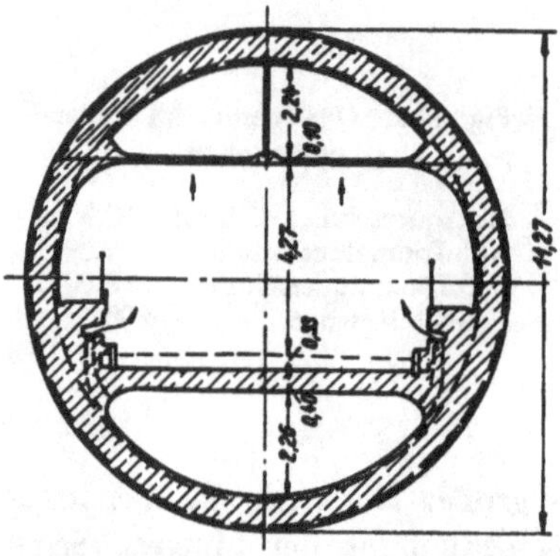

Fig. 41 a. Querschnitt des Tunnels zwischen Oakland und Alameda.

Nutzquerschnitt d. Straße	37,50 m²
Abluftkanalquerschnitt	11,50 „
Zuluftkanalquerschnitt	13,50 „
Luftmenge	475 m³/s

untergebracht sind. Die Luftführung ist in Fig. 40 a und b prinzipiell gekennzeichnet.

Infolge des überaus starken Verkehrs, der zu erwarten war, etwa 2000 Automobile in der Stunde nach jeder Richtung, wurde beim Holland-Tunnel nach eingehenden Modellversuchen ein 42facher Luftwechsel und eine Lüftung von unten nach oben gewählt. Als Grundlage galt ein max. *CO*-gehalt von 0,0004 Raumteilen auf 1 Raumteil Luft[1].) Fig. 41 a und b zeigt einen anderen kürzeren Tunnel mit gleichartiger Lüftung, jedoch nur zwei Lüftungsschächten.

p) Festungsanlagen.

Da in der modernen Kriegführung die Vergasung eine ausschlaggebende Rolle spielt, sind Mannschaftsunterstände ausnahmslos nach

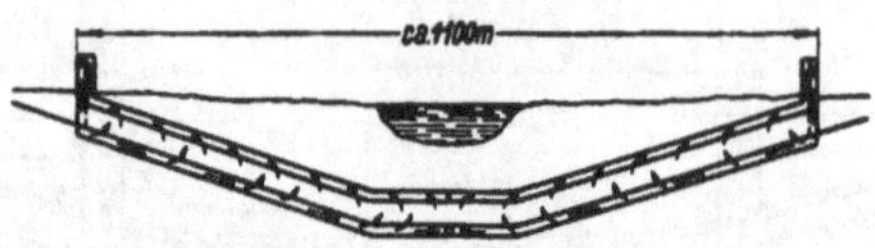

Fig. 41 b. Längsschnitt des Tunnels zwischen Oakland und Alameda.

dem Drucksystem zu lüften. Die Wände und Decken sind infolge ihrer Panzerung als fast luftdicht anzusehen, so daß schon ein geringer Luftwechsel von etwa fünfmal in der Stunde einen Überdruck hervorruft, der das Eindringen etwaiger gefährlicher Gase verhindert. Schwieriger ist die Frage der Filterung der einzublasenden Luft zu lösen,

[1]) Höchstwert an *CO* bei 101 amerik. Last- und Personenwagen mit 60 l/min ermittelt.

da diese natürlich auch gasfrei sein muß. Man muß zu chemischen Mitteln greifen, die auch dem Leitgedanken der Gasmasken zugrunde liegen.

Geschütztürme sind aus gleichen Gründen ebenfalls mit Drucklüftung zu versehen. Jedoch wird hier zweckmäßig ein wesentlich höherer Luftwechsel zu wählen sein, da mit größeren Undichtigkeiten zu rechnen ist. Außerdem können besondere Sauglüfter Verwendung finden, die in automatischer Kupplung mit dem Geschützverschluß die Explosionsrückstände nach dem Abschuß ins Freie befördern.

Fig. 42. Abluftventilatoren auf Deck der »Europa«. (Zusammengebaut mit Siemens-Schuckert-Motoren.)

q) Schiffslüftung.

Auf allen größeren Schiffen der Kriegs- und Handelsmarine sind künstliche Lüftungsanlagen mit Hilfe von Lüftern erforderlich. Die natürliche Lüftung unter Benutzung des Auftriebs und an Deck angeordneter drehbarer Lüfterköpfe ist zu stark von Wind- und Wetterverhältnissen abhängig und für weitverzweigte Kanalnetze unbrauchbar. Die Gründe für die Luftverschlechterung an Bord von Schiffen sind zunächst die gleichen wie bei Landanlagen (vgl. Abschn. II 3 a). Zu ihnen kommen die schädlichen Beimengungen der Luft von Kohlenstaub, Öl, Dunst, Rauchgasen und von Pulvergasen bei Kriegsschiffen hinzu. Auch die hohe Sättigung der Seeluft kann das Unbehagen in den Räumen vergrößern (vgl. Abschn. V, 3).

Die Anwendung der Druck- oder Sauglüftung für die einzelnen Räume hat unter den gleichen Gesichtspunkten zu erfolgen, wie in Abschnitt II, 2 a—c dargestellt. Danach sind die Kabinen und Kammern sämtlicher Klassen, ferner die Speisesäle, Restaurants und Gesellschaftsräume nach dem ausgeglichenen System und die Rauchsäle, Küchen, Vorrats-, Gepäck- und Proviantträume sowie Lazarette, Bäder- und Waschräume und die Aborte nach dem Saugsystem zu lüften.

Die Zuluft wird bei erstklassigen Schiffen durch Dampflufterhitzer oder Thermotanks vorgewärmt und bei Tropenschiffen unter Ver-

Fig. 43. Zuluftventilatoren im Schiffsraum der »Europa«. (Zusammengebaut mit Siemens-Schuckert-Motoren.)

wendung von Seewasser oder Sole der Kühlmaschine zuweilen auch gekühlt.

Die Lüfter, fast ausschließlich Fliehkraftlüfter, sind meist auf Mitte Deck, seltener unter Deck, angeordnet und in Verbindung mit senkrechten Schächten gebracht, an die sich wagerechte Kanäle zu den einzelnen Räumen anschließen (Fig. 42 und 43). Für Schiffsräume mit besonders empfindlicher Warenladung werden Doppellüfter mit Umschaltung aufgestellt, um jederzeit eine betriebsfähige Reserve zu besitzen (Fig. 44).

Beim Durchgang durch Schottwände, der unter Umständen nicht zu vermeiden ist, müssen leicht bedienbare Schieber vorgesehen werden.

Um nicht allzugroße Kanalwiderstände zu erhalten, ist eine vielfache Unterteilung in einzelne gleichartige Gruppen von Räumen zweckdienlich. Hierbei sieht man hinsichtlich der Größe auch möglichst viel

Fig. 44. Schiffsraumdoppellüfter mit Klappenumschaltung (Turbon Ventilatoren und Apparatebau, Berlin-Reinickendorf.)

gleiche Lüftertypen vor, um die an Bord nötige Reserve auf das geringste Maß zu beschränken.

Auch die Maschinenräume werden bei größeren Schiffen künstlich belüftet (Fig. 45).

Die Ermittlung der Luftmenge ergibt sich aus dem Luftwechsel nach Tabelle 5.

Die Kanalabmessungen können wegen Raummangels nur sehr klein gehalten werden, so daß oft mit Kanalgeschwindigkeiten von 15—20 m/s gerechnet werden muß. Die Durchtrittsgeschwindigkeit bei Ein- und Austrittsöffnungen kann mit 2—3 m/s eingesetzt werden. Die Gesamtdrücke liegen zwischen 30 und 150 WS. Um ein Bild über die Ausmaße der Lüftungsmaschinen an Bord der größeren Schnelldampfer zu geben, sei erwähnt, daß auf dem 4SS »Europa« des N. Ld. insgesamt 160 Lüfter mit 2753100 m³/h Luftmenge bei einer Antriebsleistung von etwa 2500 PS eingebaut sind.

Fig. 45. Maschinenraumlüfter auf Deck der »New York«. (Turbon Ventilatoren und Apparatebau, Berlin-Reinickendorf.)

Die Lüfter sind aus verzinktem Eisenblech und die Motoren in wasserdichter Kapselung vorzusehen. Da häufig die Kanalführung infolge Platzmangels gegenüber dem ursprünglichen Plan geändert werden muß, empfiehlt es sich, die Lüfter mit rückwärts gekrümmten Schaufeln zu versehen (vgl. Abschn. I, 2), um Überlastungen des Antriebsmotors zu vermeiden. Anderenfalls müssen die Motoren reichlich gewählt werden.

Die Lüftersätze werden zweckmäßig auf schalldämpfende Unterlagen gestellt (vgl. Abschn. XVII).

Über Schiffskessellüfter siehe Abschn. X, 5 b.

Tabelle 5. Luftwechsel auf Schiffen.

Handelsschiffe[1]) Räume	Maximaler stündl. Luftwechsel	Kriegsschiffe[1]) Räume	Maximaler stündl. Luftwechsel
Speisesäle I. u. II. Kl.	20	Hilfsmaschinen mit Dampf oder Öl	20—90
Restaurants	20	mit elektr. Betrieb	10—45
Speisesaal III. Kl.	18	Dampfrohrgänge	60
Rauchzimmer	20	Kajüten, Messen	10
Gesellschaftsräume, Turnhalle, Vorräume und Treppenhäuser I. Kl.	20	Mannschaftsräume	20—50 } stündl. Luftm. in m³ je Kopf
Kammern I. Kl.	10	Wohnkammern	30—50 } stündl. Luftm. in m³ je Kopf
Gänge I. Kl.	6	Lazarett	75—100 } stündl. Luftm. in m³ je Kopf
Kammern II. Kl. Gänge II. Kl. Gänge III. Kl.	} 6 in oberen 7 in mittl. 10 in unter. Decks	Munitionsr.	20
Räume IV. Kl.	6	Magazine, Hellegats Ruderräume	4—20
Besatzungsr.	6—10	Zentralen, Mittel-Gänge	30—60
Hospitäler	15	Gänge auf d. Panzerdeck über den Masch.-Räumen	15
Küchen	40	desgl. über den Kessel-R.	30
Bäder u. Waschräume	20	Aborte, Bäder	12—20
Aborte	30	Anrichten, Küchen, Bäckerei	6—20
Räume f. Trockenprov.	20	Taulasten, Segel, Vorratsräume	6—10
Räume f. Kühlprov.	20—25	Gefechtsverbandplätze	20
Räume f. Gepäck u. Post	20	Wäschereianl.	30
Vorräte f. Masch. und Heizer	möglichst hoch	Kasematten, Funkräume	30
		Schaltanlagen	20

[1]) Nach Johow-Förster, Hilfsbuch f. d. Schiffbau S. 672 u. 695. J. Springer, Berlin 28.

Abschnitt III.

Lufterwärmungs- und Luftheizungsanlagen.

1. Allgemeine Wirkungsweise.

Unter Lufterwärmungsanlagen sollen alle diejenigen Anlagen verstanden werden, bei denen die für die Lüftung des Raumes notwendige Frischluft in der kalten Jahreszeit auf irgendeine Weise vorgewärmt dem Raume zuströmt, während für die Heizung des Raumes Öfen oder Radiatoren vorgesehen sind.

Bei Luftheizungsanlagen soll die ebenfalls irgendwie vorgewärmte Luft nicht nur die Lüftung, sondern auch die volle Heizung des Raumes übernehmen. Örtliche Heizkörper oder Radiatoren sind auch daneben in diesem Falle nicht vorhanden. Als Vorteile der Luftheizung gegenüber anderer Heizung können gelten:

1. Die wesentlich kürzere Anheiz- und Abstellzeit.
2. Die Verbindung von Heizung und Lüftung.
3. Die Vermeidung von Staub durch Filterung der Warmluft.
4. Die Verkleinerung der Heizfläche infolge der mit großer Geschwindigkeit durchtretenden Luft.
5. Die Möglichkeit der besonderen Erwärmung einzelner Raumteile.
6. Möglichkeit der Luftkühlung im Sommer mit gleichen Geräten.

Die Lufterwärmungsanlagen können nach dieser Unterscheidung als Lüftungsanlagen mit vorgewärmter Frischluft gelten und für alle die Fälle Anwendung finden, bei denen Lüfter für Zuluft angeordnet werden, also unter dieser Bedingung für alle drei Lüftungssysteme (Sauglüftung, Drucklüftung und ausgeglichene Lüftung, vgl. Abschnitt II, 2).

Die allgemeine Wirkungsweise aller Lufterwärmungs- und Heizungsanlagen besteht darin, daß die von außen angesaugte Frischluft über einen sogenannten Lufterhitzer strömt, der eine Wärmequelle darstellt, die entweder durch elektrischen Strom, Dampf oder Warmwasser oder Gas gespeist wird. Die so erwärmte Luft wird durch Kanäle oder Rohrleitungen dem Raume zugeführt. In der Regel wird die Luft bei diesen Anlagen noch durch ein Filter, das vor den Lufterhitzer geschaltet ist, geleitet (vgl. Abschn. VI), um so möglichst staubfreie Luft dem Raume zuzuführen. Der wesentliche Bestandteil aller dieser Anlagen ist der Lufterhitzer. Daher soll auf ihn etwas näher eingegangen werden.

a) Erwärmung durch elektrischen Strom.

Der elektrische Lufterhitzer (vgl. Fig. 46a und b) besteht aus einem Blechgehäuse, in dessen inneren Hohlraum Drähte einer besonderen

Chromnickellegierung eingebaut sind, die durch Anschluß an das elektrische Netz zur Erhitzung gebracht werden. Die Luft streicht durch das Gehäuse über die Heizdrähte hinweg und nimmt die Wärme durch

Fig. 46 a. Elektrischer Lufterhitzer.
(Siemens-Schuckertwerke, Berlin-Siemensstadt.)

unmittelbare Leitung und Konvektion auf. Die Temperaturen der Hitzdrähte liegen sehr hoch, bei normaler Luftgeschwindigkeit etwa bei 300°. Da die durch Strahlung an das Blechgehäuse abgegebene Wärme sehr gering ist, kommt fast die gesamte Wärme dem durchtretenden Luftstrom zugute, so daß der Wirkungsgrad beinahe 100% erreicht. Bei geringen Stromkosten von etwa 5 Pfg. je KW/Std. an ist ihre Verwendung für Luftheizung zu empfehlen, da bei einfachster Bedienung ein sauberer Betrieb gewährt wird.

b) Erwärmung durch Dampf, Warm- oder Heißwasser.

Die zurzeit gebräuchlichsten Lufterhitzer für Raumerwärmung sind für Dampf, Warm- oder Heißwasser als Wärmemittel eingerichtet.

Fig. 46 b. Elektrischer Lufterhitzer mit abgenommenem Blechgehäuse.
(Siemens-Schuckertwerke, Berlin-Siemensstadt.)

Man verwendet hier kreisrunde (Fig. 47) oder elliptisch geformte (Fig. 48) verzinkte Rohre für den Durchtritt des Wärmemittels. Um die wirksame Heizfläche zu vergrößern, sind diese Rohre mit recht-

Fig. 47. Lufterhitzer für Dampf oder Warmwasser mit runden Rohren. (Kaloriferwerk Hugo Junkers, Dessau.)

eckigen Lamellen unter möglichst inniger Berührung zwischen Rohr und Lamelle ausgestattet. Sämtliche Rohre münden entweder in je einen Sammelhohlraum an beiden Enden oder aber (Fig. 49) in ein oder mehrere gemeinsame Rohre. Die Luft tritt rechtwinklig zu den Rohren durch das Heizgerät, der Dampf oder das Warmwasser seitlich oder oben ein und auf der anderen Seite oder unten abgekühlt bzw. als Kondensat aus. Da im abfließenden Kondensat der größte Teil der Flüssigkeitswärme noch enthalten ist, ist die Wärmeausnutzung bei Dampf nicht so hoch wie beim elektrischen Lufterhitzer.

Um einwandfreien Dauerbetrieb zu gewährleisten, wird man bei Lufterhitzern für Dampf, Warm- oder Heißwasser immer Verzinkung der von der Warmluft und dem Wärmemittel berührten Teile verlangen müssen, falls sie nicht etwa aus rostbeständigem Material hergestellt sind.

Fig. 48. Lufterhitzer für Dampf oder Warmwasser mit elliptischen Rohren. (GEA Lufterhitzer-Gesellschaft, Bochum.)

c) Erwärmung durch Gas.

Der Gaslufterhitzer (Fig. 50) bedient sich als Wärmequelle des brennenden Gases. Wo Dampf oder Warmwasser nicht zur Verfügung steht, kann er als unabhängige Wärmequelle häufig Verwendung finden, z. B. in Sälen und Kirchen. Durch die mit den Abgasen unverbraucht abziehende Wärme von etwa 150° ist sein Wirkungsgrad zwar demjenigen des elektrischen Lufterhitzers unterlegen.

Fig. 49. Lufterhitzer mit Sammelrohren.
(Netzschkauer Maschinenfabrik, Netzschkau i. S.)

Immerhin beträgt er bei guten Konstruktionen etwa 85%, so daß er bei normalen Strom- und Gaspreisen günstiger arbeitet als der elektrische Erhitzer, wenn man im übrigen von der Unannehmlichkeit der Rauchgasabführung absieht.

2. Ausführungsformen.

a) Zentrale Anlagen.

Lufterwärmungs- und Luftheizungsanlagen können in zwei grundverschiedenen Formen ausgeführt werden. Wird die gesamte Anlage,

Fig. 50. Gaslufterhitzer.
(Kaloriferwerk Hugo Junkers, Dessau.)

bestehend aus dem Lüfter a, dem Lufterhitzer b und gegebenenfalls dem Filter c, Fig. 51 in einem gemeinsamen Raum aufgestellt (Heizkammer), und die Warmluft von hier aus durch Verteilungskanäle

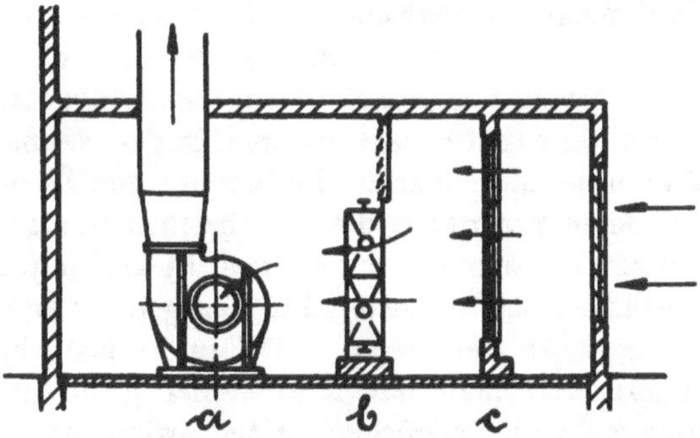

Fig. 51. Heizkammer für Luftheizung.

den einzelnen zu belüftenden bzw. zu beheizenden Räumen zugeführt, so spricht man von einer zentralen Anlage. In diesem Falle brauchen die das Wärmemittel führenden Leitungen im allgemeinen nur bis zu der Heizkammer geführt zu werden.

b) Einzelanlagen.

Sind dagegen in den einzelnen Räumen Luftheizgeräte angeordnet, bei welchen der Lufterhitzer unmittelbar mit dem Lüfter und gegebenenfalls auch mit einem Filter zu einem Aggregat (vgl. Fig. 52) vereinigt ist, so spricht man von Einzel-Anlagen. In diesem Falle müssen die das Wärmemedium führenden Leitungen durch die verschiedenen Räume zu den Einzelaggregaten geführt werden, dagegen fallen die Luftkanäle zur Heizkammer fort.

Fig. 52. Einzel-Luftheizgerät mit Siemens-Betz-Schraubenlüfter. (Siemens-Schuckertwerke, Berlin-Siemensstadt.)

c) Umluftanlagen.

Bei den zentralen wie den Einzelanlagen kann eine Einrichtung getroffen werden derart, daß neben oder statt der Frischluft Raumluft angesaugt wird. Solche Anlagen nennt man Umluftanlagen. Da die aus dem Raum entnommene Luft besonders beim Anheizen wärmer als die aus dem Freien angesaugte Frischluft ist, kann auf diese Weise Wärme gespart bzw. eine Verkürzung der Anheizzeit erzielt werden.

d) Nachwärmeanlagen.

Sind bei den zentralen Anlagen einzelne Räume ein und derselben Anlage mit verschiedenen Temperaturen zu versorgen, oder aber ist es erforderlich, auf genaue Einhaltung der Temperaturen in einigen Räumen besonders zu achten, so bemißt man häufig die Lufterhitzer in der Heizkammer für eine maximale Temperatur, die um einige Grad unter der tiefsten Temperatur liegt, die man in den Räumen zu erzielen wünscht. Alsdann schaltet man in die betreffenden Zweigkanäle möglichst kurz vor deren Eintritt in die zu heizenden Räume einen besonderen Lufterhitzer vor, der die schon erwärmt ankommende Luft auf die in dem jeweiligen Raum gewünschte Temperatur aufwärmt. Eine solche Anordnung kann gleichzeitig die Wärmeverluste in langen Kanälen vermindern und man hat neben einer genauen Temperatureinhaltung außerdem die Möglichkeit einer Zwischenbefeuchtung, um bestimmte Feuchtigkeitsgrade zu erzielen (vgl. Bürohäuser, Abschnitt III, 4).

3. Berechnungsart.

a) Ermittlung von Luftmenge und Heizleistung bei Lufterwärmungsanlagen.

Für die Berechnung der Frischluftmengen der Lufterwärmungsanlagen und ihrer Widerstände gelten zunächst dieselben Grundsätze wie für die Belüftung der betreffenden Räume (vgl. Abschn. II, 3). Da jedoch diese Frischluftmenge in der kalten Jahreszeit dem Raume mit einer solchen Temperatur zugeführt werden soll, daß die Berührung der in den Raum eintretenden Luft mit dem menschlichen Körper nicht unbehaglich und lästig empfunden wird, muß die Luft erfahrungsgemäß mit einem über der Raumtemperatur liegenden Wärmegrad eingeführt werden. In der Regel läßt man auch, um die sofortige Abkühlung auszugleichen, einen Zuschlag von 10—15° zu dieser Temperatur zu. Da die örtlichen Heizflächen meist auf Raumtemperaturen von 18—20° abgestimmt sind, wird man also den Lufterhitzer für die Lufterwärmung für etwa 30° im Mittel berechnen.

Als geringste Temperatur ist streng genommen die tiefste in der betreffenden Gegend vorkommende Außentemperatur einzusetzen, also im Mittel in Deutschland z. B. — 15° C.

Um die Anlage- und Betriebskosten jedoch herabzusetzen, begnügt man sich häufig mit einem Temperaturbereich von etwa 25°, also z. B. von — 10 auf + 15, unter der Voraussetzung einer Drosselung der Luftmenge bei tieferen Außentemperaturen. Lufttechnisch ist diese Maßnahme nicht zu befürworten.

Die von dem Lufterhitzer abzugebende Wärmeleistung errechnet sich nach der Grundgleichung Seite 21.

$$V = \frac{Q \cdot (1 + a\,t_1)}{c_p\,(t_2 - t_1)}$$

$$\text{und } Q = \frac{V \cdot c_p\,(t_2 - t_1)}{1 + a\,t_1}.$$

Hierbei ist t_2 die wärmere, t_1 die kältere Temperatur und V die Luftmenge in m^3/h bez. auf t^0. Unter Annahme von $t_2 = 30^0$ und $t_1 = -15^0$ ergibt sich

$$Q = \frac{V \cdot 0{,}31 \cdot (45)}{\frac{258}{273}}$$

$$Q \sim 15 \cdot V \text{ in WE/h}$$

für normale Fälle in Deutschland.

Hier ist noch darauf hinzuweisen, daß bei genaueren Rechnungen die Feuchtigkeit der Luft berücksichtigt werden muß. Hierzu ist zweckmäßig die Grundgleichung auf das Luftgewicht zu beziehen.

Es ist dann (vgl. Abschn. I 3 f.)

$$Q = G \cdot c_p\,(t_2 - t_1)$$

$$\text{und } c_p = 0{,}24 + x \cdot 0{,}46.$$

Für praktische Fälle tritt eine Veränderung der Wärmemenge gegenüber trockener Luft erst ein,

$$\text{wenn } t_1 \geqq +20^0,$$

da der Wassergehalt der Luft bei geringen Temperaturen auch bei hoher Sättigung sehr klein ist.

Dies hat aber weiterhin die Folge, daß die relative Feuchtigkeit φ bei Entnahme der Luft von außen und nachheriger Erwärmung durch den Lufterhitzer im Winter oft sehr klein wird, so daß die Luft im Raum als zu trocken empfunden wird. In diesem Falle muß eine Befeuchtung vorgenommen werden z. B. durch angewärmtes Wasser (vgl. Abschn. IV).

b) Wahl und Bestimmung der Lufterhitzer. Wärmedurchgang.

Für die Bemessung des Lufterhitzers ist neben der soeben ermittelten Wärmeleistung noch der Widerstand festzulegen, den die Luft beim Durchgang durch den Luft-Erhitzer erleidet. Desgleichen muß insbesondere bei Warm- und Heißwasser der Widerstand berücksichtigt werden, den die Rohre des Erhitzers dem durchtretenden Wärmemittel bieten dürfen.

Der Luftwiderstand bewegt sich im allgemeinen in den Grenzen zwischen 5 und 15 mm WS. In seltenen Fällen sind bei sehr großen Anlagen aus Gründen von Raum- und Kostenersparnis höhere Luftwiderstände zulässig. Der Luftwiderstand hängt unmittelbar von der Geschwindigkeit der durchtretenden Luft ab, und wächst quadratisch mit ihr. Daher kann für die gleiche Wärmeleistung eine Verkleinerung des ganzen Erhitzerquerschnitts im allgemeinen nur auf Kosten einer Vergrößerung des Luftwiderstandes erzielt werden.

Andererseits wächst allerdings auch bei zunehmender Geschwindigkeit der durchtretenden Luft die Wärmeleistung des Erhitzers, jedoch nicht im gleichen Maße wie der Widerstand zunimmt. Ein guter Mittelwert für den zulässigen Widerstand ist etwa 10 mm WS. Hierbei erhält man Abmessungen der Heizflächen, die sich fast stets bequem unterbringen lassen.

Solange es sich um eine Dampfheizung oder aber um eine Warm- oder Heißwasser-Pumpenheizung handelt, spielen die durch das Rohrsystem des Erhitzers gebildeten Dampf- bzw. Wasser-Widerstände keine

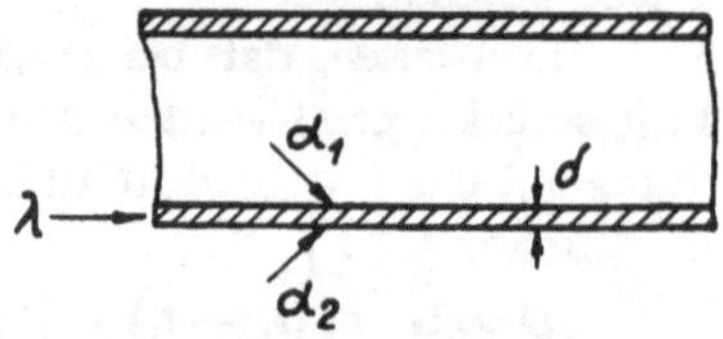

Fig. 53. Wärmedurchgang.

wesentliche Rolle. Man geht daher ohne weiteres, z. B. bei Heißwasser-Hochdruckanlagen, bei welchen das Heißwasser durch eine Zirkulationspumpe in Umlauf gehalten wird, auf Werte von 1000 bis 5000 mm WS Widerstand in den Rohren und darüber.

Handelt es sich jedoch um Warmwasserschwerkraft-Heizung, bei welcher das Wasser lediglich durch den Auftrieb seiner wärmeren Teile, d. i. den Gewichtsunterschied der erwärmten und der kalten Wassersäule, zirkuliert, so stehen nur ganz geringe Drücke zur Verfügung. Daher müssen sich die zulässigen Widerstände der Rohrquerschnitte auf einer Höhe von nur einigen Millimetern im Mittel 3—5 mm WS je nach Höhe der Häuser und der Temperatur halten.

Die Berechnung[1]) der Heizfläche eines Lufterhitzers soll hier nur kurz berührt werden. Den Ausgangspunkt bildet die Wärmedurchgangsgleichung für die Wärmeübertragung von einer Flüssigkeit an eine zweite durch eine feste Trennwand hindurch

$$Q = k \cdot F \cdot \triangle_m.$$

Es bedeute:

F = Heizfläche (äußere Rohrfläche) in m^2

$\triangle_m$ = mittleres Wärmegefälle zwischen Wärmemittel und Luft in °C

k = Wärmedurchgangszahl

δ = Wandstärke in m.

[1]) Zu genauerer Berechnung diene: Nusselt Z. d. V. D. I. 1911 S. 2021 u. Ges. Ing. 1922 S. 97.

Die Wärmedurchgangszahl k ist (vgl. Fig. 53) aus drei Teilen gebildet: α_1 dem Übergang der Wärme vom Wärmemedium an die Wand, λ der Wärmeleitung durch die Wand, und α_2 dem Wärmeübergang von der Wand an die Luft. Das Verhältnis von k zu diesen Werten ergibt sich aus der Formel

$$k = \frac{1}{1/\alpha_1 + 1/\alpha_2 + \delta/\lambda} \text{ kcal/m}^2\,\text{h}\,{}^0\text{C}.$$

Der Wärmedurchgangswert k wächst mit zunehmender Luftgeschwindigkeit[1]) und ist bei gleicher Luftgeschwindigkeit für Dampf größer als für Warmwasser. Erst bei höheren Wassergeschwindigkeiten von etwa 2 m nähern sich die beiden k Werte. Da aber die Temperaturen des Warmwassers unter denen des Dampfes liegen, ergeben sich für Warmwasser selbst bei Zulassung größerer Wassergeschwindigkeiten, wie es die Pumpenheizung erlaubt, größere Heizflächen.

Die k Werte liegen für Lufterhitzer mit Lamellenrohren, wie sie heute fast ausschließlich in Gebrauch sind, bei wirtschaftlichen Geschwindigkeiten

für Dampf	etwa zwischen	23	und	50
„ Warmwasser „	„	16	„	30.

Für Hochdruckheißwasser, mithin für Temperaturen von 150—180° sind die Wärmedurchgangswerte etwa die gleichen, wie für diejenigen von Dampf der den Temperaturen entsprechenden Drücke. Für überhitzten Dampf sind nach Gröber[2]), so lange keine Kondensation eintritt, die Wärmeübergangswerte α und damit auch die Wärmedurchgangswerte k wesentlich kleiner als für Sattdampf.

Außerdem haben natürlich die einzelnen Lieferwerke für Lufterhitzer ihre besonders auf ihre Fabrikate zugeschnittenen Versuche vorgenommen und hieraus die k-Werte ermittelt.

Für die verschiedenen Wärmemittel sind folgende Temperaturgefälle für Ein- und Austritt aus dem Lufterhitzer gebräuchlich:

Warmwasser,	Schwerkraftheizung 20°
„	Pumpenheizung 10—20°
Heißwasser	Hochdruck 25—30°, manchmal bis 80°.

Für Dampf kommt die dem Sättigungsdruck entsprechende Temperatur in Betracht, da ein Kondensieren des Dampfes im Heizkörper selbst nicht erfolgen soll.

Das mittlere Wärmegefälle $\triangle_m$ errechnet sich dann hinreichend

---

[1]) Rietschel, Leitfaden für Lüftung und Heizung Jahrgang 1928 S. 272, Verlag J. Springer, Berlin.

[2]) Gröber, Wärmeübertragung 26. Verlag J. Springer, Berlin.

genau aus dem Unterschied der arithmetischen Mittel, wie sie sich für Ein- und Austritt der Luft und des Wärmemittels ergeben,

$$\text{also } \triangle_m = \frac{\vartheta_e + \vartheta_a}{2} - \frac{t_e + t_a}{2}$$

wenn ϑ die Temperaturen des Wärmemittels und t die der Luft sind.

c) Energiebedarf der Lufterhitzer.

Der Gesamtverbrauch an Energie ergibt sich bei Dampf aus dem Verhältnis von abgegebener Gesamtwärmeleistung zu aufgenommener Wärme je kg Dampf; also z. B. für Niederdruckdampf von 0,3 atü sei die Eintrittstemperatur 106°, die Temperatur des Kondensats etwa

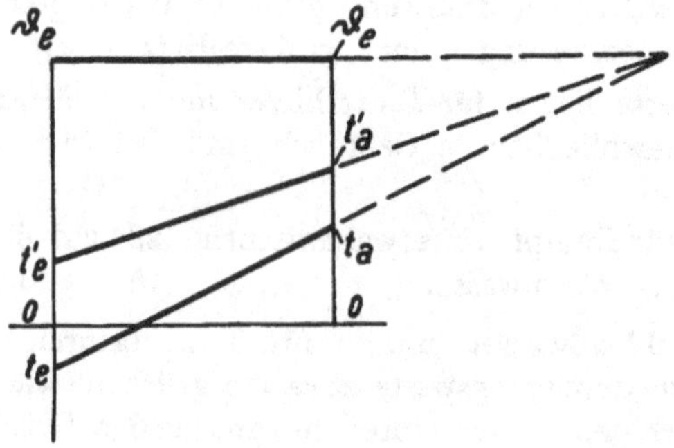

Fig. 54. Wärmeverlauf im Lufterhitzer.

100°. Es sind somit insgesamt etwa 542 WE/kg aufgenommen. Werden z. B. 50 000 WE abgegeben, so sind $\frac{50\,000}{542} = 920$ kg Dampf von 0,3 atü/h erforderlich. Bei höheren Dampfdrücken ist die entsprechend höhere Eintrittstemperatur zu berücksichtigen. Daher geben höhere Dampfdrücke für gleiche Wärmeleistungen kleinere und billigere Heizkörper. Da auch die Festigkeit aller Lufterhitzertypen in der Regel für höhere Drücke bemessen ist, hat es keinen Zweck den etwa vorhandenen Dampfdruck höherer Spannung vor den Heizgeräten abzudrosseln, es sei denn, daß Erwägungen anderer Art, wie die Verkokung der Staubteilchen bei höheren Temperaturen oder Berührungsgefahr eine Rolle spielen.

Bei Warmwasser errechnet sich der Energiebedarf aus dem Wärmegefälle zwischen Vor- und Rücklauf also z. B. $\frac{50\,000}{70-50} = 2500$ l/h.

Für alle Lufterhitzer, die durch Dampf oder Warmwasser gespeist werden, ist zu beachten:

1) Ein Lufterhitzer, der für eine Lufttemperaturzunahme z. B. von — 20 auf + 30° berechnet ist, und hierbei 50 000 WE abgibt, kommt für den Fall, daß die Lufteintrittstemperatur höher liegt, z. B. bei + 10°, nicht etwa auf 60°, Endtemperatur, sondern wegen des nunmehr geringeren mittleren Wärmeunterschiedes zwischen Luft und Dampf, nur auf etwa 48°, d. h. seine Wärmeleistung ist geringer. Bei Elektro- und bei Gaslufterhitzern, bei denen die mittlere Temperatur des Wärmemediums sehr hoch liegt, spielt dieser Unterschied der Wärmeleistung keine wesentliche Rolle.

Die Ermittlung der veränderten Endtemperatur erfolgt mit guter Annäherung nach:

$$\frac{\vartheta_e - t_e}{\vartheta_e - t_a} = \text{const.} = \frac{\vartheta_e - t'_e}{\vartheta_e - t'_a}$$

(vgl. Fig. 54), wobei t'_e und t'_a die veränderten Anfangs- und Endtemperaturen der Luft darstellen.

Beispiel:

$$\text{gegeben} \begin{cases} p = 0{,}3\,\text{atü} \\ \vartheta_e = 106^0 \\ t_e = -20^0 \\ t_a = +30^0 \\ t'_e = +10^0 \end{cases}$$

$$\text{gesucht} \quad t'_a$$

$$\frac{\vartheta_e - t^e}{\vartheta_e - t_a} = 1{,}66 = \frac{\vartheta_e - t'_e}{\vartheta_e - t'_a}.$$

$$t'_a = 48^0$$

2) Die Endtemperatur der Luft hängt außerdem von der durchströmenden Luftmenge ab. Sinkt die Luftmenge, so erhöht sich, und steigt die Luftmenge, so erniedrigt sich die Endtemperatur.

Bei elektrischen Lufterhitzern ist die Wärmeleistung nur durch die zugeführte elektrische Energie gegeben. Die Widerstände geben die gesamte Wärme an die durchströmende Luft bis auf geringe Strahlungsverluste ab. Man rechnet daher im allgemeinen mit einer Wärmeabgabe von etwa 95 % der aufgebotenen Energie. Soll der Heizkörper also z. B. 50 000 WE abgeben, so würden etwa

$$\frac{50000}{860 \cdot 0{,}95} = 61 \text{ KW}$$

nötig sein.

Da jedoch bei den elektrischen Lufterhitzern bei höherer Belastung und ungünstigem Einbau die Möglichkeit besteht, daß beim Stillstand des Lüfters, also bei der Luftgeschwindigkeit 0, die Widerstände infolge mangelnder Wärmeentziehung sich zu stark erhitzen, ist eine automatische Ausschaltung erforderlich, die entweder bei einem bestimmten Wärmegrad oder bei einer geringsten noch zulässigen Luftgeschwindigkeit abschaltet.

Gaslufterhitzer arbeiten in der Regel mit einer Verbrennungstemperatur von etwa 600—700°. Die Abgase verlassen den Erhitzer mit etwa 150°, so daß mit einem immerhin nicht geringen Abgasverlust gerechnet werden muß. Der Wirkungsgrad dieser Gaslufterhitzer beläuft sich auf etwa 80—85 %. Der Gasverbrauch ergibt sich somit unter der Annahme, daß der untere Heizwert von 1 m³ Gas z. B. 4000 WE beträgt, für einen Lufterhitzer von 50 000 WE zu $\frac{50000}{4000 \cdot 0,85} = 14,7$ m³/h Gas.

Nach der angegebenen Energiebedarfsrechnung für elektrischen Strom, Dampf bzw. Warmwasser und Gas für die gleiche Wärmeleistung von 50 000 WE ist je nach den zur Verfügung stehenden Wärmemitteln und ihren Gestehungskosten, für jeden Fall die günstigste Wahl zu treffen.

d) Bestimmung von Heizleistung und Luftmenge bei Luftheizungsanlagen.

Wie unter III, 1 hervorgehoben, ist bei reinen Luftheizungsanlagen keinerlei andere Heizung, sei es Zentralheizung oder einzelne Öfen, daneben vorhanden. Durch die Luftheizung sind mithin sämtliche Wärmeverluste zu decken, die der Raum erleidet. Für die Berechnung der erforderlichen Wärmeleistung sind daher zunächst die gleichen Gesichtspunkte zu beachten, die bei der Bemessung einer örtlichen Heizung vorliegen. Es muß eine Wärmebedarfs- oder -Transmissionsrechnung durchgeführt werden. Dies geschieht durch die allgemeine Wärmedurchgangsgleichung:

$$Q = k \cdot F \cdot (t_i - t_a),$$

darin ist
t_i = Innentemperatur (gewünschte)
t_a = Außentemperatur (tiefste)
k = Wärmedurchgangszahl
F = Wärmeverlust-Fläche in m².

Der Wärmedurchgangskoeffizient k ist je nach der Materialart und Stärke der Wände verschieden. Außerdem sind für Dächer, Oberlichte, Decken, Fußböden, Türen und Fenster besondere Werte einzusetzen, wie sie für eine genauere Rechnung nach folgender Tabelle 6 angewendet werden können.

Tabelle 6. *k*-Werte zur Wärmebedarfsrechnung[1]).

Wände (Ziegel)	Stärke 0,12	0,25	0,38	0,51	0,64	0,77	0,90
einseitig verputzt Außenw.	2,6	1,8	1,38	1,11	0,93	0,80	0,70
beiders. verputzt Außenw.	2,50	1,7	1,34	1,09	0,91	0,79	0,69
„ „ Innenw.	1,9	1,33	1,04	0,85	0,71	0,62	0,55

Türen, Fenster, Oberlichte	Fugen gedichtet	norm. durchlässig
Außentür Eisen	—	6,5
„ Holz	—	4,5
Innentür	—	3
Einfachfenster, Eisenrahmen	6	8
„ Holzrahmen	5	7
Doppelfenster, Eisenrahmen	2,8	3,8
„ Holzrahmen	2,5	3,5
Oberlicht, einfach	5	8
„ doppelt	2,5	4,5
Dächer		
Einf. unverschalte	5	10
Schalung auf Sparren-Oberseite	2,1	2,4

Decken (Fußböden)	Wenn der Raum darüber kälter	wärmer ist
Einf. Holzbalken		
2,5 cm Brettstärke	2,1	1,7
3,5 „ (ev. doppelt)	1,8	1,45
6,0 „ „ „	1,28	1,11
Holzbalken m. Füllbrett., 14—26 cm hoch und 10 cm Füllung		
aus Lehm oder Sand	0,77	0,67
„ Schlacke	0,58	0,53
Eisenbetondecken		
7,5 cm stark	3	2,2
15 „ „	2,4	1,9

Zu den so ermittelten Werten kommen noch Zuschläge für Himmelsrichtung, Windanfall, Räume mit mehreren Außenflächen und besonders hohe Räume. Hierfür sind die Werte nach Tabelle 7 maßgebend.

Da nicht in allen Fällen genaue Zeichnungen mit sämtlichen Angaben zur Verfügung stehen, so kann man mit guter Annäherung nach Rietschel mit 16 WE je Std. und m³ umbauten Hausraum rechnen, in dem also nicht alle Teile z. B. Boden- und Kellerräume der Heizung unterliegen. Für den m³ beheizten Raum können im Mittel 20—30 WE, bei Fabrikräumen und Hallen 30—50 WE eingesetzt werden. Sind in

[1]) Entnommen aus Regeln f. d. Berechnung d. Wärmebedarfs v. Gebäuden Din 4701 V. d. CI. Ausg. 29. Berlin W 9.

Tabelle 7. **Zuschläge zur Wärmebedarfsrechnung**[1]).

	Zuschlag in %	
I. Lage		
1. Nach N. NO. NW. O	10	
„ W. SW. SO	5	
	Wände	**Fenster Türen**
II. Windanfall		
ungünstig	5	25
außergewöhnlich ungünstig	10	50
III. Eckräume		
Eine Außenfläche mit Tür oder Fenster	5	10
Mehrere Außenflächen mit Tür oder Fenster	5	25
IV. Hohe Räume		
Höhe des Raumes über 4 m 1% Zuschlag für je 0,5 m Überhöhe, jedoch nicht über 20%		

den Räumen besondere Absaugeanlagen irgendwelcher Art vorhanden, bei welchen die aus dem Raum entnommene Luft ins Freie tritt, so sind zu der oben erwähnten Gesamtverlustzahl noch diejenigen Wärmemengen zuzuschlagen, die mit der abgesaugten Luft den Raum verlassen.

Andererseits sind naturgemäß etwaige Wärmequellen, wie Öfen für industrielle Zwecke oder ähnliches in Abzug zu bringen.

Ist auf diese Weise die gesamte Wärmeleistung, die von der Luftheizung bzw. von dem zentral angeordneten Lufterhitzer oder der Gesamtzahl der einzeln verteilten Luftheizgeräte aufzubringen ist, zuzüglich der Lufterwärmung auf Raumtemperatur bei Frischluftheizung ermittelt, so ergibt sich die Luftmenge aus folgender Berechnung:

Die kälteste Außentemperatur war schon bei der Transmissionsrechnung berücksichtigt und betrage $t_a^0 = -15^0$ im Mittel für Deutschland. Die Temperatur, mit der die Luft in den zu beheizenden Raum eintritt, soll nach allgemeinen Grundsätzen in der Regel 50° nicht überschreiten, da bei höherer Temperatur und etwaiger unmittelbarer Berührung der eintretenden Warmluft mit dem menschlichen Körper schon Unbehaglichkeit eintritt. Es muß alsdann wiederum die Grundgleichung erfüllt sein (vgl. S. 21):

$$V = \frac{Q \cdot (1 + a\, t_1)}{c_p\, (t_2 - t_1)}.$$

Setzt man nunmehr den vorher angegebenen Erfahrungswert von 25 WE/m³ beheizten Raum bei einer Außentemperatur von —15° ein, so

[1]) Regeln f. d. Berechnung d. Wärmebedarfs Din 4701. V. d. C.I. Berlin W 9. Ausg. 29.

ergibt sich je m³ beheizten Raumes eine Luftmenge von etwa 1,16 m³/s, d. h. man kann im allgemeinen bei der Luftheizung, wenn man von dem Wärmebedarf ausgeht, mit einem ein- bis zweifachen Luftwechsel rechnen. Man wird auch einen zweifachen Luftwechsel nicht überschreiten, um nicht allzu große Heizflächen zu benötigen.

e) Verwendung der Lufterhitzer als Kühlgeräte.

In allen Räumen, in denen im Winter die gesamte oder zusätzliche Heizung durch die beschriebene Luftheizung gedeckt wird, läßt sich im Sommer mit denselben Geräten eine Kühlung erzielen. Durch Anschluß der Lufterhitzer an das meist 10 grädige Leitungswasser kann die Raumtemperatur je nach Größe der Heizflächen um etwa bis zu 5° herabgesetzt werden, so daß die Behaglichkeit wesentlich erhöht wird. Wasserverbrauch hierbei etwa 0,5 l/h je m³ Raum bei Abführung von 5 WE.

4. Anwendungsgebiete.

a) Theater, Großkinos und Konzertsäle.

Die Lüftungsanlagen von modernen Theatern und Lichtspielhäusern werden zweckmäßig fast durchweg als Lufterwärmungsanlagen, in seltenen Fällen auch als reine Luftheizungsanlagen ausgebildet (vgl. Abschn. III, 1).

Theater und Großkinos mit Bühnen desgl. Kabaretts und ähnliche Vergnügungsstätten, bei denen eine vom Zuschauerraum getrennte Bühne angeordnet ist, sollen nur nach dem Drucksystem belüftet werden. Dies verlangt schon eine baupolizeiliche Verordnung, um bei einem etwa im Bühnenhause ausbrechenden Brande das Feuer durch den im Zuschauerraum herrschenden Überdruck von den Zuschauern fernzuhalten und auf das Bühnenhaus zu beschränken. Auch die Einführung des eisernen Vorhangs hebt die Notwendigkeit der Drucklüftung nicht auf. In vielen Fällen wird es sich sogar außerdem noch empfehlen, den Bühnenraum zur Unterstützung der eben erwähnten Absicht unabhängig von der Belüftung des übrigen Theaterraumes mit einer Entlüftungsanlage nach dem Saugsystem zu versehen. Daneben ist die bekannte Rauchklappe, die im Bühnenhause 12% der Bühnenfläche und im Zuschauerraum 3 % der Grundfläche groß sein soll, vorzusehen.

Lüftung von oben nach unten.

Nachdem als Lüftungssystem für den Zuschauerraum somit die Drucklüftung gegeben ist, kann man noch zwischen einer Lüftung von oben nach unten oder von unten nach oben wählen.

Bringt man die Zuluft von oben her, also unterhalb der Decke, in den Theaterraum hinein, während man in der Höhe des Parketts oder dicht darüber die Absaugung vorsieht, so spricht man von einer Lüftung von oben nach unten. Diese Belüftungsart hat vorzugsweise im Theaterbau folgende Vorteile:

1. Die einströmende Luft kommt nicht unmittelbar nach Verlassen des Zuführungskanals mit den Zuschauern in Berührung, sondern erst nach einer entsprechend der Vergrößerung des Querschnitts verminderten Geschwindigkeit.
2. Eine Aufwirbelung von Staub am Fußboden des Parkettes, wie er bei einer unteren Zuführung der Luft auftreten würde, wird bei dieser Art vermieden.
3. Die von oben her eintretenden Luftmassen sind im Sommer und im Winter meist infolge ihrer geringeren Temperatur und größeren Trockenheit schwerer als die im Raum befindlichen und sinken infolgedessen bis zu einer gewissen Höhe herunter, wo sie eine gute Durchmischung mit der Raumluft und damit eine Anwärmung erfahren.
4. Eine gute Verteilung der Lufteintrittsöffnungen über den ganzen Raum ist an der Decke in der Regel einfacher, als am Fußboden, wenn man im Fußboden Eintrittsöffnungen wegen etwaiger Staubanhäufung in den Kanälen vermeiden will.
5. Bei einem auf der Bühne ausbrechenden Brande entsteht ein starker Auftrieb im Bühnenhaus. Würde die Absaugung im Zuschauerraum oben stattfinden, so würde selbst beim Drucksystem der Übertritt des Feuers in den Bühnenraum erleichtert werden. Bei der Lüftung von oben nach unten wird er erschwert.
6. Die Zuführung der Luft unter den Bänken bringt leicht Zugempfindungen an den Füßen mit sich, welche durch die Belüftung von oben ausgeschlossen wird.

Lüftung von unten nach oben.

Demgegenüber treten als Vorteile der Lüftung von unten nach oben, bei welcher also die Zuluft im Parkett oder dicht darüber eintritt und die Abluft an der Decke abgesaugt wird, in Erscheinung.:

1. Die meist bequemere Einbaumöglichkeit der Zuluft-Aggregate in Verbindung mit den Kanälen im Erdgeschoß bzw. die Vermeidung langer Verbindungskanäle nach oben. Eine Anordnung der Heizkammer unterhalb der Decke dürfte wohl in den meisten Fällen nicht in Betracht kommen.
2. Die Zuführung der frischen unverbrauchten Luft, unmittelbar in die Nähe der Zuschauer.
3. Die Möglichkeit unter Berücksichtigung des Punktes 2) unter Umständen einen geringeren Luftwechsel zuzulassen.
4. Die Strömungsrichtung der Luft entspricht der Auftriebsrichtung.

Es ist aus den Betrachtungen zu ersehen, daß eine allgemein gültige Regel über die Richtung der Luftführung sich nicht aufstellen läßt. Wenn auch wohl in vielen Fällen die große Zahl der erwähnten Vorzüge für die Lüftung von oben nach unten spricht, können doch ebenso häufig Bedingungen eintreten, welche die entgegengesetzte Lüftungsart verlangen. Es muß daher an Hand des Bauplanes eine eingehende Untersuchung aller Möglichkeiten, insbesondere hinsichtlich der Verlegung der Kanäle, der Anordnung von Ein- und Austrittsöffnungen und des Aufstellungsplatzes für die gesamte Lufterwärmungsanlage vorgenommen werden.

In Anlehnung an das Gesagte soll eine Ausführungsform einer Lüftungsanlage von oben nach unten näher beschrieben werden:

Jede Seite des Hauses (links und rechts) bekommt eine getrennte Heizkammer, in welcher auch der Lüfter für Zuluft und gegebenenfalls ein Filter Aufstellung findet. Von den beiden Kammern steigen senkrechte Schächte nach oben zur Decke und münden dort in je einen wagerechten Kanal, der sich in der Längsrichtung des Theaters hinzieht. Aus dem Kanal, der architektonisch verkleidet werden kann, und an dem unter Umständen auch Beleuchtungskörper angebracht werden können, strömt die vorgewärmte Luft durch Schlitze, die über die ganze Länge verteilt sind, in den Zuschauerraum aus. Nachdem sie sich hier mit der Raumluft vermischt hat, strömt sie den seitlich angebrachten Abluftöffnungen, die sich etwa in 25—30 cm Höhe über dem Fußboden an den Seitenwänden befinden, zu. Hier wird die Abluft alsdann durch je einen längslaufenden horizontalen Kanal mit einem Sauglüfter ins Freie befördert.

Um auch die in den Rängen und Logen sich bildenden toten Ecken, in denen sich häufig die Wärme besonders staut, vom Luftstrom bestreichen zu lassen, ist es zweckmäßig, den Abluftkanal in seinen vorderen Teilen an zwei oder drei Stellen durch senkrechte Stichkanäle bis zum obersten Rang abzuzweigen und auf diese Weise einen Teil der Frischluft auch hierher zu leiten.

Es ist selbstverständlich, daß sämtliche Lüfter für einen möglichst ruhigen Gang ausgebildet werden müssen. Hierzu verhilft es wesentlich, wenn die Kanäle mit ausreichendem Querschnitt, d. h. etwa für eine maximale Geschwindigkeit von 4 m bemessen, und ebenfalls die Ein- und Austrittsöffnungen für Durchtrittsgeschwindigkeiten von 0,5—1 m/s gewählt werden. Wird außerdem der Lufterhitzer und auch das Filter (vgl. Abschn. VI) reichlich dimensioniert, so werden sich im ganzen verhältnismäßig geringe Widerstände für die Bemessung des Lüfters ergeben, die (vgl. Abschn. XVII) eine geringe Umfangsgeschwindigkeit und damit einen ruhigen Lauf des Lüfters ermöglichen. Sollten sich größere Widerstände nicht vermeiden lassen, so hat man noch die Möglichkeit, das Gehäuse des Lüfters statt wie gewöhnlich aus Schmiedeeisen aus Beton herzustellen, um eine Dämpfung des Luftgeräusches schon im Gehäuse herbeizuführen. Über elastische Unterlagen und Verbindungsstücke vgl. Abschn. XVII.

Nach diesem System von oben nach unten sind u. a. die Stadttheater von Kiel und Nürnberg belüftet.

Ein weiteres Beispiel soll die grundsätzliche Anordnung einer Belüftung von unten nach oben darstellen. Es wird vorausgesetzt, daß die Sitzgelegenheit im Zuschauerraum lediglich aus fest angeordneten Sitzplätzen oder Bankreihen besteht. Die Heizkammer für die Belüftung kann in diesem Falle für beide Seiten des Hauses zusammengefaßt, etwa in der Mitte hinter den letzten Parkettreihen angeordnet

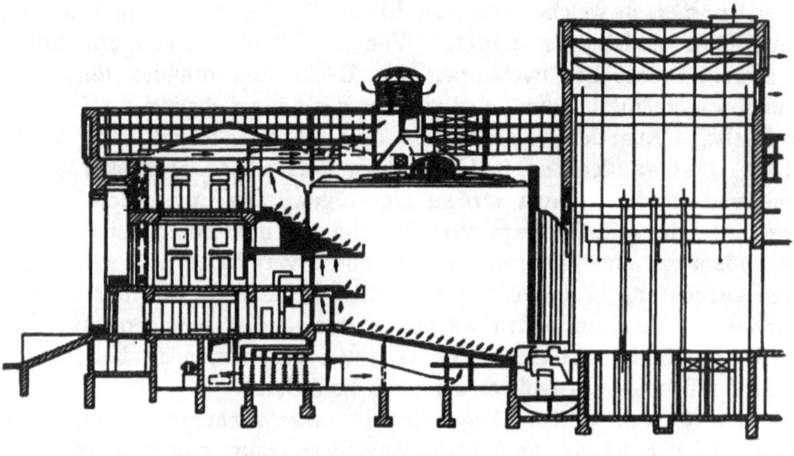

Fig. 55. Lüftungsanlage des Posener Stadttheaters. (Rietschel u. Henneberg, Berlin S 42.)

werden. Von hier führt ein horizontaler Hauptkanal unterhalb des Fußbodens bis nahe an die Bühne bzw. an den Orchesterraum. Unterhalb jeder Sitzreihe etwa sind senkrecht vom Hauptkanal abzweigende, horizontal liegende Stichkanäle anzuordnen. Aus diesen tritt die vorgewärmte Frischluft, da es sich, wie meist, um ein stufenweise ansteigendes Parkett handelt, an den vertikalen Wänden dieser Stufen durch Schlitze in den Zuschauerraum.

Die Abluft kann durch Längskanäle an der Decke ins Freie befördert werden. Bei großen Anlagen kann man auch Umluft- oder Mischluftbetrieb vorsehen durch Verbindung des Absaugekanals mit dem Rohluftraum der Heizkammer. Fig. 55 zeigt eine solche Belüftung von unten nach oben. Die vorgewärmte Zuluft ist hier sowohl dem Parkett als auch den Rängen durch Steigekanäle zugeführt. Die Abluft entweicht durch natürlichen Auftrieb. Eine Rauchklappe ist im Zuschauerraum und Bühnenhaus vorgesehen[1]).

In Fig. 56 ist die Lüftung eines modernen Lichtspieltheaters dargestellt. Als Heizkammer ist unter günstiger Raumausnutzung der Zwickel zwischen Rang und Parkettdecke ausgewählt. Die Frischluft wird von über Dach entnommen und nach Erwärmung unter den Sitzreihen und in Ranghöhe in den Theaterraum geleitet. Die Abluft wird durch Schraubenlüfter sowohl in der Kuppel wie auch an der Bildwand abgesaugt.

Zu empfehlen ist bei Lichtspieltheatern eine besondere sehr kräftige Absaugungsanlage für den Vorführungsraum. Die Kanäle für Abluft

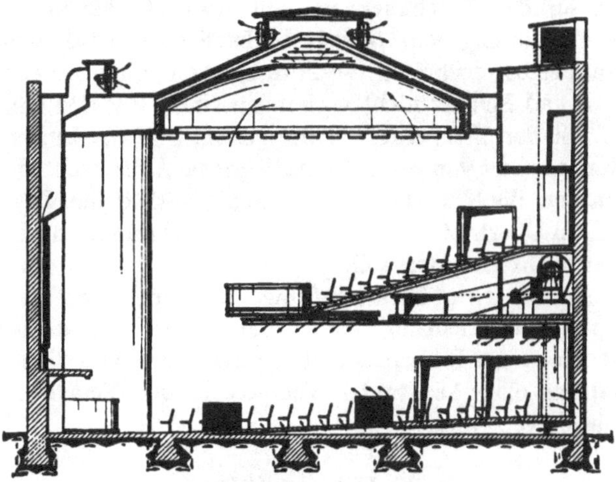

Fig. 56. Lüftungsanlage des Hansa-Theaters Hamburg. (Berventulo, Berlin W 62.)

und Zuluft müssen mit der Atmosphäre in Verbindung stehen. Man sollte hier stets einen 30—40fachen Luftwechsel vorsehen, um im Falle einer Brandstörung die Rauchschwaden so schnell wie möglich entfernen zu können (vgl. Abschn. XII 3 e).

Um außerdem die Luft im Theater noch etwas mit Sauerstoff anzureichern, und gleichzeitig etwaige Geruchbildung, wie sie besonders im Sommer der Schweiß der Menschen mit sich bringt, zu beseitigen, kann man der Zuluft geringe Mengen Ozon beimischen. Über Beleuchtungsanlagen mittels Luftwäscher und Klimatisierungsanlagen ist Näheres aus Abschn. IV u. V zu ersehen.

Man rechnet für Theater- und Bühnensäle etwa mit 30—40 m^3/h

[1]) Nähere Beschreibung dieser Anlage Festnummer 1911 des Gesundheitsing. Verlag R. Oldenbourg, München.

je Kopf. Die sich daraus ergebende Luftmenge, die je nach der Höhe des Hauses einen etwa 2—4fachen Luftwechsel ausmacht, ist der Bemessung des Drucklüfters entsprechend dem System der Drucklüftung zugrunde zu legen (vgl. Abschn. II, 2). Die Saugleistung ist auf etwa 60—70% dieser Leistung zu vermindern, um einen geringen Überdruck im Raum zu erzielen.

Für den Bühnenraum ist entsprechend seiner Größe der gleiche Luftwechsel zugrunde zu legen, jedoch für eine Sauglüftung, mit der Maßgabe, daß die Leistung der Drucklüfter gegenüber der der Sauglüfter auf das oben erwähnte Maß verringert wird.

Für die Bemessung der Lufterhitzer wird man eine Erwärmung der Zuluft für den Zuschauerraum auf etwa 20—22° wählen. Eine besondere Anordnung von örtlichen Heizflächen wird sich im Zuschauerraum selbst erübrigen, wenn dieser von einem geheizten Foyer umgeben ist und Fenster nicht vorhanden sind. Für den Bühnenraum wird man mit der Temperatur höher gehen, und die Lufterhitzer für eine Endtemperatur von etwa 40° festlegen in Anbetracht dessen, daß im Bühnenraum die Künstler häufig in wenig bekleidetem Zustande auftreten und ein Übertritt der Luft in den Zuschauerraum nach dem Vorhergesagten nicht eintreten soll.

Daß eine moderne Theaterlüftung auch eine Fern-Thermometer- und -Hygrometereinrichtung haben muß, die den überwachenden Heizungsbeamten im Heizraum bzw. an der Schalttafel die Möglichkeit der Einhaltung einer konstanten Temperatur und Feuchtigkeit geben muß, ist selbstverständlich.

b) Lehranstalten.

Die Lüftung von Lehranstalten bzw. Schulen ist in Abschnitt II ausführlich besprochen. Hiernach ergibt sich als zweckmäßigstes System für Schulen und Hörsäle von Hochschulen die Drucklüftung.

Diese Lüftung ist für die kalte Jahreszeit als Lufterwärmungsanlage auszubauen. Die Anordnung kann hierbei am besten so getroffen werden, daß im Keller eine Heizkammer geschaffen wird, für den Einbau von Lüfter, Filter und Lufterhitzern nach Fig. 57. Die Luft wird durch ein Filter von außen angesaugt, über ein Lufterhitzer-System geleitet und strömt alsdann in einen horizontalen Verteilungskanal nach beiden Seiten des Schulgebäudes. Dieser Kanal ist begehbar eingerichtet und kann somit einer gründlichen Reinigung unterworfen werden. Aus ihm steigen senkrechte Schächte an den Wänden der Klassenräume hoch und bringen die Warmluft durch unter der Decke angebrachte Austrittsöffnungen in die einzelnen Klassenräume.

Für die Abluft sind zweckmäßig an den Trennwänden Öffnungen in etwa 30 cm Höhe oberhalb des Fußbodens an senkrechten Schächten vorzusehen, die im Dachgeschoß durch einen waagerechten Kanal an den gemeinsamen oder auch für jeden Flügel besonders angeordneten Sauglüfter angeschlossen werden. Auf diese Weise ist eine gute Durchströmung der Zimmer mit frischer, warmer Luft gewährleistet.

Man kann auch, um an Kosten zu sparen, ohne besondere Sauglüfter arbeiten. In diesem Falle wird man allerdings nur kurze Abluftkanäle vorsehen, die in die einzelnen Stockwerksflure münden. Eine solche Einrichtung hat jedoch den Nachteil, daß die schlechte Abluft dauernd in die Korridore strömt und erst nach und nach durch vorhandene Undichtigkeiten entweicht. Immerhin sollen sich auch solche Anlagen gut bewähren.

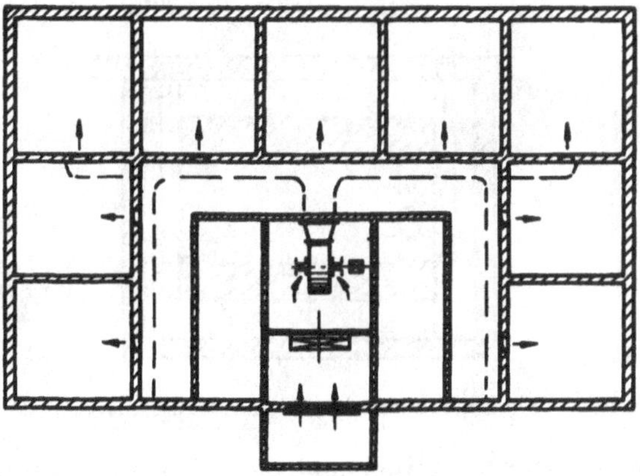

Fig. 57. Schema einer Lufterwärmungsanlage in einer Lehranstalt.

In Charlottenburg sind in den letzten Jahren eine Reihe von Schulen mit solchen Lufterwärmungsanlagen ausgestattet, die sich nach Veröffentlichungen von Schmidt [1]) gut bewähren, und in nicht allzu harten Wintern als volle Luftheizungsanlagen für die Klassenräume dienen, wenn auch örtliche Heizkörper als Reserve und zum Anheizen eingebaut sind. In diesen Anstalten ist auch noch eine besondere Nachwärmung der Luft (vgl. Abschn. III 2 d) vorgesehen. Sie besteht hier in Radiatoren, die am Anfange jedes senkrechten Zuluftschachtes in einem Glaskasten unter Staubschutz angeordnet sind und die zweite Stufe der für jeden Klassenraum nötigen Lufterwärmung bilden.

Der Luftwechsel bzw. die Luftmenge für Schulanstalten ist aus dem Abschn. II 4 a über Schulen zu entnehmen, an der gleichen Stelle auch die Abmessungen über die Kanäle, Luftein- und -austrittsöffnungen. Die Lufterhitzer sind für eine Erwärmung von der niedrigsten Außen-

[1]) Schmidt, Magistratsbaurat, Gesundheitsingenieur 29, Heft 34, Lüftung von Schulen.

temperatur bis auf etwa 28° vorzusehen. Bei zweistufiger Ausbildung kann die Vorwärmung in der ersten Stufe auf etwa 20° und die Nachwärmung auf etwa 26° gewählt werden. Erwähnt möge noch werden, daß auch eine Belüftung mit geringerer Luftmenge möglich ist, wenn die Frischluft durch Kanäle in unmittelbare Nähe des einzelnen Schülers gebracht wird und an seinem Pult austritt. Man konnte hier, wie amerikanische [1]) Ausführungen bestätigen, bis auf 13 m³/h je Schüler zurückgehen.

c) Tresore.

Zu den Räumen, die einer künstlichen Lüftung im Sommer wie im Winter ganz besonders bedürfen, gehören die Tresorräume der Banken. Dies sind in der Regel in unterirdischen Gewölben eingebaute Räume,

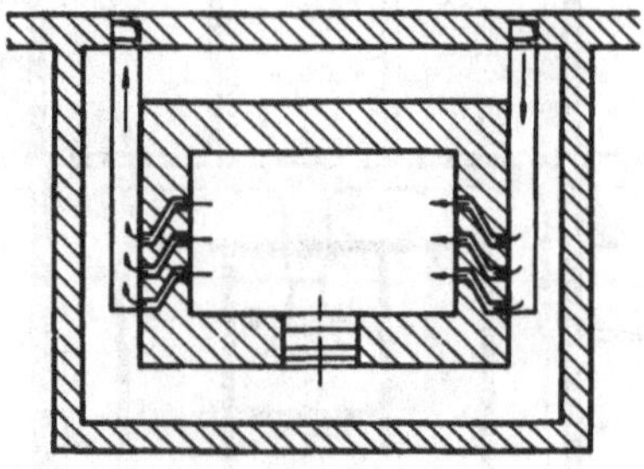

Fig. 58. Schema einer Tresorlüftungsanlage.

die keinerlei Fenster aufweisen und außerdem so starke Umfassungswände und Türen besitzen, daß die etwa durch Undichtigkeiten ein- und ausströmende Luft gleich null zu setzen ist. Da aber häufig eine Reihe von Personen ständig in diesen Räumen zu arbeiten haben, ist die Lüftung besonders sorgfältig durchzuführen.

Aus Sicherheitsgründen dürfen Tressorräume keine größeren Ein- und Austrittsöffnungen für die Luft besitzen, um eine Verwendung dieser zu einem Einbruch auszuschließen. Man hilft sich dadurch, daß man eine Reihe kleiner meist runder Kanäle von etwa 25—50 mm ⌀ anordnet, die in *Z*-Form oder ähnlichen Krümmungen an zwei Seiten die Wände durchsetzen (vgl. Abb. 58). Diese Wanddurchbrüche schließt man an einen horizontalen Kanal unter der Decke des meist um den Tresorraum angeordneten Kontrollganges an, wo er alsdann in einen senkrechten Schacht in der Mauer mündet. Die eine Seite wird an den Drucklüfter, die andere an den Sauglüfter angeschlossen, der die Luft ins Freie abführt.

Die Aufstellung der Lüfter kann an einer beliebigen Stelle im Hause oder auch z. B. auf dem Dache des Hauses erfolgen.

[1]) Gs. Ing. 13, S. 794.

Der Drucklüfter ist auf einfachste Weise mit einem Lufterhitzer auf der Druckseite und gegebenenfalls mit einem Filter auf der Saugseite zu verbinden. Da es sich meist um kleinere Luftmengen handelt, ist der gesamte Platzbedarf für die Lufterwärmungsanlage nicht groß.

Irgendeine Berührung der Umfassungsmauern mit der äußeren Luft besteht im Tresorraum in der Regel nicht. Daher entfällt auch jegliche Atmung der Mauern; man wird aus diesem Grunde einen 6—8 fachen Luftwechsel wählen. Als System ist die ausgeglichene Lüftung (vgl. Abschn. II, 2c) zu empfehlen, bei welcher man also die Leistung der Saug- und Drucklüfter gleich groß hält, um keinerlei Druck auf die an sich schon schwer zu öffnenden Türen zu bekommen. Für die Bemessung des Lufterhitzers genügt eine Erwärmung auf etwa 25°, wobei sich noch eine besondere Heizung bei mäßigen Außentemperaturen erübrigen wird, da die Transmissionsverluste infolge der dichten Wände äußerst gering sind.

Auf diese Weise würde die Lufterwärmungsanlage hier gleichzeitig als Luftheizung dienen.

Bei der Widerstandsrechnung der Kanäle sind besonders die erwähnten Mauerdurchbrüche zu beachten, deren Widerstandswert für sich nach Maßgabe der durchtretenden Luftmengen und der scharfen Krümmungen (vgl. Abschn. I, 4) zu berechnen ist. Oftmals wird auf diese Durchbrüche allein ein Anteil von etwa 50—60 mm WS Widerstand entfallen.

Die Lüfter, die ruhiglaufend zu wählen sind, können zuweilen auch die Belüftung der übrigen Bankräume mitversorgen. Alsdann sind Abzweigkanäle in den oberen Geschossen vorzusehen. Besser wird jedoch immer eine getrennte Anlage im Tresorraum sein.

d) Kirchen.

Die Kirchenlüftung ist schon im Abschnitt II, 4e beschrieben. Mit dieser Lüftung kann gleich eine Luftheizung für den Winter verbunden werden. Da die Räume in der Kirche außerordentlich hoch, die Wände in der Regel sehr stark sind, ist in Berücksichtigung des unterbrochenen Betriebes eine Erheizung der Kirche durch örtliche Heizkörper außerordentlich schwierig. Aus diesem Grunde ist wohl die Luftheizung für Kirchen die beste Lösung der Heizungs- und Lüftungsfrage. Wie in Abschnitt II, 4e erörtert, verlegt man für die Lüftung zweckmäßig ein Kanal-System unter dem Fußboden und läßt die Luft unter den Bänken austreten.

Die gleiche Anordnung ist für die Luftheizung im Winter besonders günstig. Die vom Lüfter angesaugte Luft wird durch einen Erhitzer erwärmt und strömt unmittelbar unterhalb der zu erwärmenden Person aus. Man kann hierbei die meist in Kirchen vorhandenen Fußbänke für die Luftausströmung benutzen. Auf diese Weise wird man in der unteren Schicht des Raumes eine genügende Erwärmung bei dem immerhin vorübergehenden Aufenthalt der Kirchenbesucher erzielen. Es bedarf keines Hinweises, daß man die Kanzel bzw. das Podium, auf dem der Geistliche steht, ebenfalls in das Kanalsystem der Warmluftzuführung einschließen muß. Für die Bemessung des Lufterhitzers und der Lüfter kann man von einem 1—2-fachen Luftwechsel ausgehen, während man eine Erwärmung der Luft auf 35—40° vorsehen wird (vgl. Abschn. III, 3).

e) Krankenhäuser.

In Krankenhäusern wird man hauptsächlich diejenigen Räume in den Kreis der Lüftungs- und Lufterwärmungsanlagen einbeziehen, in welchen die Patienten vor Zugluft äußerst geschützt sein müssen und eine möglichst staubfreie und bakterienreine Luft zur Verfügung stehen muß. Dies trifft also vorzugsweise auf die Behandlungszimmer, die Operationsräume und die Röntgenzimmer zu.

Aus diesen Gründen wird man die erwähnten Räume nach dem Drucksystem (vgl. Abschn. II, 2) unter leichten Überdruck setzen und auf eine besonders fein verteilte Luft-Zu- und Abführung Wert legen. Die Ein- und Austrittsgeschwindigkeiten dürfen 0,5 m nicht übersteigen. Die Lüfter sind zweckmäßig für einen 5-fachen Luftwechsel zu bemessen, der jedoch durch Abwärtsreglung der Motoren oder gegebenenfalls durch Drosselung auf etwa die Hälfte während der Benutzung herabzumindern ist. Sämtliche Kanäle, insbesondere die horizontalen müssen durch Reinigungsöffnungen zugänglich sein, um leicht von etwaigem Staubanfall befreit werden zu können. Die Lufterhitzer sind für eine Erwärmung auf etwa 35° einzurichten. Auf besonders gute Auswahl der Filter ist Wert zu legen (vgl. Abschn. VI). Die Belastung der Filter ist möglichst gering zu wählen, damit eine nicht zu häufige Reinigung notwendig ist, da erfahrungsgemäß die Reinigung sonst leider oftmals überhaupt vernachlässigt wird. Spielt die Kostenfrage keine Rolle, so ist die Anwendung eines Keimfilters zu empfehlen, wie sie in Abschnitt VI erörtert ist, wodurch eine weitgehende Fernhaltung von schädlichen Bestandteilen der Luft ermöglicht wird.

Die Aufstellung der Lüfter ist beliebig, jedoch soll die Zuluft trotz der Filterung möglichst von der Hinterseite über Rasenflächen oder von oben her über Dach entnommen werden, um auch Gerüche und gasförmige Bestandteile, die nicht der Abscheidung im Filter unterliegen, fernzuhalten.

f) Bürohäuser und Verwaltungsgebäude.

Die Zunahme der großen Bürohäuser bzw. der Hochhausbauten nach amerikanischem Vorbilde macht auch in Deutschland weitere Fortschritte. Damit wachsen auch die Ansprüche, die man an eine moderne Lüftungsanlage für die ganze Jahreszeit für alle in solchen Häusern vorhandenen Räume stellt.

Man faßt zweckmäßig in derartigen Gebäuden alle gleichartigen Räume zusammen, so daß sich also folgende Unterteilung ergibt:

1. Büroräume
2. Sitzungszimmer und Vortragssäle
3. Abortanlagen und Garderoben
4. Kasino-Küchen
5. Kasino-Räume.

Die in Ziffer 1 genannten Räume sind nach dem Drucksystem zu belüften, wobei besondere Sauglüfter nicht vorgesehen werden brauchen. — In solchen Fällen kann die Abluft auch über die Flure nach außen ohne besondere Lüfter entweichen.

Die in Ziffer 2 genannten Räume wird man in den meisten Fällen nach dem ausgeglichenen System belüften, um jegliche Störungen durch Druck- oder Unterdruckwirkung auszuschließen (vgl. Abschn. II, 2).

Die Abortanlagen und Garderoben erhalten besondere Abluftanlagen nach dem Saugsystem (vgl. Abschn. II, 2 b u. 4 c).

Die Kasino-Küchen werden in den meisten Fällen Entnebelungsanlagen nach Abschn. VII erhalten, die ganz getrennt von allen übrigen Anlagen arbeiten müssen.

Die Kasinoräume selbst erhalten Zu- und Abluftanlagen. Man wird auch hier ähnlich wie für Ziffer 2 vorzugsweise die ausgeglichene Lüftung wählen, um weder die meist mit der Küche durch die Ausgabe in offener Verbindung stehenden Räume bei Unterdruck mit dem Küchendunst zu erfüllen, noch auch bei Überdruck den Kasinogeruch auf das Treppenhaus zu übertragen.

Die Treppenhäuser dürfen mit der gesamten Lüftung des Hauses nur so in Verbindung stehen, daß Rauchschwaden oder aufsteigende Flammen im Fall eines Brandes niemals vom Treppenhaus in die Räume gesaugt werden können. Aus diesem Grunde ist es zu vermeiden, Räume, die unter Unterdruck stehen, wie Ziffer 3 und gegebenenfalls auch Ziffer 4 unmittelbar an die Treppenhäuser zu legen. Läßt es sich durchaus nicht umgehen, so müssen schleusenartige Doppeltüren vorgesehen werden.

Lüfter und Heizkammern für die Ziffern 1 und 2 werden zweckmäßig im Erdgeschoß vorgesehen. Der Einbau kann ähnlich wie der für Schulen (vgl. Abschn. III 4 b) vorgenommen werden.

Man wird häufig auch hier die Lufterwärmungsanlage in Verbindung mit Nachwärmeanlagen ausführen, um je nach Art und Größe der Räume eine für jeden Fall günstige Erwärmung der in den Raum tretenden Luft zu erzielen. Gleichzeitig kann man auf diese Weise aber auch den Feuchtigkeitsgrad beeinflussen (vgl. Abschn. IV), indem zwischen der ersten und zweiten Stufe der Erwärmung eine Befeuchtung der Luft durch einzubauende Streudüsen erzielt wird. Diese hat im Winter außer der größeren Behaglichkeit für die Menschen auch den Vorzug, daß z. B. in besonders gut ausgestatteten Sitzungs- und Empfangsräumen kostbare Möbel und Holzverkleidungen nicht allzu stark austrocknen und rissig werden.

Die Berechnung der Luftmenge für die Büroräume ist aus dem Abschnitt über die Belüftung ersichtlich. Für die Sitzungszimmer und

Fig. 59. Luftheizgerät mit Schraubenlüfter und dreiseitigem Ausblas. (Kaloriferwerk Hugo Junkers, Dessau.)

Fig. 60. Luftheizgerät mit nebeneinander angeordnetem Erhitzer und Lüfter. (GEA Lufterhitzergesellschaft Bochum.)

Vortragssäle wird im allgemeinen ein drei- bis vierfacher Luftwechsel ausreichen.

Für die übrigen erwähnten Räume der Ziffern 3—5 ist die Luftmenge aus den entsprechenden Abschnitten unter Lüftung bzw. Entnebelung zu entnehmen.

Die Lufterhitzer wird man in der ersten Stufe für Erwärmung von der jeweils tiefsten Außentemperatur, also für Deutschland etwa -15^0 auf $+20^0$, in der zweiten Stufe für die Nachwärmung von etwa $+15$ auf 28^0 bemessen.

Die Befeuchtung muß ausreichen, um eine relative Feuchtigkeit von etwa 60 % bei 28° C. zu erzielen (vgl. Abschn. IV). Hierbei ist die Wasserdampfabgabe der Menschen von etwa 50 gr je Stunde und Kopf einzuschließen.

g) Werkstätten.

In großen Werkstätten, wie z. B. Eisenbahn-Werkstätten oder Waggonbauanstalten, großen Blech- und Walzwerken, geht man heute

Fig. 61. Luftheizgerät mit eingebautem Fliehkraftlüfter. (Netzschkauer Maschinenfabrik, Netzschkau i. Sa.)

Fig. 62. Luftheizgerät mit eingebautem Luftfilter. (Kaloriferwerk Hugo Junkers, Dessau.)

schon mehr und mehr zu der aus den verschiedensten Gründen vorteilhaften Luftheizung über (vgl. hierüber Abschn. III, 2).

Bei Dampf- oder Warmwasserheizung müßte man bei so großen Räumen schon eine sehr große Zahl von Heizflächen anbringen, ohne daß man in der Lage ist, die von den Wänden entfernt liegenden Punkte gut durchzuwärmen. Hier macht man mit Erfolg von der Einzel-Luftheizung (vgl. Abschn. III, 2 b) Gebrauch. Man hängt vorzugsweise an den Wänden und an den Säulen die Einzelheizgeräte auf und versorgt auf diese Weise einen großen Bereich der Werkstatt mit warmer Luft. Durch günstige Anordnung und Wahl verschieden großer Typen hat man es dann in der Hand, gerade die Plätze besonders zu erwärmen, an denen gearbeitet wird.

Man wird in der Regel die Heizgeräte in einer Höhe von etwa $2^1/_2$—3 m vom Fußboden entfernt anbringen und die warme Luft unten oder oben austreten lassen (vgl. Fig. 59—61 und Fig. 52). Tritt die Warmluft oben aus, so kann eine Belästigung durch die in den Raum geleiteten Luftmassen nicht eintreten. Andrerseits wird bei unterem

Fig. 63. Luftheizungsanlage in einer Kraftwagenhalle. (Maschinenfabrik Augsburg-Nürnberg.)

gut verteilten Austritt die Warmluft unmittelbar dahin geführt, wo die Wärme gebraucht wird.

Handelt es sich um sehr staubige Betriebe, so kann man die Luft von außen entnehmen, und mit Frischluft fahren, was im Sinne der Lüftung naturgemäß immer vorzuziehen ist. Die meisten Geräte sind daher auch mit Umschaltklappen versehen, um mit Frischluft oder Umluft oder gegebenenfalls auch mit Mischluft arbeiten zu können (vgl. Abschn. III, 2 c).

Handelt es sich um solche Betriebe, die selbst möglichst staubfreie Luft benötigen, wie Malerwerkstätten und ähnliche, so muß die eingeführte Luft gefiltert werden. Auch hier kann man einzelne Luftheizgeräte, die gleich mit Filtern versehen sind, verwenden. Eine solche Ausführung zeigt Fig. 62. Allerdings dürfte diese Zusammenstellung nur für kleinere Ausführungen in Betracht kommen, da bei großen

Luftmengen die Filterfläche zu groß wird und sich mit den übrigen Teilen nicht mehr gut zu einem Gerät vereinigen läßt. Man muß dann zu einer zentralen Anlage übergehen. Eine zentrale Luftheizungsanlage zeigt Fig. 63 u. 63 a.

Eine besondere Bedeutung erlangen die Luftheizgeräte noch in solchen Werkstätten, in welchen Absaugeanlagen vorhanden sind, z. B. in Schleifereien und in Tischlereien. Hier können die einzelnen Geräte so über den ganzen Raum verteilt werden, daß die Luft, welche durch die Absaugung (vgl. Abschn. XI) dem Raume entnommen wird,

Fig. 63 a. Zentrale Luftheizungsanlage in einer Werkstatt. (Rud. Otto Meyer, Hamburg.)

gleich wieder durch warme Zuluft ersetzt wird (Fig. 63 b). Die Verwendung der Geräte in Werkstätten, in denen Dämpfe entstehen, und eine Entnebelungsanlage notwendig ist, wird in Abschnitt VII besonders besprochen.

h) Durchfahrtheizung.

Ein sehr beliebtes Mittel, die Zugluft von Werkstätten fernzuhalten, deren Tore infolge des ununterbrochenen Durchgangsverkehrs fast immer offen bleiben, besteht in der sogenannten Durchfahrtheizung.

Diese läßt sich am zweckmäßigsten durch einen Warmluftschleier erzielen. Die Anordnung kann etwa nach Fig. 64 erfolgen. Ein Fliehkraft- oder auch ein Schraubenlüfter saugt die Luft aus dem Raume an und drückt sie über einen horizontal liegenden Lufterhitzer in einen horizontalen Kanal, der quer unter der Durchfahrt läuft. Aus diesem tritt die Warmluft durch einen Rost senkrecht nach oben aus.

Man bestimmt die Luftmenge einer solchen Einrichtung am besten

Fig. 63 b. Einzelheizgeräte in einer Holzbearbeitungswerkstatt. (Siemens-Schuckertwerke, Berlin-Siemensstadt.)

aus der Austrittsgeschwindigkeit und dem benötigten Austrittsquerschnitt. Als Austrittsgeschwindigkeit sind 8—10 m/s zu wählen je nach der Höhe des zu schützenden Durchgangs. Die Breite des Austrittsquerschnitts in der Durchfahrtsrichtung braucht 200—250 mm nicht zu überschreiten. Um eine möglichst gleichmäßige Luftverteilung zu erzielen, ist es jedoch nötig, Leitbleche in dem horizontalen Kanal vorzusehen.

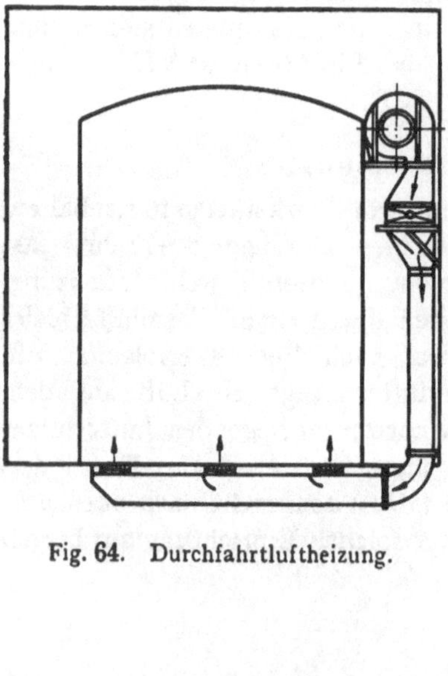

Fig. 64. Durchfahrtluftheizung.

Der Lufterhitzer ist für eine Erwärmung von Raumtemperatur auf etwa 50° C. zu bemessen.

Bei sehr großen Portalen kann man natürlich eine zweite Einrichtung schaffen, die in gleicher Art von oben her wirkt, oder man kann auch in gewissen Abständen zwei gleichartige Anordnungen hintereinander schalten. Ähnliche Einrichtungen lassen sich auch für Eingänge von Warenhäusern und Geschäftslokalen verwerten.

i) Grubenbetriebe.

In neuerer Zeit versucht man auch die den Gruben zugeführten Wetter im Winter bei großer Kälte anzuwärmen, um durch Frost eintretende Schäden, wie Einfrieren von Luft- und Wasserleitungen oder Vereisung der Schächte zu vermeiden.

Nach Biermann [1]) hat man mit solchen Lufterwärmungsanlagen gute Erfolge erzielt. Die Anordnung besteht darin, daß ein Lüfter Frischluft oder auch schon warme Abluft aus einem Fördermaschinenhaus ansaugt, über ein Heizsystem leitet, und tangential in den senkrechten einziehenden Schacht drückt (vgl. Fig. 65).

Durch die tangentiale Einführung soll eine Drehbewegung der ganzen Luftsäule im Schacht erzielt werden, die eine gute Durch-

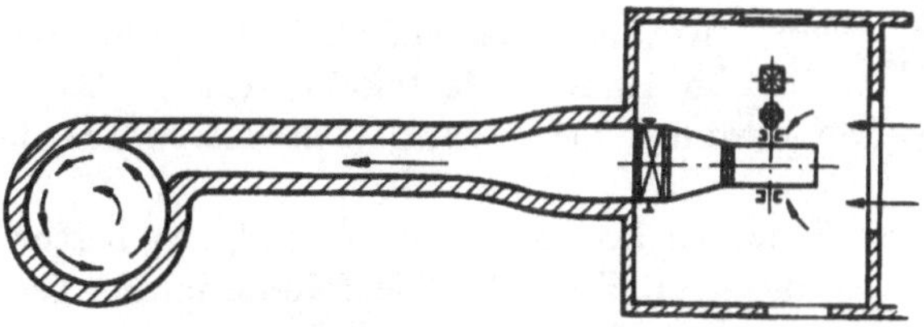

Fig. 65. Schema einer Lufterwärmungsanlage im Grubenbetrieb.

mischung der warmen Zuluft mit den einziehenden Wettern (vgl. Abschn. II, 4 n) mit sich bringt.

Obwohl nur etwa $^1/_{20}$ der einziehenden Wettermenge an Warmluft zugesetzt wird, ergeben sich nach Biermann bei Erwärmung der Zusatzluft auf 60° und bei — 3° Außentemperatur schon in kleinerer Tiefe hinreichend erwärmte Wetter, so z. B. auf 75 m Tiefe etwa 7,5—8°C. Bei tieferen Außentemperaturen müssen die Heizregister für eine größere Erwärmung bemessen und die Luftmengen vergrößert werden.

k) Laboratorien.

Da in chemischen Laboratorien fast in allen Arbeitsräumen eine sehr gründliche Absaugung der Gase aus den Digestorien erfolgt (vgl. hierüber Abschn. XII), so muß auch infolge der mit der Abluft dem Raum entzogenen Wärme im Winter ein Ausgleich durch Einführung vorgewärmter Luft geschaffen werden. Dies ist auf verschiedene Weise möglich.

In jedem der Entlüftung unterliegenden Raum wird beispielsweise über den Türen eine Lufteinfallklappe eingebaut, die bei einigen Ausführungen aus einer Stoffahne besteht, die sich gemäß dem entstehenden Unterdruck selbsttätig öffnet oder schließt. Da hierdurch bei jedes-

[1]) Zeitschr. Glückauf 29. Nr. 36. Beheizung einziehender Förderschächte.

maligem Öffnen der Tür ein störendes Geräusch verursacht wird, können statt dieser Fahne besser starre Einfallklappen (vgl. Fig. 66), die einmal eingestellt werden und nach oben offen sind, vorgesehen werden. Durch diese Öffnung tritt vom Flur warme Luft in den Raum nach. Diese wiederum kommt von einer Heizkammer im Keller, in der sich Lüfter, Filter und Heizregister befinden, durch senkrechte Schächte herauf und strömt durch Öffnungen in den Mauern den Fluren zu.

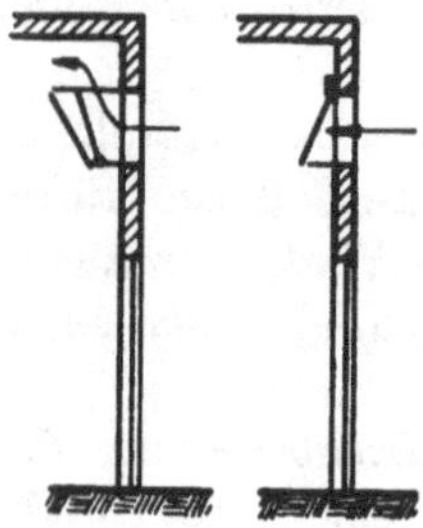

Lufteinfall-klappe. Lufteinfall-fahne.
Fig. 66.

Die Flure unterliegen also in diesem Falle einem gewissen Überdruck, und müssen daher nach außen hin bzw. nach den Treppenfluren durch gutschließende Türen verschlossen sein. Solche Einrichtungen haben sich durchaus gut bewährt, z. B. im Kaiser-Wilhelms-Institut in Dahlem und im Forschungs-Laboratorium der Siemens-Schuckertwerke in Siemensstadt.

In vielen Fällen ist aber auch der nachfolgend beschriebenen Art der Vorzug gegeben (vgl. Fig. 67). Die Räume unterliegen in gleicher Weise wie vorher einer gründlichen Entlüftung. Auch hier wird zwar im Keller die Heizkammer eingerichtet. Die Warmluft steigt jedoch gleich in den Umfassungswänden der Laboratoriumssäle hoch, so daß sie unmittelbar, ähnlich wie bei den Schulen (vgl. Abschn. II, 4 a), in den Raum strömt. Eine solche Lüftungsart muß in jedem Falle auch auf der Zuluftseite durch besondere Lüfter betrieben werden.

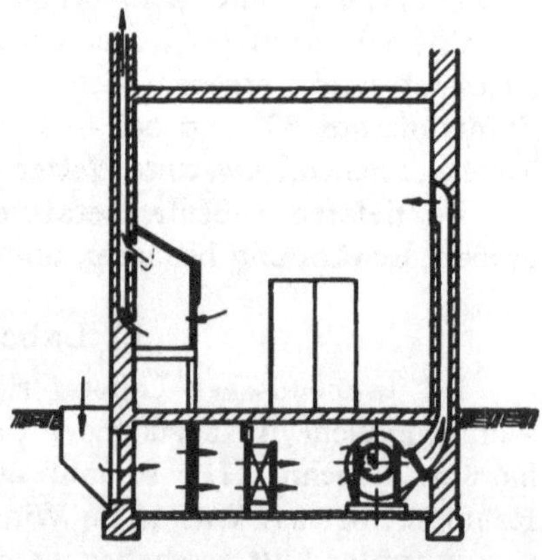

Fig. 67. Laboratoriumslüftung.

Da oftmals die irrige Ansicht besteht, daß die Warmluft auch ohne besonderen Lüfter nachströmen würde, soll hier etwas näher darauf eingegangen werden. Nehmen wir an (vgl. Fig. 68), C sei der Laboratoriumssaal, A der Sauglüfter im Dachboden und bei B ständc Filter und Erhitzer im Keller ohne besonderen Lüfter. Von A nach C führe ebenso wie von B nach C ein Luftkanal. Der Lüfter A muß alsdann die Warmluft von B in den Raum C und von dort mit der Abluft gemischt zum Dachgeschoß saugen und ins Freie drücken. Der Lüfter bei A hat also nicht nur den Widerstand des Kanals bis zum Raum C zu überwinden, sondern darüber hinaus auch noch den von B in den Raum, das heißt also den Widerstand des Filters, des Erhitzers und des Verbindungskanals.

Gerade durch die letzterwähnten Teile ergibt sich für den Lüfter bei einem üblichen Filter- und Heizkörper-Widerstand von je 8—10 mm mindestens ein Unterdruck von 20 mm, zu welchem alsdann noch die Ein- und Austrittsverluste im Raum und der Kanal-Widerstand bis zum Dachgeschoß sowie der etwaige Widerstand auf der Druckseite hinzutreten, also insgesamt etwa 40 mm schätzungsweise.

Der Unterdruck von 20 mm müßte nun, wie aus dem Diagramm

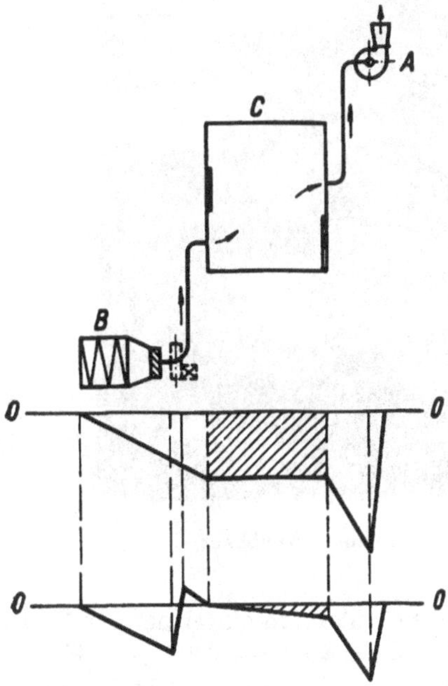

Fig. 68. Lüftungsschema eines Laboratoriums.

Fig. 68a. Druckverlauf bei Sauglüftung.

Fig. 68b. Druckverlauf bei Saug- und Drucklüftung.

Fig. 68a schraffierter Teil hervorgeht, im Raum C aufrecht erhalten werden. Es ist wohl ohne weiteres klar, daß ein so hoher Unterdruck in einem selbst verhältnismäßig gut abgedichteten Raume, der jedoch auf jeden Fall Fenster und Türen besitzt, nicht zu erreichen wäre. Ganz abgesehen davon, daß bei jedesmaligem Öffnen der Türen, wenn dies überhaupt bei 20 kg/m² noch möglich ist, erheblich störende Luftbewegungen auftreten würden. Mit anderen Worten: die Luft wird eher durch die vorhandenen Undichtigkeiten der Fenster usw., die auch bei guter Dichtung einen geringeren Widerstand, als 20 mm bieten, in den Raum nachströmen als vom Heizkeller her. Hieran dürfte auch der geringe Auftrieb der erwärmten Luft kaum etwas ändern.

Wird dagegen ein Drucklüfter im Heizkeller bei B vorgesehen, so ändert sich das Diagramm nach Fig. 68b. Der Drucklüfter übernimmt den Unterdruck bis zum Raum C von etwa 15 mm, während der Zuluftventilator den Druck bis zum Raum C von der Heizkammer auf sich nimmt. Dadurch entsteht im Raum selbst, je nach dem Verhältnis der Luftmengen der beiden Lüfter zueinander, ein kleiner Unterdruck, den man nur so groß wählt, daß keine Abluft auf die Flure ausströmen kann.

Die Ermittlung der Luftmenge für die Zuluft-Ventilatoren ergibt sich somit aus der benötigten Abluftmenge (vgl. Abschn. XI) mit der

Fig. 69. Luftheizaggregat in einem Treibhaus.

Maßgabe, daß die Leistung der Zuluftventilatoren hinter der der Abluftventilatoren im vorliegenden Falle um etwa 10—20 % zurückbleibt.

Die Lufterhitzer sind etwa für eine Erwärmung auf 25° vorzusehen, vorausgesetzt, daß daneben in den Räumen andere Heizung vorhanden ist.

l) Treibhäuser.

In Treibhäusern ist es oft nötig, Gemüsearten, wie z. B. Tomaten, vor dem Beschlagen mit Feuchtigkeit zu schützen, da sonst gerade das Aufnehmen und Verpacken Schwierigkeiten bereitet. Man baut in solchen Fällen eine Umluftheizung ein, wie sie in Fig. 69 u. 70 dargestellt ist, um die relative Feuchtigkeit zu verringern.

Ein Lüfter drückt im Lufterhitzer vorgewärmte Luft durch ein in der Mitte oder zu beiden Seiten längs des ganzen Treibhauses verlegtes Rohr, aus dem die Warmluft durch Schlitze in das Haus strömt. Zwischen den Beeten sind senkrechte Rohrstutzen angebracht, die in

Fig. 70. Umluftheizung in einem Treibhaus zur Vermeidung der Kondensation.

einen unterirdischen Kanal münden, durch welchen alsdann die feuchte Abluft wieder zur Saugseite des Lüfters zurücktritt, um mit Frischluft gemischt, erneut dem Treibhause zugeführt zu werden.

Man kann in diesen Fällen mit etwa 5fachem Luftwechsel rechnen.

Abschnitt IV.

Luftbefeuchtungsanlagen.

1. Wirkungsweise.

Befeuchtungsanlagen sind alle diejenigen Anlagen, durch welche der absolute Feuchtigkeitsgehalt der Luft erhöht werden soll (vgl. Abschnitt I 3 c).

Die Anlagen, bei denen es sich um Erhöhung der relativen Feuchtigkeit handelt, fallen in das Gebiet der Luftkühlung und sind in Abschnitt V behandelt.

Zur Erhöhung der absoluten Feuchtigkeit muß die Luft Wasser

aufnehmen. Dies kann dadurch geschehen, daß sie gezwungen wird, an Wasserflächen mit großer Geschwindigkeit vorbeizustreichen, um dadurch die Verdunstung des Wassers zu beschleunigen und sich zu sättigen. Man kann aber auch der strömenden Luft Wassermengen, die bereits auf das feinste verteilt sind und gleichsam einen Wasserschleier bilden, entgegenstellen, und damit eine Anreicherung der Luft mit Wasser erzielen. Die erste Methode findet in der Praxis kaum nennenswerte Anwendung. Man benutzt vielmehr fast ausschließlich

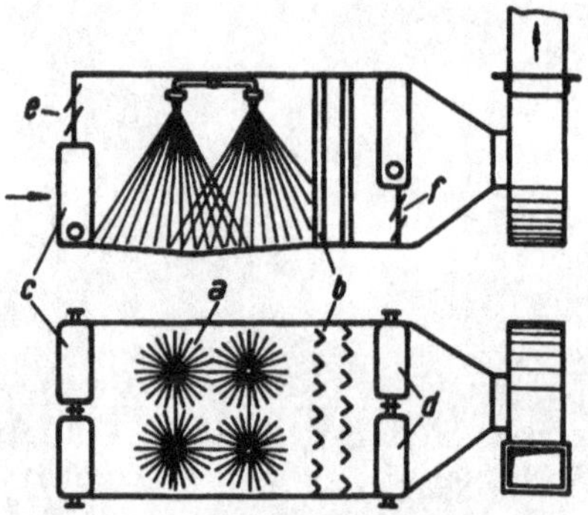

Fig. 71. Schema einer zentralen Befeuchtungsanlage.

die Berieselung, die man durch Streu- oder Schleierdüsen oder gelochte Rohre erzeugt. Man unterscheidet hier zwei verschiedene Systeme, die zentralen und die lokalen Befeuchtungs-Anlagen.

2. Ausführungsformen.

a) Zentrale Anlagen.

Bei zentralen Anlagen (vgl. Fig. 71) wird im Luftkanal oder in unmittelbarer Umgebung des Lüfters ein System von Düsen vorgesehen. Diese Düsen bestehen entweder in Streudüsen, die einen nebelförmigen Kegel aus feinsten Wasserteilchen abgeben oder aus Schleierdüsen, die einen feinen Wasserschleier, der fast ganz in einer Ebene liegt, erzeugen. (vgl. Luftwäscher Abschn. V). Ein Lüfter saugt die Luft von außen her über dieses Düsen-System a hinweg und drückt sie in die in Frage kommenden Räume hinein. Um zu verhindern, daß etwa größere Wassertropfen mitgerissen werden, ist es zweckmäßig bei diesen Anlagen hinter dem Düsen-System einen Tropfenfänger b vorzusehen, bei welchem durch Prallwirkung etwaige Wassertropfen zurückgehalten werden. Um ferner die Aufnahmefähigkeit der Luft für Wasserdampf (vgl. Abschn. I 3c) zu erhöhen, ist vor das Düsensystem ein Lufterhitzer c geschaltet. Desgl. ist dahinter ein Nachwärmer d angeordnet, mit welchem die Endtemperatur und damit die relative Feuchtigkeit genau eingestellt werden kann. Durch die Umgehungsklappen e und f können die Erhitzer und damit ihre Widerstände ausgeschaltet werden.

b) Lokale Anlagen.

Bei lokalen Befeuchtungsanlagen erfolgt die Befeuchtung nicht an einer zentralen Stelle, sondern in den Räumen selbst in unmittelbarer

Fig. 72. Luftheizgerät mit Befeuchtung.
(Klimatisator von Danneberg & Quandt, Berlin-Lichtenberg.)

Nähe derjenigen Stellen, an denen die feuchte Luft notwendig ist. Sie werden z. B. in Verbindung mit Einzelluft-Heizgeräten ausgeführt. Die aus dem Luftheizgerät austretende Warmluft wird über ein Befeuchtungssystem geleitet und tritt auf diese Weise mit gewünschter Sättigung in den Raum (vgl. Fig. 72). Das nicht zerstäubte abfließende Wasser wird durch eine Rückführungseinrichtung in Umlauf gehalten, so daß der Wasserverbrauch gering ist. Das Gerät kann auch für Klimatisierungsanlagen (vgl. Abschn. V) Verwendung finden.

Im übrigen werden die lokalen Befeuchtungs-Anlagen in der Regel mit Preßluft betrieben unter Benutzung eines Rotationskompressors. Es sei hier der Vollständigkeit halber nur erwähnt, daß in diesen Fällen durch die Räume zwei Rohrleitungsnetze geleitet werden, das eine für Preßluft und das andere für Wasser. Die Preßluft tritt gewöhnlich mit einem Druck von etwa 0,5 ÷ 1,5 atü aus besonders vorgesehenen Düsen aus und reißt durch die Ausströmungsgeschwindigkeit infolge Strahlwirkung das ihr durch die Wasserleitung meist von unten zuströmende Wasser mit, um es in feinster Verteilung in den Raum zu zerstäuben (vgl. Fig. 73).

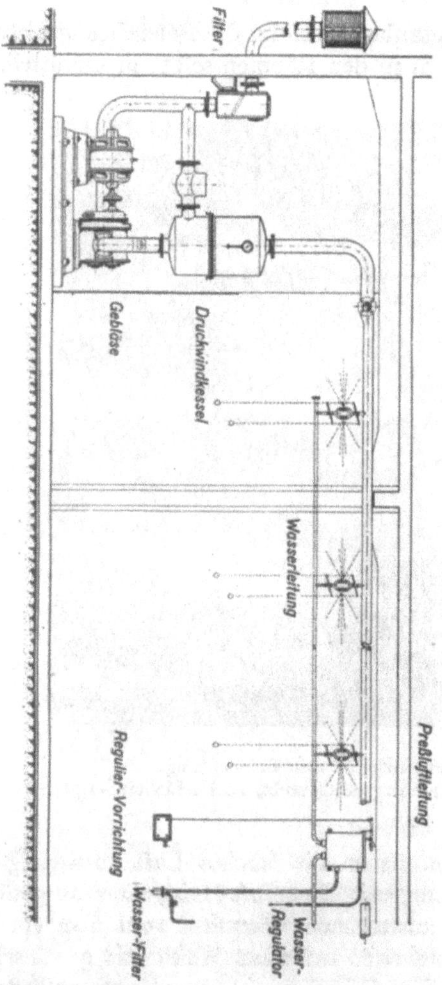

Fig. 73. Lokale Preßluft-Befeuchtungsanlage. (Danneberg & Quandt, Berlin-Lichtenberg.)

Eine besondere Art der Verbindung von Belüftung und Befeuchtung zeigt Fig. 74 und einen Zerstäuber in Tätigkeit Fig. 75.

3. Berechnungsart.

Wenn man in einem Raum einen bestimmten Feuchtigkeitsgehalt der Luft erzielen will, so müssen die Temperatur t_i und die gewünschte relative Feuchtigkeit φ_i im Raume gegeben sein. Aus diesen Werten ergibt sich nach Tabelle 1 Seite 7 eine absolute Feuchtigkeit x (vgl. auch Abschnitt I, 3c), welche diejenige Wassermenge darstellt, die in der Raumluft enthalten sein muß.

Die Außenluft, die dem Raume zugeführt werden soll, habe zu gleicher Zeit eine relative Feuchtigkeit φ_a bei einer Temperatur t_a. Aus diesen Werten ergibt sich nach gleicher Tabelle ein absoluter Feuchtigkeitsgehalt x_a. Im allgemeinen wird nun eine Befeuchtung hauptsächlich in der kalten Jahreszeit notwendig, bei welcher die kalte Außenluft mit an sich schon geringem Feuchtigkeitsgehalt im Raum erwärmt wird und alsdann eine sehr geringe relative Feuchtigkeit aufweist.

Fig. 74. Belüftungsanlage in Verbindung mit lokaler Befeuchtung nach dem Preßluftsystem. (Gebr. Körting, Körtingsdorf bei Hannover-Linden.)

Wir setzen daher $x_a < x$, dann muß jedem kg Luft zugesetzt werden:

$$(x - x_a) \text{ kg Wasser.}$$

Bei lokalen Befeuchtungsanlagen, bei welchen die Wassermenge der Luft im Raum selbst zugeführt wird, wäre also die in den Düsen theoretisch zu zerstäubende Wassermenge $G \cdot (x - x_a)$, wenn G das Luftgewicht, das den Raum durchströmt, bedeutet. In Wirklichkeit wird die zusätzliche Wassermenge größer einzusetzen sein, da durch unvermeidliche Undichtigkeiten in den Leitungen, unter Umständen auch Tropfenbildung Verluste eintreten, die dem Feuchtigkeitsgehalt der Luft nicht zugute kommen.

Bei diesen lokalen Befeuchtungsanlagen sind, wie aus der Fig. 73 hervorgeht, Regelorgane eingeschaltet, die, wie es der Betrieb verlangt, durch Veränderung des Wasserstandes die zur Zerstäubung gelangende Wassermenge regeln.

Fig. 75. Vierdüsiger Wasserzerstäuber in Tätigkeit. (Gebr. Körting, Körtingsdorf bei Hannover-Linden.)

Bei allen Befeuchtungsanlagen erfolgt eine Abkühlung der Luft nicht nur durch Verdunstung, sondern auch durch Leitung und Konvektion, falls das Kühlwasser kälter als die Luft ist. Da in der Regel Leitungswasser mit 10—12° verwendet wird, kommt für den Winter dieser letzte Umstand nicht in Betracht. Da im übrigen auch eine zu starke Abkühlung unerwünscht ist, empfiehlt es sich für zentrale Anlagen bei kälterem Zusatzwasser, dieses anzuwärmen und gegebenenfalls durch eine Pumpe umlaufen zu lassen (vgl. Luftwäscher Abschn. V, 2 und Abschn. VI, 2 h). Auch in diesem Falle der zentralen Befeuchtung wird eine wesentlich größere Wassermenge zur Verfügung stehen müssen, als theoretisch erforderlich ist. Die Luft wird nur einen kleinen Teil der aus den Düsen austretenden Wassernebel aufnehmen, dann aber fallen auch durch die hinter dem Düsenschleier angeordneten Tropfenfänger die etwa in Tropfenform von der Luft mitgerissenen Wasserteilchen wieder aus. Aus diesen Gründen muß auch bei dieser Art der Befeuchtung eine Regelung im Betriebe erfolgen, die man in den Fällen, wo es auf genaue Einhaltung eines bestimmten Feuchtigkeitsbereichs ankommt, automatisieren kann (vgl. Abschn. V).

Da die Luft Wasser nur bis zur vollen Sättigung aufnehmen kann, muß in dem Falle, in welchem die Wassermenge, die der vollen Sättigung der Außenluft entspricht, kleiner ist als die gewünschte Raumfeuchtigkeit, also $x_a' < x$ ist, eine Vorwärmung der Frischluft erfolgen, falls nicht mit Umluft gearbeitet werden kann.

Im allgemeinen wird die Luft bei dieser zentralen Befeuchtung eine hohe relative Sättigung erreichen; da jedoch beim Eintritt der Luft in den Raum meist eine Erwärmung stattfindet, wird diese Sättigung wiederum sinken und eine geringere relative Feuchtigkeit auftreten. Wünscht man eine ganz bestimmte relative Feuchtigkeit im Raume, so muß eine Nachwärmung vorgesehen werden durch einen Erhitzer hinter den Düsen (vgl. Fig. 71).

4. Anwendungsgebiete.

a) Textilindustrie.

Eines der wichtigsten Anwendungsgebiete für Befeuchtungsanlagen bietet die Textilindustrie und hier wiederum die Baumwoll-Fabrikation. Während des ganzen Arbeitsvorganges von dem Augenblick an, wo das Rohprodukt den Zerreiß-, Zerkleinerungs- und Streckmaschinen zugeführt wird, bis einschließlich zu demjenigem Abschnitt, bei welchem es in der Spinnerei und Weberei verarbeitet wird, ist eine Befeuchtung notwendig. Es handelt sich also zunächst um die Räume der Vorbereitung, die in der Regel einen relativen Feuchtigkeitsgehalt von 50—60% aufweisen müssen, da sonst die Verstaubung der Räume einen für das Arbeitspersonal unerträglichen Zustand erreichen und die Bearbeitung Schwierigkeiten bereiten würde. Für die Spinnsäle, in denen man das Zerreißen des Fadens und seine elektrostatische Aufladung verhindern will, sieht man eine relative Feuchtigkeit von 65% vor, während man in der Weberei bis auf 75% im Mittel kommt. Man sieht daher in all diesen Räumen fast immer Befeuchtungsanlagen, wie sie in Abschnitt IV, 2 b beschrieben sind, vor. Die Räume werden mit einem Rohrnetz für Wasser und Preßluft durchzogen und die Düsen möglichst gleichmäßig über die Räume verteilt. Die Rohrleitung führt

Fig. 76. Rotationsgebläse und Druckbehälter für eine Preßluft-Befeuchtungsanlage. (Danneberg & Quandt, Berlin-Lichtenberg.)

zu einem besonderen Maschinenraum, in dem das Rotationsgebläse und der Druckbehälter aufgestellt sind. Eine solche Anordnung eines Maschinensatzes zeigt Fig. 76.

Eine Befeuchtungsanlage in einem Spinnsaale, in dem sich Ringspinnmaschinen befinden, zeigt Fig. 77.

Auch das System der Lufterwärmung in Verbindung mit Befeuchtung in Form von Einzelheizgeräten wird für derartige Textilbetriebe angewendet und in Fig. 78 gezeigt.

Bei allen diesen Anlagen ist es notwendig, in jedem Falle eine Tropfenbildung, wie sie häufig bei Verstopfung oder schlechter Wirkung der Zerstäubungsdüsen eintritt, zu vermeiden, da sonst die darunter befindlichen Maschinen und Waren Schaden leiden. Man hilft sich oft dadurch, daß Tropfenfänger in Form von Tellern unterhalb der

Fig. 77. Luftbefeuchtung in einer Baumwollspinnerei.
(Danneberg & Quandt, Berlin-Lichtenberg.)

Düsen angebracht werden, jedoch ist dies nur ein schlechter Notbehelf, sodaß es vorzuziehen ist, die Düsen durch gute Überwachung und Reinigung in einem solchen Zustand zu erhalten, daß eine Tropfenbildung überhaupt nicht eintritt.

b) Druckereien.

In größeren Druckereien, vorzugsweise in solchen, in denen Tiefdrucke und Mehrfarbendrucke hergestellt werden, sind Luftbefeuchtungsanlagen erforderlich. Die Papierbogen ändern sich in ihren Größenabmessungen je nach der vorhandenen Luftfeuchtigkeit, so daß z. B.,

Fig. 78. Lokale Befeuchtung mit Einzelluftheizgeräten in einer Weberei.
(Danneberg & Quandt, Berlin-Lichtenberg.)

wenn mehrere Farbsätze übereinander zu drucken sind, durch verschiedene Feuchtigkeit bei zeitlicher Differenz ein Unterschied in den Papierabmessungen eintreten kann, welcher die genaue Deckung des neuen Farbdruckes mit dem schon gedruckten Teile verhindert. Auch elektrostatische Ladungen können bei zu großer Trockenheit die Entfaltung beeinträchtigen. Ferner steigt mit der Trockenheit auch die Stäubung und die Neigung zur Buckelbildung. Aus diesen Gründen werden nach amerikanischem Vorbilde auch neuerdings in Deutschland größere Druckereien mit selbsttätig wirkenden Befeuchtungsanlagen ausgestattet. Diese müssen so arbeiten, daß ein möglichst kleiner Bereich, der z. B. zwischen 2—3% Schwankung umfaßt, dauernd aufrecht erhalten wird. Die relative Feuchtigkeit soll mindestens ca. 65% betragen.

Wegen der Gefahr einer Beschädigung des Papieres kommen lokale Anlagen kaum in Frage, ganz abgesehen davon, daß auch eine Belüftung mit gefilterter Luft in der Druckerei sehr erwünscht ist. Es werden daher für diese Zwecke die zentralen Luftbefeuchtungsanlagen bevorzugt. Die selbsttätige Steuerung dieser Anlagen erfolgt durch elektrischen Strom oder Preßluft oder durch Drucköl in Abhängigkeit von Thermostaten und Humidostaten als Impulsgeber. Diese können in selbstregistrierenden Hygrometern in Verbindung mit Bimetallthermometern oder in Aspirations-Psychrometern (nasses und trockenes Therm.) bestehen.

c) Tabakindustrie.

Auch in der Tabak-Industrie ist es wichtig, daß bei der Verarbeitung des Tabaks eine gewisse Feuchtigkeit in den Lagerräumen wie in den Fabrikationsräumen herrscht. Man wendet hier sowohl die lokalen als auch die zentralen Befeuchtungsanlagen an. Die zentralen Anlagen haben auch hier den Vorzug, daß sie gleich eine Belüftung mit frischer Luft erzielen, so daß man in den Räumen, in denen sich viel Arbeitspersonal aufhält, im allgemeinen zu zentralen Anlagen schreiten wird. Man benutzt diese dann häufig auch gleichzeitig als Kühlanlagen im Sommer (vgl. Abschn. V). Man rechnet in der Tabakindustrie im allgemeinen mit einer mittleren relativen Feuchtigkeit von 70%.

d) Museen.

In Museen und Gemäldegalerien werden Befeuchtungsanlagen erforderlich, da die Bilder unter zu großer Trockenheit leiden und brechen. Es kommen hier nur zentrale Befeuchtungsanlagen in Verbindung mit Lüftung in Betracht. Notwendige relative Feuchtigkeit nicht unter 65%. Das Kaiser-Friedrich-Museum[1]) in Berlin ist z. B. mit solcher Anlage ausgestattet.

[1]) Ges. Ing. 20 S. 508 näheres hierüber.

Abschnitt V.

Luftkühl- und Klimatisierungsanlagen.

Unter Luftkühl-Anlagen sollen hier in der Hauptsache diejenigen verstanden werden, bei welchen die Luft im Gegensatz zu den Lufterneuerungs-Anlagen (vgl. Abschn. II) auf eine Temperatur herabgekühlt werden soll, die unter derjenigen der Außentemperatur liegt.

Ist gleichzeitig mit der Lüftung und Temperaturänderung eine Veränderung des Feuchtigkeitsgehaltes der Luft beabsichtigt, so sollen diese Anlagen Klimatisierungs-Anlagen genannt werden. Schließlich sollen hier auch noch diejenigen Anlagen besprochen werden, bei welchen es sich letzten Endes nicht um eine Abkühlung der Raumluft, sondern um eine solche von Maschinen und Gegenständen handelt.

1. Wirkungsweise der Luftkühlanlagen.

Durch die alleinige Verwendung von Lüftern läßt sich, wie in Abschn. II, 3 ausführlich dargestellt, in einem Raum praktisch niemals eine tiefere Temperatur erzielen, als einige Grad über der Außentemperatur. Ist also z. B. im Sommer in der äußeren Umgebung des Raumes eine Temperatur von 30° vorhanden, so wird die tiefste praktisch erreichbare Temperatur im Raum etwa bei 33° liegen. Will man eine noch tiefere Temperatur erreichen, so muß man besondere Hilfsmittel ergreifen. Hierfür stehen zu Gebote:

a) Eine Abkühlung durch direkte Verdunstung von Wasser unter gleichzeitiger Leitung und Konvektion (Verdunstungskühlung).
b) Eine Abkühlung durch Wärmeübergang auf kälteres Kühlwasser, das durch Rohre geleitet wird (Oberflächenkühlung).
c) Verwendung von Kältemaschinen.
d) Kombination von a und c oder b und c.

2. Ausführungsformen.

a) Kühlung durch Verdunstung.

Die bei weitem einfachste Kühlung erfolgt durch direkte Verdunstung des Wassers. Man erreicht dies dadurch, daß man in den zu kühlenden Luftstrom Wasser in fein verteiltem Zustand bringt, also z. B. indem man das Wasser über ein Koks- oder Raschigfilter ablaufen läßt, so daß es die einzelnen Koksteilchen oder Raschigringe fein benetzt. Durch die Berührung der Luft mit diesen Wasserteilchen tritt eine Verdunstung des Wassers ein, welche Wärme benötigt, die sie der Luft entzieht (vgl. Fig. 79). Gleichzeitig tritt auch durch die erwähnte Berührung infolge Leitung und Konvektion (vgl. Abschn. I, 3 *h*) ein Wärmeaustausch statt, der ebenfalls der Abkühlung der Luft zugute

Fig. 79. Luftkühlung durch verdunstendes Wasser.

kommt. Die Kühlung kann auch erzielt werden durch direkte Berieselung mittels Düsen bzw. durch den Luftwäscher gem. Fig. 88, wie er sich besonders für die dort beschriebenen Klimatisierungsanlagen eignet.

b) Oberflächenkühlung.

Eine zweite Möglichkeit, die Luft zu kühlen, besteht in der Einschaltung eines Wasserkühlers in den Luftstrom. Ein solcher Wasserkühler arbeitet ähnlich wie der in Abschn. III, beschriebene Lufterhitzer, nur daß er statt von einem Wärme-Mittel von einem Kühl-Mittel durchflossen wird (vgl. Fig. 80 und 81.) Das zur Verfügung stehende Leitungs-, Fluß- oder Seewasser oder die sonstige Kühlflüssigkeit durchströmt das Röhrensystem des Gerätes in der Richtung senkrecht zum Luftstrom (Kreuzstrom), wobei die an der Oberfläche der Rohre vorbeiströmende Luft ihre Wärme an das Kühlwasser abgibt.

Fig. 80. Oberflächen-Luftkühler für waagerechten Luftdurchgang. (GEA Luftkühlergesellschaft Bochum.)

c) Kältemaschinen.

Eine dritte, allerdings kostspielige, aber in der Anwendungsmöglichkeit fast unbeschränkte Art, die Luft abzukühlen, besteht in der Verwendung besonderer Kältemaschinen.

Das Prinzip dieser Kühlart, möge sie nun mit Ammoniak (NH_3), Kohlensäure (CO_2) oder schwefliger Säure (SO_2) betrieben werden, erfolgt nach dem Kreisprozeß unter Aufwendung von Energie.

Die erwähnten Kältemittel haben die Eigentümlichkeit, daß sie bei größerem Druck und höheren Wärmegraden sich verflüssigen und bei geringeren Drücken, aber sehr tiefen Temperaturen, verdampfen. Auf diese Weise ist es möglich, durch Anwendung eines Kompressors immer eine Temperatur des Kältemittels zu erzielen, die noch über der Temperatur des zur Verfügung stehenden Kühlwassers liegt. Unterkühlt man

Fig. 81. Oberflächen-Luftkühler für senkrechten Luftdurchgang. (Kaloriferwerk Hugo Junkers, Dessau.)

nun in einem Röhrensystem (Kondensator) mit Hilfe des vorhandenen Kühlwassers das Kältemittel so wird es kondensieren und sich verflüssigen. In diesem Zustand schickt man es unter Druckverminderung in ein zweites Röhrensystem (Verdampfer), in dem es bei tiefer Temperatur verdampft und auf diese Weise einer durch den Verdampfer strömenden Luftmenge Wärme entzieht. Der ganze Prozeß erfolgt in einem Kreislauf nach Fig. 82. Der Kompressor a saugt das verdampfende Kältemittel von niederem Druck aus dem Verdampfer c an, verdichtet es und drückt es in den Kondensator b. Hier wird es durch das Kühlwasser unterkühlt, wodurch es sich verflüssigt und über das Regelventil d dem Verdampfer c zuströmt. Durch die Drosselung im Regelventil findet eine Expansion bzw. Druckverminderung auf den im Verdampfer nötigen Druck statt. Bei diesem geringeren Druck geht das flüssige Kühlmittel in den dampfförmigen Zustand über, wobei es die hierzu nötige Wärmemenge der durch den Verdampfer tretenden Salzwassersole entzieht. Fig. 83 zeigt einen Kältemaschinenraum mit allen dazu gehörigen Teilen.

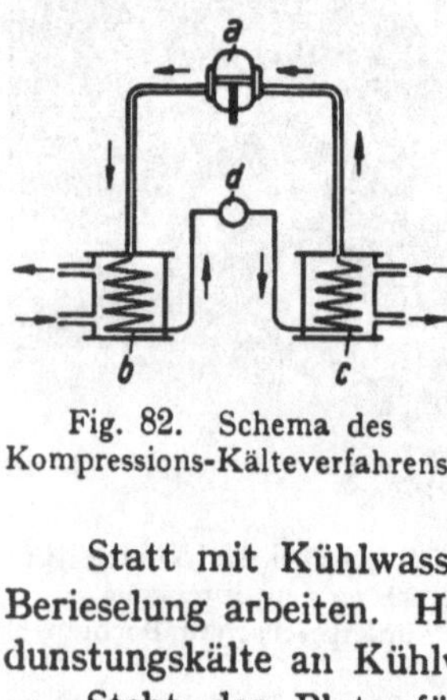

Fig. 82. Schema des Kompressions-Kälteverfahrens.

Statt mit Kühlwasserdurchtritt kann der Kondensator auch mit Berieselung arbeiten. Hierdurch kann infolge der hinzutretenden Verdunstungskälte an Kühlwasser gespart werden.

Steht der Platz für einen Berieselungs-Kondensator nicht zur Verfügung, dann werden zweckmäßig Doppelrohrapparate als Kon-

Fig. 83. Kältemaschinenanlage. (A. Borsig, Berlin-Tegel.)

densatoren verwendet, bei welchen innen das Kühlwasser und außen das Kältemittel fließt (vgl. Fig. 83.)

Die Luftkühlung mittels des Verdampfers kann auf drei verschiedene Arten erfolgen. Bei der direkten Kühlung nach Fig. 84 liegt der Verdampfer im Luftkanal in unmittelbarer Berührung mit der durchströmenden Luft. Nach Fig. 85 erfolgt eine indirekte Kühlung, indem zunächst eine Salzsole im Verdampfer abgekühlt wird, die mittelst einer Pumpe durch ein Rohrsystem im Luftkanal umläuft. Schließlich zeigt Fig. 86 die Verwendung eines Raschigkühlers, d. i. eines mit zylindrischen Hohlkörpern gefüllten Behälters, in dem das im Verdampfer gekühlte und durch eine Pumpe zirkulierende Wasser herabrieselt. Da die erste Ausführungsart den Nachteil besitzt, daß im Fall eines Rohrbruchs im Verdampfer die Luft mit schädlichen Gasen angereichert wird, kommen die beiden letzten Arten für Raumkühlung hauptsächlich in Betracht.

3. Wirkungsweise der Klimatisierungsanlagen.

Begriff der Behaglichkeit.

Die Klimatisierungsanlagen sollen den Luftzustand eines Raumes von der äußeren Witterung und dem jeweiligen Klima unabhängig machen. Sie sollen den Luftzustand so verändern, wie er für die Behag-

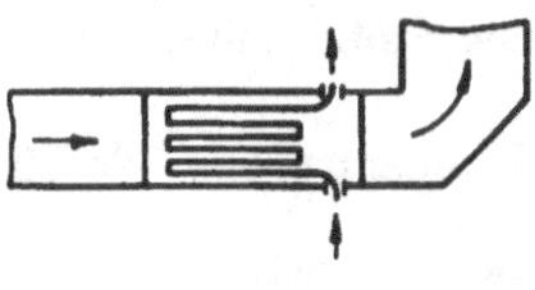

Fig. 84. Verdampfer im Luftkanal.

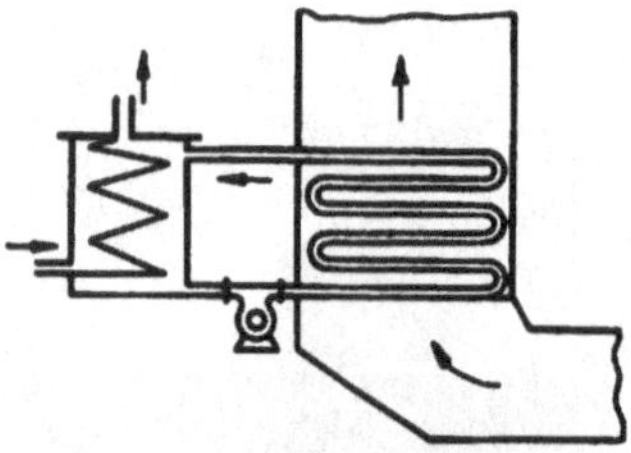

Fig. 85. Indirekte Kühlung durch zirkulierende Sole.

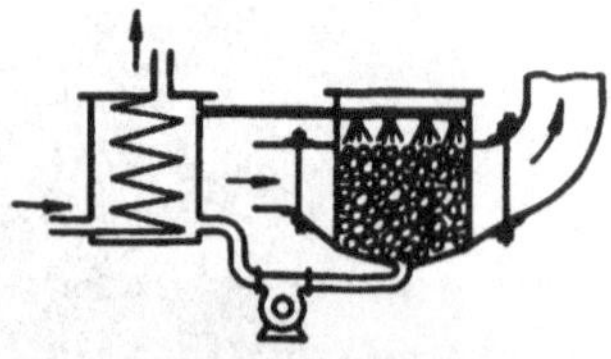

Fig. 86. Indirekte Luftkühlung mit herabrieselnder und zirkulierender Kühlflüssigkeit. (Masch.-Fabrik Germania, Chemnitz.)

lichkeit des Menschen oder für einen anderen bestimmten Zweck erforderlich ist. Was bedeutet in diesem Zusammenhang Behaglichkeit? Diese ist von 4 Umständen abhängig:

1. Von der Zusammensetzung der Luft, abgesehen von der Feuchtigkeit,
2. von der Lufttemperatur,
3. von der Luftfeuchtigkeit,
4. von der Luftbewegung.

Die Raumluft darf einen bestimmten Prozentsatz von Kohlensäure (CO_2), wie sie durch Ausatmung der Menschen oder etwaige sonstige Umstände in dem Raum auftritt, nicht überschreiten. Nach Bürgers [1]) kann man 1—2$^0/_0$ CO_2 im Raume noch ohne weiteres ertragen. Man wird natürlich diesen Grenzwert bei jeder Anlage, die eine Besserung des Luftzustandes erzielt, immer unterschreiten.

Ferner darf die Luft auch andere Bestandteile nicht enthalten, wie z. B. Kohlenoxyd (CO), das immer noch häufig bei schlechter Verbrennung oder undichten Abgasrohren von einzelnen Öfen in Versammlungsräumen oder dergleichen vorkommt. Schon bei 0,5$^0/_{00}$ dieses Gases können Ohnmachtsanfälle verursacht werden und bei größerer Menge treten Todesfälle ein.

Schließlich dürfen auch daneben zwar weniger gefährliche, aber auf die Dauer sehr lästige Beimengungen in der Luft wie Staub, Rauch und schädliche Keime nicht vorhanden sein.

Alle die erwähnten Mängel lassen sich jedoch ohne weiteres durch Lufterneuerungsanlagen, gegebenenfalls mit Filterung gemäß Abschn. II und VI, vermindern bzw. beseitigen. Desgleichen läßt sich auch bis zu einem bestimmten Grade die Lufttemperatur im Raume durch die gleichen Anlagen auf einer Höhe halten, die annähernd der Außentemperatur entspricht.

Erst wenn gewisse Temperaturen in Verbindung mit einem gewissen

---

[1]) Bürgers Hygiene in Rietschels Leitfaden für Heizung und Lüftung. Springer, Berlin 1928.

Feuchtigkeitsgehalt in der Außenatmosphäre auftreten, können beim Eintreten dieser Luft in den Raum Unbehaglichkeiten die Folge sein, die auch durch eine Steigerung des Luftwechsels nicht mehr beseitigt werden können. Dieser gleiche Zustand kann auch dann vorliegen, wenn das angegebene Verhältnis zwischen Temperatur und Feuchtigkeit in der Außenluft noch erträglich, aber durch die Verschiebung infolge der Wasserdampfabgabe der Menschen im Raum, die bis zu 50 Gramm je Kopf und Stunde betragen kann, ungünstig beeinflußt wird.

Es ist nämlich eine Erfahrungstatsache, daß z. B. höhere Temperaturen bei kleiner relativer Feuchtigkeit (vgl. Abschn. I, 3c) bedeutend leichter ertragen werden können, als bei großer. Dies hat seinen Grund darin, daß der Mensch, je höher die Temperatur liegt, um so mehr Feuchtigkeit zu seiner Entwärmung abzugeben bestrebt ist. Je höher nun die relative Feuchtigkeit der Luft ist, um so weniger vermag sie Wasserdampf aufzunehmen, so daß die Abgabe von Feuchtigkeit für den Menschen erschwert wird und er die Luft als drückend und schwül empfindet. Diese Empfindung ist jedem bekannt von dem Befinden vor einem Gewitter, bei welchem die Luft hochprozentig gesättigt ist. Dieser Zustand erfährt jedoch bei gleicher Witterungsart eine gewisse Besserung, sobald eine Luftbewegung eintritt, welche die Wärmeabgabe des Körpers beschleunigt. Hieraus erklärt sich z. B. die angenehme Wirkung eines Tischfächers, obwohl er nur die Luft bewegt, und keine Frischluft heranschafft.

Ein ähnliches allerdings wesentlich leichter zu ertragendes Unbehagen, wie vorher beschrieben, tritt im Winter in einem geschlossenen Raum auf, in welchem eine Erwärmung der zugeführten Außenluft stattfindet. Da nämlich eine gewisse geringste Feuchtigkeit für den Menschen notwendig ist, kann die im Winter bei sehr kalter Außenluft an sich schon sehr geringe Menge absoluter Feuchtigkeit nach Erwärmung im Raum durch Trockenheitsgefühl im Munde und der Rachenhöhle Unbehagen hervorrufen. Daneben ist bekanntlich eine zu große Trockenheit im Raume auch für Holzverkleidungen, Klaviere und Möbel schädlich, da sich die Werkstoffe zusammenziehen, insbes. das Holz schrumpft und rissig wird.

Man sollte nun glauben, es ließe sich eine fest umrissene Zone, abgesehen von der Forderung der reinen Luft, nur unter Berücksichtigung von Temperatur, Feuchtigkeit und Luftbewegung aufstellen, innerhalb welcher immer Behaglichkeit vorhanden ist. Dies ist aber außerordentlich schwierig. Es spielt hier immer die Abhärtung des einzelnen Menschen, seine Gewöhnung an bestimmte Klimata eine so große Rolle, daß sich bestimmte Normen nicht einhalten lassen und jeder Fall einzeln behandelt werden muß. Man wird auch dann noch der Einrichtung soviel Spielraum geben müssen, daß eine Regulierung nach der einen oder anderen Seite getroffen werden kann. Dem Verfasser erschien z. B. der Aufenthalt in einem großen gut gelüfteten Kino in New York während eines besonders heißen Tages durch spürbare Kälte empfindlich unangenehm, während sich der begleitende Amerikaner sehr behaglich fühlte.

Es kommt ferner bei diesen Erscheinungen auch noch der Temperaturunterschied hinzu, der im Raum gegenüber der Außenluft nicht zu hoch sein darf, um Erkrankungen durch den plötzlichen Temperaturwechsel, auf den sich der Körper nicht so schnell einstellen kann, beim Betreten des betreffenden Raumes zu vermeiden. Wenn z. B. in Indien eine äußere Temperatur von etwa 40° auftritt, so wird man auch im Theater eine niedrigere Temperatur als 30—35° in keinem Falle wählen, im Gegenteil lieber noch etwas höher bleiben, allerdings unter Erzielung eines günstigen Feuchtigkeitsgehaltes.

Im allgemeinen werden solche Anlagen in erster Linie in Gegenden mit besonders heißem und feuchten Klima zum Einbau gelangen, so z. B. in Südamerika, in Indien, wie schon erwähnt, in Nordafrika, und auch in Nordamerika. Aber auch in Europa geht man schon vielfach dazu über, sich vom Wetter unabhängig zu machen, damit in der heißen Jahreszeit der Betrieb in Theatern und Kinos der Großstädte ungestört durchgeführt werden kann.

Die Tabelle 8 gibt amerikanische Feststellungen der größten Behaglichkeit bei ruhender und bewegter Luft wieder:

Tabelle 8[1]). Behaglichkeitswerte.

t^0	φ %	m/s
17,7	100	0
19	70	0
20,7	50	0
22,3	70	0,5
24	,,	1,0
25	,,	1,5
26,5	,,	2,5
28	,,	3,5

Zusammenfassend kann man vielleicht sagen, daß eine relative Luftfeuchtigkeit von 50—60% bei Raumtemperaturen von 20—25° im Durchschnitt als behaglich bezeichnet werden kann, wobei die geringeren Feuchtigkeitswerte bei den höheren Temperaturen einzuhalten sind. Läßt sich eine so weitgehende Besserung nicht erreichen, oder sind die Temperaturen noch höher, so muß man zu der immerhin

[1]) Aus Jahrb. 24/25 d. American society of Heating and Ventilating Engeneers.

mit Vorsicht anzuwendenden Erhöhung der Luftgeschwindigkeit im Raume schreiten. Diese wird man in solchen Fällen mit 1,5—2 m/s und nur in Ausnahmefällen höher bemessen können. Durch Wahl von Tisch- oder Deckenfächern läßt sich das praktisch erreichen. Im Winter sollte im Raum nach Möglichkeit eine relative Feuchtigkeit von 35% nicht unterschritten werden.

4. Ausführungsformen.

Derartige Klimatisierungsanlagen bestehen aus einer Vereinigung von Lüfter, Filter, Kühlanlage und Lufterhitzer, zu der noch eine Befeuchtungsanlage treten kann. Eine Anordnung mit Oberflächenkühler zeigt Fig. 87.

Der Lüfter saugt die Frischluft durch ein Filter a von außen an und drückt sie über einen mit Leitungswasser gespeisten Oberflächen-

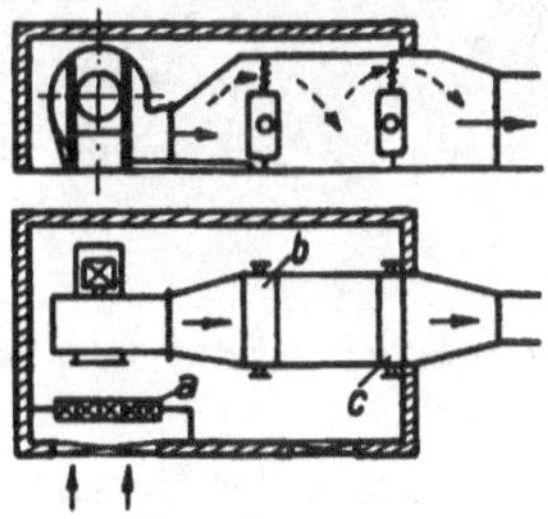

Fig. 87. Klimatisierungsanlage mit Oberflächenkühler.

kühler b und einen Lufterhitzer c als Nachwärmer in den Luftkanal. Solche Anlage kommt in Frage, wenn es sich hauptsächlich darum handelt, im Sommer eine kühle, nicht zu feuchte Raumluft zu erhalten und genügend kaltes Leitungswasser (+ 10°) zur Verfügung steht. Durch die vorgesehenen Umschaltklappen kann die Anlage im Winter als Lufterwärmungsanlage und auch im Sommer ohne Nachwärmung arbeiten.

In anderen Fällen, in denen eine weitergehende Veränderung des Luftzustandes erwünscht ist, kann ein Luftwäscher nach Fig. 88 Verwendung finden. Die Beeinflussung von Temperatur und Feuchtigkeit erfolgt hier durch Verdunstung (vgl. Abschn. V, 2 a) und zentrale Berieselung (vgl. Abschn. IV, 2 a). Da durch letztere gleichzeitig eine Entstaubung der Luft eintritt, sind in vielen Fällen besondere Filter entbehrlich. Das gedrängt zusammengebaute Gerät besteht aus einer Düsenkammer mit flachen Schleierdüsen, einer aus metallenen Waschblechen bestehenden, besonders benetzten Waschkammer und einer Trockenvorrichtung. Das Waschwasser wird durch eine elektrisch betriebene Kreiselpumpe in Umlauf gesetzt und bedarf nur in gewissen

Fig. 88. Luftwäscher. (Berventulo, Berlin W. 62.)

Zeitabständen je nach dem Grade der Verschmutzung der Erneuerung. Die Nachspeisung des Verdunstungsverlustes findet selbsttätig durch ein Schwimmerventil statt. Auf dem Wege des Umlaufs wird das Wasser außerhalb des eigentlichen Wäschers je nach der Jahreszeit durch ein Heizmittel oder durch Sole auf die erforderliche Temperatur gebracht. An den Luftwäscher schließt sich der Nachwärmeapparat und der Lüfter an. Die mit dem Luftwäscher ohne besondere Kältemaschinen erreichbare Abkühlung liegt im Durchschnitt etwa 3° über Wassereintrittstemperatur. Eine selbsttätige Regelung der Luftwäscher erfolgt durch Strahlrohrregler mittels Drucköl oder durch Preßluft und Membran.

In allen Fällen, in denen in heißen Gegenden nur sehr warmes Leitungswasser von 20° und mehr zur Verfügung steht, aber gerade bei hoher Sättigung der Außenluft Kühlung und Entfeuchtung gewünscht werden, sind besondere Kältemaschinen erforderlich, wie sie in Abschn. V, 2 c beschrieben sind.

Um die Kosten, die durch Anlage und Betrieb der Kältemaschine entstehen, möglichst zu verringern, muß man bei derartigen Anlagen von vornherein überlegen, wie weit die erforderliche Abkühlung durch Verdunstungssystem oder durch Oberflächenkühlung vorgenommen werden kann. Man wird dann zweckmäßig nur das übrig bleibende Temperaturgefälle durch die Kältemaschine aufbringen. Auf diese

Weise ergibt sich ein Stufensystem, indem die Luft zuerst durch den mit vorhandenem Kühlwasser arbeitenden Oberflächen- oder Berieselungskühler etwa auf Kühlwassertemperatur gekühlt wird und dann durch einen Raschigkühler (vgl. Fig. 86) der mit einer Kühlmaschine in Verbindung steht, auf die gewünschte tiefste Temperatur gebracht wird. Es sei z. B. eine Lufttemperatur von 35° und ein Leitungswasser von 20° vorhanden und zwecks Entfeuchtung eine Abkühlung auf + 12° gewünscht. Die erste Stufe wäre für Kühlung durch Leitungswasser von 35 auf etwa 23° einzurichten. Die Kältemaschine braucht alsdann für die zweite Stufe nur zur Kühlung von 23° auf 12° bemessen zu werden, wobei das Kühlwasser für den Kondensator der ersten Stufe entnommen werden kann.

5. Berechnungsart.

a) Luftmenge und Kühlleistung.

Der Berechnung der Luftmenge von Luftkühl- und Klimatisierungsanlagen ist in der Regel diejenige Luftmenge zugrunde zu legen, die für die entsprechende Art von Räumen bei den Lufterneuerungs- und Lufterwärmungs-Anlagen (vgl. Abschn. II und III) angegeben ist. Man wird häufig die dort ermittelten Luftmengen auf Grund der Wirkung der Kühlung etwas verkleinern können, um gleichzeitig Beschaffungs- und Betriebskosten herabzusetzen. In gleicher Weise ist die Berechnung der Kanäle und der Gesamt-Widerstände für den Lüfter nach den in den angegebenen Abschnitten sowie in Abschnitt I aufgeführten Grundsätzen durchzuführen.

Es bleibt allein übrig die Errechnung der Kühlleistung:

Soll die Luft von t_2 wärmerer Außentemperatur auf t_1 kältere Raumtemperatur abgekühlt werden, so ergibt sich zunächst ohne Rücksicht auf eine Veränderung des Feuchtigkeitsgehaltes, die abzuführende Wärmemenge aus der Gleichung (vgl. Abschn. II, 3 a Seite 21).

$$Q = G \cdot c_p \, (t_2 - t_1)$$

Die obige Gleichung gilt streng genommen nur für trockne Luft; sie wird daher, wenn es sich im Winter um kalte Außenluft mit geringem absoluten Feuchtigkeitsgehalt handelt, noch ohne weiteres für die praktischen Fälle anzuwenden sein. Auch im Sommer bei nicht hohen Außentemperaturen und mittlerer Feuchtigkeit wird ein wesentlicher Unterschied noch nicht eintreten. Handelt es sich jedoch um feuchte Luft von höherer Temperatur, also etwa von 20° aufwärts, so muß der Wärmeinhalt und die spezifische Wärme der feuchten Luft unter Berücksichtigung von Temperatur und Feuchtigkeitsgehalt festgestellt werden, und ebenso diejenigen Verhältnisse, die man im Raum zu erzielen wünscht. Die Differenz beider Werte ergibt alsdann diejenige Kühlleistung, die von der Kühlanlage aufzubringen ist.

Die Ermittlung des Wärmeinhalts von feuchter Luft erfolgt nach der Gleichung:

$$i_l = 0{,}24\,t + x \cdot (0{,}46\,t + 595) \quad \text{(vgl. Abschn. I, 3 g)}$$

Hierin ist für t einmal die Raumtemperatur, das andere Mal die Außentemperatur einzusetzen. x bedeutet die absolute Feuchtigkeit, bezogen auf 1 kg trockener Luft; es ist $x = \varphi \cdot x'$ vgl. Tabelle 1, mithin

$$Q = G \cdot (i_{l_2} - i_{l1})$$

Die nach obiger Formel errechneten Kühlmengen sind ausreichend, solange durch die Abkühlung der Außenluft der Taupunkt (vgl. Abschn. I) nicht unterschritten wird. Geschieht dies, so muß auch noch zusätzlich diejenige Wärmemenge abgeführt werden, die nötig ist, um eine in der Luft befindliche Dampfmenge niederzuschlagen, die bei 100 % Sättigung der abgekühlten Temperatur ausfällt. Hierfür gilt folgende Beziehung:

$$Q_{zus} = G \cdot (\varphi x'_{t2} - x'_{t1}) \cdot 600;$$

darin ist:

φ = relative Feuchtigkeit bei t_2^0

x'_{t2} = Wassermenge in kg enthalten in 1 kg feuchter Luft bei t_2^0 und 100 % Sättigung

x'_{t1} = Wassermenge in kg enthalten in 1 kg feuchter Luft bei t_1^0 und 100 % Sättigung.

Voraussetzung bleibt also die Unterschreitung des Taupunktes, d. i.

$$\varphi \cdot x'_{t2} > x'_{t1}.$$

Die Werte von x' sind aus der Tabelle 1 zu entnehmen (vgl. Absch. I, 3 c).

In diesem Falle erhält man mithin immer hinter der Kühleinrichtung zunächst einen Luftzustand von 100 % Sättigung ($\varphi = 1$). Da man eine so hohe Sättigung praktisch nicht verwerten kann, in den meisten Fällen vielmehr eine geringere von etwa 70 % ($\varphi = 0{,}7$) und weniger erwünscht ist, bleiben drei Wege offen:

1. Eine Wiedererwärmung der Luft (Nachwärmung), durch die sich die relative Feuchtigkeit ermäßigt oder
2. eine Mischung mit Raumluft;
3. man läßt 100 % Sättigung bei der Berechnung zu, und überläßt die Verminderung der relativen Feuchtigkeit der Erwärmung im Raum.

Wenn man die Luft durch Nachwärmung auf die gewünschte relative Feuchtigkeit bringen will, so muß man vorher eine Unterkühlung der Luft vornehmen, bis auf eine Temperatur, die unter der gewünschten Raumtemperatur liegt, und gleichzeitig die Wasserdampfabgabe der Menschen im Raum berücksichtigen.

Der rechnerische Vorgang ist dabei folgender:

Angenommen in einem Raum, in dem 150 Personen weilen, wird eine Temperatur von $t_1 = 17^0$ bei $\varphi_1 = 0{,}7$ gewünscht; das benötigte Luftgewicht betrage 5000 kg/h. Auf welche Temperatur t_3 muß die wärmere Außenluft abgekühlt werden?

Die absolute Wassermenge Wa, die schließlich in 1 kg enthalten sein soll, ist

$$\begin{aligned} Wa &= \varphi_1 \cdot x'_{t1} \\ &= 0{,}7 \cdot 0{,}0125 \text{ nach Tabelle 1} \\ &= 0{,}00875 \text{ kg/kg} \end{aligned}$$

150 Personen geben 150 × 50 g Wasser ab

$$Wa_1 = 0{,}0015 \text{ kg/kg}$$

in Wirklichkeit aufzubringen

$$Wa - Wa_1 = 0{,}00725 \text{ kg/kg.}$$

Diese Wassermenge bedingt nach Tabelle 1 bei voller Sättigung eine Temperatur von etwa 8,5°

$$\text{mithin } t_3 = 8{,}5^0.$$

Die so gekühlte Luft ist auf eine Temperatur unterhalb der gewünschten Raumtemperatur wiederzuerwärmen. Hierbei muß die dann noch verbleibende Temperaturdifferenz durch Wärmetransmission und Wärmeabgabe der Menschen ausgeglichen werden, was durch Rechnung nachzuprüfen ist.

Bei Mischluftbetrieb wird ein Teil der Raumluft der abgekühlten Frischluft wieder zugesetzt. Der Eintritt der Umluft erfolgt hinter dem Kühler, aber zweckmäßig vor einem Filter. Die Frischluftmenge und die Kühlleistung hängt von dem gewählten Mischungsverhältnis ab. Man kann beide Werte aus der Differenz der Wassermengen und Wärmeinhalte der Mischluft und der Raumluft nach den vorher gegebenen Gleichungen und Verfahren ermitteln.

Derartige Anlagen erfordern immer einen besonderen Umführungskanal und eine Absaugeeinrichtung im Raum mit den nötigen Umschaltklappen. Sie können aber andrerseits eine nicht zu unterschätzende Energieersparnis ergeben.

Häufig wird im Sommer eine besondere Nachwärmung der Luft überhaupt nicht notwendig sein, da sich die Luft im Raume erwärmt und damit ihre relative Feuchtigkeit verringert.

Für die verschiedenen Jahreszeiten können Klimatisierungsanlagen unter Verwendung von Mischluft nach Hirsch am zweckmäßigsten folgendermaßen eingerichtet werden:

1. Im Winter: Die Mischluft wird durch angewärmtes Wasser unter gleichzeitiger Befeuchtung vorgewärmt und hinterher auf eine

Temperatur über mittlerer Raumtemperatur durch Lufterhitzer nachgewärmt.

2. Im Frühjahr und Herbst (bei milder Witterung): Die Mischluft wird durch gering erwärmtes Wasser unter gleichzeitiger Befeuchtung abgekühlt und auf eine Temperatur nahe der mittleren Raumtemperatur mittels Lufterhitzer nachgewärmt.
3. Im Sommer: Die Mischluft wird mit kaltem Wasser unter gleichzeitiger Entfeuchtung abgekühlt und etwa auf Raumtemperatur durch Lufterhitzer nachgewärmt.
4. Im Hochsommer: Die Mischluft wird durch kaltes Wasser, gegebenenfalls durch Kältemaschine unter gleichzeitiger Entfeuchtung unterkühlt und durch Lufterhitzer auf Temperatur unter mittlerer Raumtemperatur wiedererwärmt.

b) Wahl und Bemessung des Oberflächenkühlers.

Die Berechnung der Kühlfläche nach der gegebenen Kühlleistung erfolgt sinnentsprechend in derselben Art wie für Lufterhitzer (vgl. Abschn. III, 3 b) nach den Regeln des Wärmedurchgangs. Um die wirksame Kühlfläche zu vergrößern und die Abmessungen möglichst klein zu halten, werden auch hier wie bei den Erhitzern heutzutage fast ausschließlich Rippenrohre bzw. Lamellenkühler verwendet.

Mit der Erhöhung der Luftgeschwindigkeit verringern sich die Abmessungen, erhöht sich aber der Widerstand. Man wählt im Mittel als Luftwiderstand auch hier wie bei den Erhitzern etwa 10 mm WS und als wirtschaftliche Grenzen 5 bis 25 mm WS. Der Kühlbereich ist nach unten durch die Kühlwassertemperaturen begrenzt. Der Wasserwiderstand kann 2—3 m WS betragen, da entweder Wasserleitungs- oder Pumpenanschluß vorliegt.

Die nötige Kühlwassermenge ergibt sich aus der Überlegung, daß die von der Luft abgegebene Wärme vom Wasser aufgenommen werden muß.

Mithin die Kühlwassermenge $W = \frac{Q}{(t_2 - t_1) \cdot 1000}$

wenn Q die Kühlleistung in WE/h

$t_2 - t_1$ die Erwärmung des Wassers

und W die Kühlwassermenge in m³/h bedeutet.

c) Verdunstungskühlung.

Ist nach den vorstehenden Berechnungsmethoden die Kühlleistung ermittelt und soll die Kühlung selbst durch Verdunstung erfolgen, so scheint auf den ersten Blick hierzu ein sogenanntes Sättigungsdefizit erforderlich zu sein, d. h. die zu kühlende äußere Luft darf nicht mit 100 % gesättigt sein, da sie in diesem Zustande Wasser nicht mehr aufnehmen kann. Es muß vielmehr die Sättigung unter 100 % sein und je geringer die relative Feuchtigkeit ist, um so größer ist das Sättigungsdefizit und mithin auch die Verdunstungsmöglichkeit des Wassers. Diese an sich richtige Folgerung trifft jedoch nur beschränkt zu und zwar dann, wenn das Kühlwasser die gleiche oder höhere Temperatur als die Außenluft aufweist. In vielen Fällen steht jedoch kälteres Kühlwasser zur Verfügung. Alsdann tritt neben der Verdunstungskühlung auch eine Kühlung durch Berührung der bewegten Luft mit dem Wasser also durch Leitung und Konvektion statt. Auf diese Weise ist es also möglich, auch noch bei 100 $^0/_0$iger Sättigung der Außenluft (vgl. Abschn. V, 4) eine allerdings geringere Kühlung der Luft zu erzielen. Außerdem wird natürlich auch bei geringer gesättigter Luft die oben

Fig. 89. Liegender Ammoniakkompressor. (A. Borsig, Berlin-Tegel.)

erwähnte Leitung und Konvektion die Verdunstungskühlung wesentlich unterstützen. Nach den Versuchen, die Merkel[1]) über die Abkühlung von verdunstendem Wasser gemacht hat, kann hierdurch eine Kühlung erreicht werden, die nur wenige Grade von der Wassertemperatur abweicht. Außerdem kann diese Erscheinung auch eine Entfeuchtung der Luft mit sich bringen. Die rechnerische Ermittlung der notwendigen Wassermenge ist unsicher und an bestimmte Voraussetzungen gebunden. In der Praxis wird man immer mit einem großen Überschuß rechnen. Bewährt hat sich eine Wassermenge von 1 l für je 25 m^3/h Luft, ohne hiermit eine Norm für alle Fälle zu geben, da u. a. die Anordnung der Düsen eine große Rolle spielt. Diese muß so erfolgen, daß tatsächlich der ganze Kanal-Querschnitt der Berieselung unterliegt.

d) Kältemaschinen.

Ein Eingehen auf die Berechnung[2]) der Kältemaschinen (vgl. Fig. 89)

[1]) Merkel, Verdunstungskühlung V. D. I. Verlag 25.

[2]) Näheres hierüber Hirsch, Die Kältemaschine, 1924. J. Springer, Berlin.

würde den Rahmen dieses Buches überschreiten. Es sei nur erwähnt, daß zu allen Kältemaschinen bis auf solche kleiner Leistung, die gegebenenfalls durch Luft gekühlt werden, Kühlwasser notwendig ist. Für je 10000 WE/h sind etwa 0,8—1,2 m³/h Kühlwasser von + 10° erforderlich. Wie im Abschnitt V 2c auseinandergesetzt, besteht ja die Wirkung der Kältemaschinen u. a. gerade in der Möglichkeit auch höher temperiertes Kühlwasser zu verwenden, dadurch, daß gewissermaßen die Abkühlungszone vermöge der Kompression und der Eigenart der Kältemittel auf eine höhere bzw. wärmere Zone verlegt wird. Der für die Kompressorarbeit nötige Kraftbedarf wächst allerdings mit Zunahme der Kühlwassertemperatur, und zwar etwa um 0,4 PS je Grad Celsius.

Von den schon erwähnten drei Verfahren SO_2, NH_3 und CO_2 erfordert das SO_2 Verfahren den niedrigsten und das CO_2 Verfahren den höchsten Druck bei gleichen Kühlverhältnissen. Ein Bild über die Druck- und Temperaturverhältnisse der drei Kältemittel ergibt die Tabelle 9.

Um ferner eine Vorstellung von dem für eine bestimmte Kühlleistung erforderlichen Kraftbedarf zu geben, sei erwähnt, daß für eine Leistung von etwa 50 000 WE ein Kompressor nach dem NH_3 Verfahren, bei einer Kühlwassermenge von 6 m³/h und 10° einen Druck von etwa 10 atü und einen Kraftbedarf von etwa 15 PS erfordert.

Tabelle 9. Kühlmitteltemperaturen und -Drücke.

t^0	atü		
	SO_2	NH_3	CO_2
− 10°	0,04	1,92	26,1
± 0°	0,58	3,35	34,4
+ 10°	1,34	5,27	44,7
+ 20°	2,35	7,79	57,1
+ 30°	3,67	11,01	72,1
+ 40°	5,35	15,01	—

6. Anwendungsgebiete.

a) Theater und Kinos.

Die Ausgestaltung von Lüftungsanlagen als Luftkühl- oder Klimatisierungsanlagen kommt besonders häufig bei Theatern und Kinos in Frage. Die Lüftungsanlage selbst kann hierbei nach den Grundsätzen, wie sie in Abschnitt II u. III zum Ausdruck kommen, ausgeführt werden. Die Kühlanlage wird in jedem Falle in die Belüftungsanlage eingeschaltet.

Eine Klimatisierungsanlage in einem Kino zu Berlin zeigt die Fig. 90. Die mit der Kühlanlage in Verbindung stehende Be- und Entlüftungsanlage kann auf die verschiedenartigste Weise geschaltet werden. Vor Beginn der Vorstellung wird mit frischer gekühlter Luft von unten nach oben belüftet. Während der Vorstellung wird mit

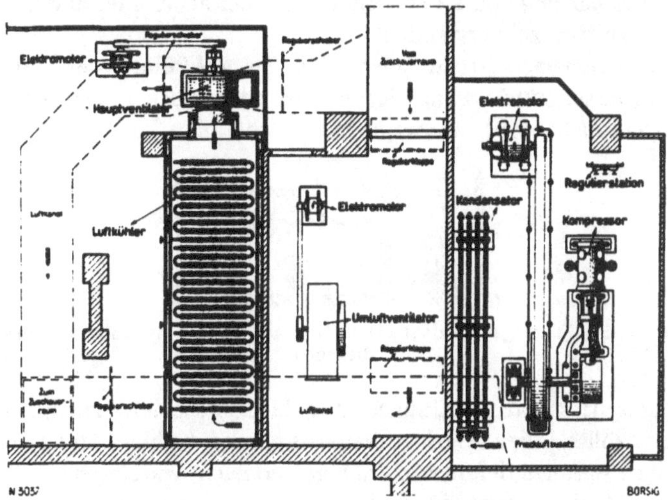

Fig. 90. Grundriß der Kühl- und Lüftungsanlage im Lichtspielhaus Capitol, Berlin. (A. Borsig, Berlin-Tegel.)

Umluft und Zusatz von gekühlter Frischluft von oben nach unten gelüftet.

Fast immer wird bei Theatern und Kinos die Klimatisierungsanlage gleichzeitig als reine Lufterwärmungsanlage im Winter und als reine Kühlanlage im Sommer benutzt werden können.

b) Größere Gaststätten.

Wie schon erwähnt, ist es oft auch auf einfachste Weise möglich, die Lufterwärmungsanlagen von Restaurants oder Cafés so anzulegen, daß sie gleichgleichzeitig im Sommer als Luftkühlanlagen arbeiten können. Die im Abschnitt III beschriebenen Lufterhitzer lassen sich in den meisten Fällen ohne weiteres auch an Leitungswasser anschließen, so daß sie wie ein Oberflächenkühler arbeiten. Allerdings ist die Kühlleistung dann, wenn der Lufterhitzer für die übliche Erwärmung von etwa —15° auf etwa 30° eingerichtet ist, nur imstande, im Sommer bei Verwendung von 10 grädigem Kühlwasser eine Abkühlung der Luft um etwa 5° zu bewirken.

Dies genügt, um oft besonders bei höheren Außentemperaturen die Behaglichkeit im Raume wesentlich zu erhöhen.

Den Einbau einer solchen Anlage zeigt Fig. 91. Hier saugt der Lüfter a wie üblich die Frischluft über ein Filter ein und drückt sie durch die horizontal unter der Decke eingebauten Lufterhitzer b in einen Kanal und alsdann in die Zwischendecke eines großen Gastraumes, in den sie durch Schlitze austritt. Der Kalorifer ist durch einfache Umschaltung von 2 Ventilen im Sommer als Kühler und im Winter als Lufterhitzer zu verwenden.

Im allgemeinen ist zu sagen, daß die Abkühlung der Luft durch Leitungswasser, auch wenn der Kühler nicht gleichzeitig als Lufterhitzer gebraucht wird, immerhin eine nicht allzu kostspielige Einrich-

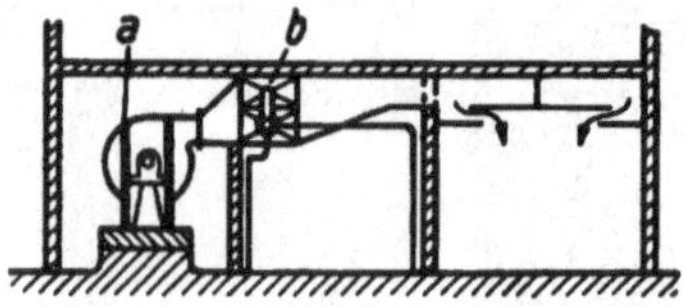

Fig. 91. Luftkühlanlage in einer Gaststätte (im Winter als Lufterwärmungsanlage dienend).

tung darstellt, so daß sie häufiger, als es bisher geschieht, zur Anwendung gelangen sollte. Bei richtiger Bemessung des Kühlers lassen sich alsdann ohne weiteres tiefere Abkühlungen erzielen, wie sie gerade in jedem einzelnen Falle notwendig sind.

Aber auch durch Verdunstungskühler, die gleichzeitig als Wascher eingerichtet sind (vgl. Abschn. V 2 a), wird man in vielen Fällen eine praktische Lösung der Kühl- und Filterfrage finden (vgl. Fig. 79).

c) Treibhäuser.

Eine Lüftungs- und Kühlanlage zu besonderen Zwecken wird in Treibhäusern von Forschungsanstalten angewendet (vgl. Fig. 92).

Hier kommt es einmal darauf an, eine möglichst gleichmäßige Luftverteilung im Treibhause zu erhalten, damit das Wachstum aller Pflanzen gleichmäßig gefördert wird, und kritische Vergleichungen angestellt werden können. In zweiter Linie muß aber auch eine Temperatur, selbst in den heißesten Tagen des Sommers erzielt werden, bei der sich wissenschaftliche Arbeiten in den Treibhäusern noch ermöglichen lassen. Während also einerseits eine möglichst gleichmäßige und große Wärme den Pflanzen zuteil werden soll, muß doch zu gewissen Zeiten eine Verminderung der Raumtemperatur um 7—10° erfolgen.

Eine solche Anlage ist z. B. in der Biologischen Reichsanstalt für Land- und Forstwissenschaft in Dahlem eingerichtet: In einem besonderen Ventilatorhäuschen, das zwischen 2 Treibhäusern liegt, ist ein Fliehkraftlüfter eingebaut, der die Luft über Dach ansaugt und durch ein mittels eines Düsenrohres und Streudüsen berieseltes Koksfilter drückt. Nach Passieren eines Tropfenfängers tritt die Luft in einen Kanal nach beiden Seiten des Häuschens und von diesem in je ein Treibhaus. Durch ein unter der Decke verlegtes Lüftungsrohr strömt alsdann die Luft durch Schlitzöffnungen, die mit Schiebern regulierbar sind, in das Innere des Treibhauses ein.

Die Abluft wird zwangsweise durch je 2 Rohre an den beiden Seiten mittels eines an der Stirnfront des Treibhauses angebrachten Schraubenlüfters abgesaugt. Die Anordnung der Luft Zu- und Abführung sowie

Fig. 92. Kühl- und Lüftungsanlage für ein Treibhaus. (Siemens-Schuckertwerke Berlin-Siemensstadt.)

der Ein- und Austrittsöffnungen ist so getroffen, daß der stärksten Saugwirkung die schwächste Druckwirkung und umgekehrt gegenübersteht, so daß eine fast gleichmäßige Luftverteilung über den ganzen Raum erfolgt, und das Wachstum der Triebe und Pflanzen überall gleichmäßig gefördert wird.

Durch die Verdunstungs-Kühleinrichtung wird an sehr warmen Tagen von etwa 30° eine Abkühlung von etwa 10° bei ca 5 fachen Luftwechsel erreicht. Die große Sättigung der abgekühlten Luft, die sonst bei anderen Anlagen vielfach störend wirkt, wird hier als eine günstige Begleiterscheinung für das Wachstum gern in Kauf genommen, während andererseits sich die arbeitenden Personen infolge der Luftbewegung wohl fühlen.

d) Kühlräume von Gaststätten, Kasinos, Fleischereien und anderen Lebensmittelbetrieben.

Die besonderen Räume, welche zur Aufbewahrung von Lebensmitteln dienen, können auf zweifache Weise gekühlt werden.

Da in diesen Räumen fast durchgängig verhältnismäßig tiefe Temperaturen, die zum Teil unter dem Nullpunkt liegen, notwendig werden, kommen nur die auf S. 120 näher beschriebenen Kältemaschinen in Frage.

Durch diese Kältemaschinen kann entweder Salzsohle abgekühlt werden, welche durch eine Zirkulationspumpe in ein in den Kühlräumen angeordnetes Rohrschlangensystem gedrückt wird. Die in den Rohren auftretende Kälte entzieht auf diese Weise dem Raum fortwährend Wärme und unterhält so eine gewünschte Raumtemperatur. Irgendeine Luftbewegung ist mit dieser Kühlungsart nicht verbunden; man nennt dieses System die direkte Berohrung oder stille Kühlung.

Andererseits ist es aber oft gerade erwünscht, daß mit der Kühlung auch eine Lüftung und Luftbewegung verbunden ist, damit z. B. Fliegen oder andere Insekten, die sich oft durch die kältere Temperatur allein nicht verscheuchen lassen, wohl aber vor bewegter Luft ausweichen, nicht das Fleisch oder sonstige empfindliche Lebensmittel verunreinigen können.

Man wählt daher, zumal bei größeren Anlagen oft zweckmäßiger eine zweite Kühlungsart, bei welcher die Frischhaltung der Waren nicht durch ruhende Kälte, sondern durch eine Luftkühlanlage erreicht wird; man nennt dies bewegte Kühlung.

Die Anordnung kann z. B. in folgender Art getroffen werden: Ein Lüfter saugt die Luft durch ein Filter (vgl. Abschn. VI) an und drückt sie über den Verdampfer einer Kältemaschine (vgl. Fig. 82) in ein Kanalnetz der Kühlräume. Hier tritt sie zweckmäßig von oben her ein und sinkt infolge ihres hohen spez. Gewichts zu Boden. Ordnet man an den Austrittsöffnungen Regulierschieber an, so hat man die Möglichkeit, bei verschiedenen Räumen durch Ab- und Zuschalten auch verschiedene Temperaturen zu erhalten.

Die ganze Anlage arbeitet nach dem Drucksystem, um gleichzeitig das Eindringen von Staub zu verhindern. Da die Undichtigkeiten infolge der verhältnismäßig starken Wände und der gut schließenden Türen gering sind, ist es zweckmäßig in etwa $^1/_2$ m Höhe über dem Fußboden durch Klappen verschließbare Abzugsöffnungen vorzusehen.

Man wird im allgemeinen die Anlage für einen 3—5 fachen Luftwechsel einrichten. Zur Berechnung der erforderlichen Kühlleistung muß eine Transmissionsrechnung aufgemacht werden, ähnlich wie sie in Abschn. III gekennzeichnet ist.

Für überschlägliche Rechnungen kann man im Mittel für Kühlräume bei starken, gut isolierten Wänden und Türen etwa 10 WE/m³ rechnen.

Da zur Frischerhaltung der einzelnen Lebensmittelarten verschiedene Temperaturen erforderlich sind, wird man auch dieselben Räume nur mit gleichartigen Lebensmitteln belegen. Man kann für die einzelnen Lebensmittelarten etwa die in Tabelle 10 genannten Temperaturen benutzen.

Tabelle 10. Kühlraumtemperaturen.

Lebensmittel-Art	ca. °C
Fleisch	— 2°
Gefrierfleisch	— 8°
Wild und Geflügel	— 3°
Frische Fische	— 4°
Räucher-Fische	+ 3°
Eier	+ 1°
Früchte und Gemüse	+ 2°
Butter	+ 2°
Käse	+ 12°
Bier	+ 4°
Wein	+ 4 bis 10°

e) Automatische Telephonzentralen.

In heißen Gegenden ist es nötig, Telephonzentralen mit besonderen Lüftungsanlagen auszustatten. Die komplizierten und immerhin empfindlichen Apparate, wie sie in den Wählersystemen der automatischen Telephonämter vorliegen, verlangen in erster Linie die Fernhaltung von Staub jeder Art. Dann aber leiden sie auch sehr häufig unter einer zu großen Feuchtigkeit, die leicht Rostansatz an beweglichen Teilen verursacht, und zu Störungen führt.

Aber auch zu geringe Feuchtigkeit kann schädlich wirken, da das Schmiermaterial unter Umständen austrocknet.

Es muß daher ein Luftzustand geschaffen werden, der eine obere und untere Grenze der Feuchtigkeit nicht überschreitet. Dies wird durch eine Klimatisierungsanlage erreicht. Die Anordnung einer solchen Anlage geht aus Fig. 93 hervor. Der Lüfter saugt Frischluft über ein Filter an und drückt sie über einen Verdampfer und einen Nachwärmer in den Raum, der unter Überdruck gesetzt wird (vgl. Abschn. II 2 a)). Da aber nicht nur die mit der Abkühlung verbundene Entfeuchtung der Luft im Sommer, sondern auch eine Befeuchtung im Winter in Frage kommt, ist meist eine Umschalteinrichtung vorgesehen. Nach Öffnen einer Klappe strömt die Luft vom Lüfter in einen Wasserschleier und tritt nach Abgabe etwaiger Tropfen durch einen Lufterhitzer nachgewärmt in die Telephonzentrale. Die Abluft entweicht durch Undichtigkeiten der Türen und Fenster.

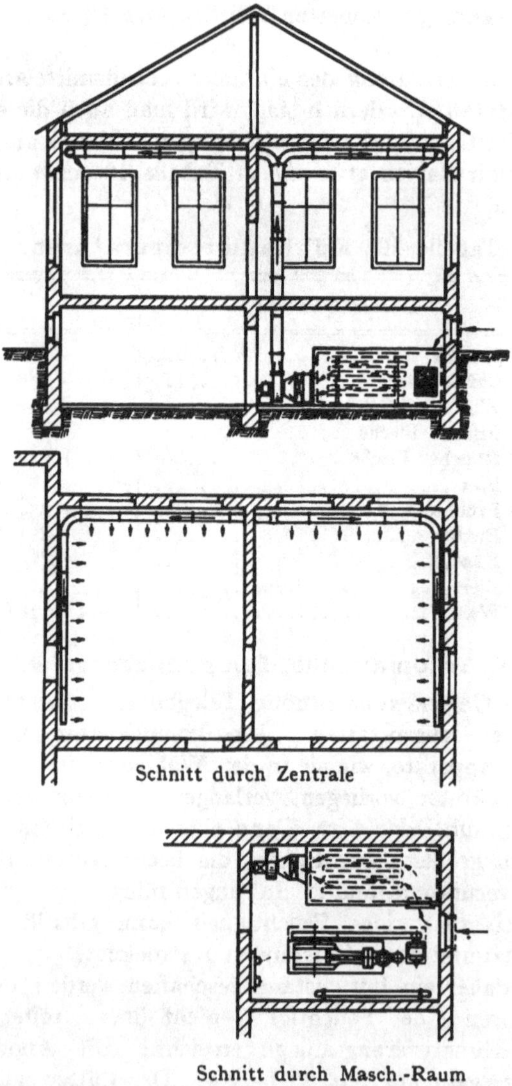

Fig. 93. Klimatisierungsanlage für eine Telephonzentrale. (Siemens-Schuckertwerke, Berlin-Siemensstadt.)

Ein 5—8 facher Luftwechsel ist empfehlenswert. Die Berechnung der Kühlleistung bzw. der zusätzlichen Wassermenge ist nach Abschn. IV und V,5 vorzunehmen. Als zulässige Feuchtigkeitsgrenzen können 55 bis 65% gelten.

f) Kühlung elektrischer Maschinen durch Lüftung.

Die Kühlung elektrischer Maschinen kann indirekt erfolgen durch Kühlung bzw. Lüftung der Räume, in denen die Maschinen aufgestellt sind, oder durch direkte Belüftung der inneren Wicklungsteile bzw. Anblasen der Außenteile der Maschinen. Der erste Fall ist bereits in Abschn. II über elektrische Zentralen ausführlich behandelt. Die direkte Belüftung kann darin bestehen, daß ein Lüfter kühlere Frischluft in den Stator der Maschine drückt oder aber die Warmluft aus ihm absaugt. Dies kann wiederum durch einen in die Maschine eingebauten oder durch besonderen Fremdlüfter, der außerhalb der Maschine angeordnet wird, erfolgen. Der erstere Fall steht hier nicht zur Besprechung. Die Fremdlüftung wird erleichtert, wenn die elektrische Maschine ventiliert

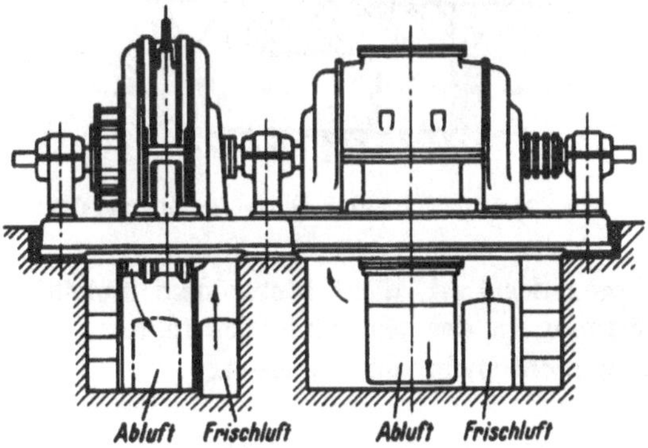

Fig. 94. Belüftung elektrischer Maschinen.

gekapselt ausgeführt ist, d. h. wenn sie soweit geschlossen ist, daß der Luft nur durch bestimmte Zu- und Austrittsöffnungen ein Durchgang ermöglicht ist (Durchzugstype). Die Ausführung kann nach Fig. 94 erfolgen, in diesem Falle dürfte es vielfach zweckmäßig sein, ein Filter zur Fernhaltung des Staubes aus den Wicklungsteilen und somit zur Vermeidung von Überschlägen vorzuschalten.

Eine Absaugung der Warmluft kann durch Ansetzen eines Schraubenlüfters auf die Abluftöffnung des Stators erfolgen.

g) Kühlung von elektr. Maschinen durch Verdunstungskühler.

Man kann die Leistung von elektrischen Maschinen nicht unwesentlich erhöhen, wenn für eine besonders gute Kühlung Sorge getragen wird. Eine einfache und mit billigen Mitteln zu erstellende Lösung, die auch an heißen Tagen wirkt, bietet hier wiederum die Verdunstungskühlung (vgl. Abschn. IV, 1). Durch ein mit feinen Löchern versehenes Rohr kann Wasser über ein Koksfilter geleitet und durch einen Lüfter die auf diese Weise gekühlte Luft zu der elektrischen Maschine geführt werden (vgl. Fig. 95). Notwendig ist es auch hier, hinter dem Koksfilter einen Tropfenfänger einzubauen.

Auf diese Weise läßt sich die Kühlluft, wie schon erwähnt, um etwa 8—10° abkühlen.

Die Gefahr, die etwa in der starken Sättigung der Luft für die Maschinen liegt, scheint nicht groß zu sein; wenigstens sind dem Verfasser derartige Einrichtungen bekannt, die sich in längerem Betrieb einwandfrei bewährt haben. Übrigens dürfte wohl auch, selbst bei

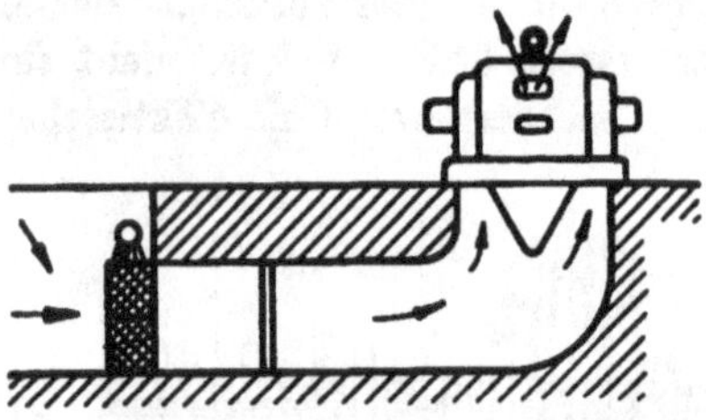

Fig. 95. Maschinenkühlung durch Verdunstungskälte.

völliger Sättigung der Luft, dicht hinter dem Koksfilter, infolge der starken Erwärmung in der Maschine, der relative Feuchtigkeitsgrad innerhalb dieser nicht mehr allzu hoch sein.

h) Ringlaufkühler.

Eine besondere Bedeutung hat die Oberflächenkühlung in den letzten Jahren bei großen geschlossenen Dynamomaschinen erlangt.

Von dem Gedanken ausgehend, daß eine möglichst staubfreie Luft für die Kühlung der Maschinen nötig ist, hatte man für diese Maschinen eine Filterung der durch einen besonderen Lüfter angesaugten Luft vorgesehen. Auf diese Weise vermied man wenigstens eine allzu schnelle Verstaubung der Maschine. Da es sich jedoch meist um verhältnismäßig große Luftmengen handelte, setzte dies auch viel Platz für die Filteranlage voraus. Auch die Reinigung der Filter selbst bedeutete immer einen großen Zeitaufwand, der allerdings durch die Anordnung von beweglichen selbstreinigenden Filtern (vgl. Abschn. VI) wesentlich verringert wurde.

Immerhin führten die erwähnten Schwierigkeiten zu dem Gedanken, die Kühlluft nicht von außen zu entnehmen, sondern mit Hilfe des am Rotor der Maschine eingebauten Lüfters oder eines Fremdlüfters im Kreislauf zirkulieren zu lassen und die Erwärmung durch eine besondere, in den Kreislauf eingebaute Kühlung auszugleichen.

Durch diese Einrichtung wurde das Filter unnötig und statt dessen

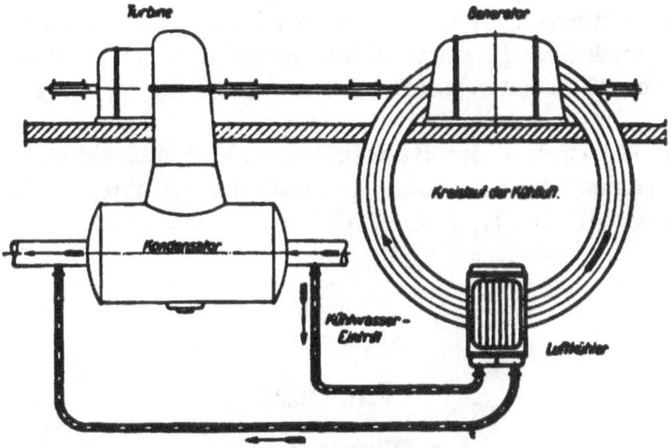

Fig. 96. Schema eines Frischwasser-Luftkühlers. (GEA. Luftkühler-Gesellschaft, Bochum.)

ein Kühler erforderlich. Voraussetzung für die Möglichkeit dieses Verfahrens ist jedoch wieder, daß der Generator eine Durchzugstype darstellt, d. h. soweit geschlossen ist, daß die Luft nur durch die besonders angebrachten Öffnungen ein- und austreten kann. Das für den Kühler erforderliche Kühlwasser kann nun bei Turbogeneratoren fast immer unmittelbar aus dem Kondensationsbetrieb entnommen werden. Man benutzt hierbei das zum Ersatz des Verdunstungsdefizits nötige Frischwasser, Kondensat oder einen Teil des umlaufenden Kondensatorkühlwassers oder schließlich Fluß- oder Seewasser. Auf diese Weise

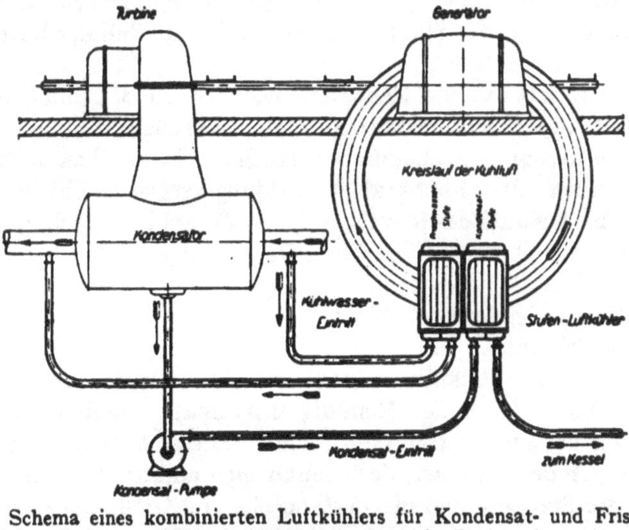

Fig. 97. Schema eines kombinierten Luftkühlers für Kondensat- und Frischwasserbetrieb. (GEA. Luftkühler-Gesellschaft, Bochum.)

kann die Verlustwärme des Generators häufig noch nutzbringend verwendet werden, z. B. durch Überführung in das Kesselspeisewasser. Fig. 96 u. 97 zeigen schematisch die Anordnung derartiger Ringlaufkühler.

Die Berechnung der Kühlleistung erfolgt aus der Wärmeabgabe der Maschinen, die sich ihrerseits wiederum aus ihrem Wirkungsgrad ergibt (vgl. Abschn. II, 3 u. V, 5).

Abschnitt VI.

Luftfilter.

1. Wirkungsweise.

Der Zweck aller Luftfilteranlagen ist die möglichst weitgehende Reinigung der Luft oder eines Gases von Staub und sonstigen ausscheidbaren Beimengungen. Die Luftreinigung dient entweder den Erfordernissen der Hygiene oder der Wiedergewinnung von verwertbaren Stoffen, häufig auch der Erhaltung von Bauwerken.

Die Reinigung kann bis zu einem gewissen Grade erreicht werden dadurch, daß die Luft der siebenden Wirkung einer mehr oder weniger porösen Fläche ausgesetzt wird, wobei der Staub abfällt oder an der Oberfläche haften bleibt.

Der gleiche Zweck wird erzielt dadurch, daß die Luft beim Durchgang durch ein Filter an gewissen Stellen eine Verzögerung, die entweder durch Prallwirkung oder Querschnittserweiterung verursacht wird, erleidet und dadurch der Staub als schwerer Bestandteil der Luft zurückbleibt.

Schließlich kann die Reinigung noch durch Waschung mit einer Flüssigkeit und durch elektrische Wirkung erfolgen.

Auf Filterung mit chemischen Hilfsmitteln soll hier nicht eingegangen werden. Über Fliehkraftabscheidung vergleiche Abschn. XI 1, B.

Für die Auswahl des jeweils richtigen Filters ist in technischer Hinsicht, also abgesehen von der Kostenfrage, maßgebend:

1. der Entstaubungsgrad,
2. die Reinigungsmöglichkeit,
3. die Wartung.

Unter dem Entstaubungsgrad versteht man das Verhältnis der nach der Filterung in der Reinluft enthaltenen Staubmenge zu derjenigen vor der Filterung in der Rohluft. Dieser Entstaubungsgrad ist abhängig von der Staubart, der Staubmenge und der Filterart.

Bei der Staubart sind die Bestandteile und Größe des Kornes maßgebend. Die Staubmenge ist das Gewicht in g auf 1 m^3 Staubluft oder

Gas. Die exakte Gewichtsbestimmung ist häufig insbesondere wegen der Schwierigkeit der absoluten Trocknung schwer durchführbar. Aus diesen Gründen ist der Fachausschuß für Staubtechnik mit der Herausgabe von Regeln über die Gewichtsbestimmung des Staubes beschäftigt.

Von dem Einfluß der Staubmenge und Staubart auf den Entstaubungsgrad kann man jedoch soviel sagen, daß der Entstaubungsgrad im allgemeinen um so günstiger ausfällt, je größer die in der Rohluft enthaltene Staubmenge und Korngröße ist.

Die Reinigungsmöglichkeit und auch die Wartung spielt in vielen Fällen eine außerordentlich wichtige Rolle. Ist sie zu umständlich und erfordert sie eine zu häufige Betätigung von Arbeitspersonal, so wird sie nur gar zu leicht eingeschränkt oder überhaupt unterlassen. Dann aber verfehlt das ganze Filter seine Wirkung, da mit zunehmender Verschmutzung die durch das Filter durchtretende Luftmenge infolge des erhöhten Widerstandes zurückgeht, und somit die meist letzten Endes gewünschte Luftleistung der ganzen Anlage verringert wird. Im einzelnen wird daher über die Reinigungs- und Bedienungsmöglichkeit bei den Ausführungsformen noch gesprochen werden.

2. Ausführungsformen.

a) Siebfilter.

Zu den Filtern, die mit siebender Wirkung einer porösen Fläche arbeiten, gehören die Tuch- und Wattefilter. Je nach der Art und Feinheit des zurückzuhaltenden Staubes werden die Tücher hinsichtlich ihrer Rauheit und Porösität ausgewählt. Man verwendet für Tuchfilter verschiedene Arten von Nessel und Baumwollgemischen, für Wattefilter Baumwoll- oder Seidenwatte, letztere z. B. zur Filterung von wertvollen Stoffen, wie Opium und Goldstaub.

Der Stoff oder die Watte wird in Rahmen gespannt, so daß die einzelnen Stofflächen in Zickzackform nebeneinanderliegen (vgl. Fig. 98, 99). Auf diese Weise wird eine sehr geringe spezifische Belastung der Filterfläche erzielt. Die einzelnen Rahmen sind so angeordnet, daß sie leicht auswechselbar sind, um von Zeit zu Zeit, je nach der Verschmutzung von Staub befreit zu werden.

Diese Reinigung kann entweder durch Abklopfen oder durch Absaugen mittels eines Staubsaugers erfolgen, welch letztere Art als hygienisch einwandfrei zu bevorzugen ist. Sie scheitert allerdings da, wo es sich um festhaftenden oder klebenden Staub handelt.

Der Entstaubungsgrad dieser Filterart ist in gut gereinigtem Zustand verhältnismäßig hoch. Ein Vorteil dieser Filter besteht ferner

Fig. 98. Stoffilter in Holzgehäuse. (K. & Th. Möller, Brackwede i. W.)

darin, daß sie den Staub trocken abscheiden, so daß der zurückgebliebene Staub wieder verwendet werden kann.

Bei allen diesen Stoffiltern besteht jedoch die Gefahr des Brennens, sobald mit der Luft ein glühender Funke hindurchtritt. Die Anwendung der Filter ist daher auf weniger feuergefährliche Betriebe beschränkt. In jedem Falle muß dafür gesorgt werden, daß ihre Entflammungsmöglichkeit durch Tränken in einer besonderen Flüssigkeit auf ein Mindestmaß beschränkt wird, da bisher eine vollständige Sicherung gegen Entzündung nicht erreicht wurde.

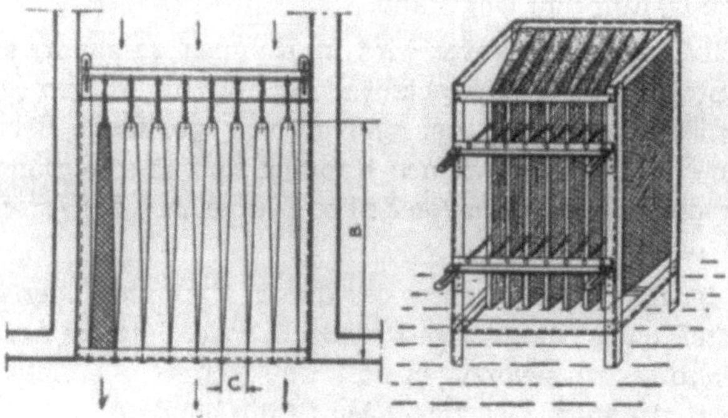

Fig. 99. Einzeltaschenfilter mit selbstregulierender Spannvorrichtung. (F. Xaver Haberl, Berlin W. 30.)

b) Prallfilter.

Da die Notwendigkeit der Filterung staubhaltiger Luft gerade in den letzten Jahren infolge der Fortschritte der Hygiene erkannt wurde,

Fig. 100. Normale Luftfilterzelle mit Einsatzrahmen. (Deutsche Luftfilter-Baugesellschaft, Berlin-Halensee.)

hat auch der Filterbau eine große Anzahl vcn Konstruktionen hervorgebracht, die sich hauptsächlich auf dem Gebiete der metallenen Prallfilter entwickelt haben, nachdem die Stoffilter wegen der erwähnten Brandgefahr nur auf wenige Betriebszweige und Staubarten beschränkt wurden.

Es sollen im folgenden einige dieser Filtersysteme in den Hauptmerkmalen besprochen werden.

Fast allen Prallfiltern gemeinsam ist die Benetzung der für die Prallwirkung eingerichteten Flächen mit einer Flüssigkeit, meist Öl, welches

Fig. 101. Luftfilter-Anlage (Schrägstromausführung) in einem Theater. (Deutsche Luftfilter-Baugesellschaft, Berlin-Halensee.)

Fig. 102. Luftfilteranlage (stehende Ausführung). (Deutsche Luftfilter-Baugesellschaft, Berlin-Halensee.)

die Bindung des Staubes erhöhen soll. Dieses Öl ist dünnflüssig und von geringer Oberflächenspannung, damit sich eine gleichmäßige Ölhaut an allen den Stellen bildet, die von Staubluft getroffen werden.

1. Delbag-Filter.

Zu den Prallfilter-Konstruktionen gehören zunächst die mit Raschig-Ringen ausgerüsteten Filter (vgl. Fig. 100—103).

Raschig-Ringe sind bekanntlich kleine hohle Zylinder aus Metall oder Porzellan mit einem bestimmten Verhältnis zwischen Durchmesser und Länge, das bei einer Aufschichtung einer größeren Zahl solcher Zylinder eine besonders vielgestaltige Lagerung (vgl. Fig. 103) ergibt.

Auf diese Weise ist der durchtretende Luftstrom gezwungen, einen vielfach geschlungenen Weg zurückzulegen und seinen Staub bei jedesmaligem Richtungswechsel an die mit Öl (Viscinol) benetzten Füllkörper abzugeben. Es ergibt sich hierdurch eine gute Abscheidung und eine große Speicherfähigkeit.

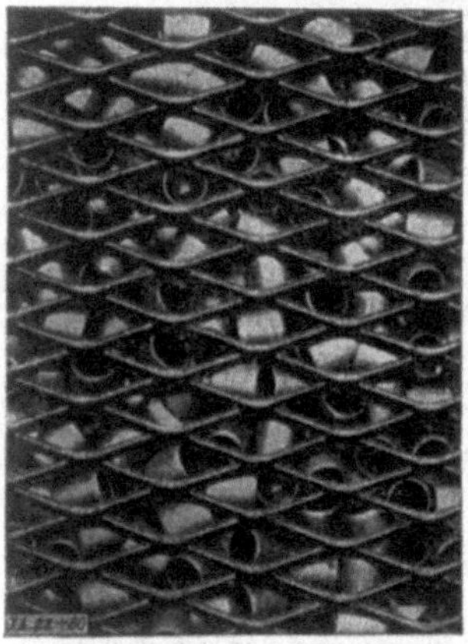

Fig. 103. Ausschnitt aus einer Luftfilterzelle mit Raschigringen. (Deutsche Luftfilter-Baugesellschaft, Berlin-Halensee.)

Die Reinigung erfolgt entweder durch Ausspritzen der in einem Filterkasten befindlichen Ringe mit Dampf- oder Preßluft oder durch einen besonderen, von der Lieferfirma ausgeführten Reinigungsbehälter durch Auswaschung.

Die Filter werden in stehender oder in liegender Bauart ausgeführt.

2. Bartel-Filter.

Dieses System wurde nach dem Gedanken entwickelt, daß die vordere Filterschicht, welche der staubigen Rohluft zunächst ausgesetzt ist, auch am meisten mit Staub überzogen wird, und daher an dieser Stelle auswechselbar eingerichtet sein muß. Hieraus entstand das Stufenfilter (vgl. Fig. 104). Das Filter besteht aus drei oder vier hintereinander geschalteten einzelnen Filterplatten (Stufen). Jede dieser Platten besitzt zwei im Winkel und versetzt zueinander stehende, jalousieartig angeordnete Blechstreifen, so daß die Luft gezwungen ist, in jeder Platte ihre Richtung mehrmals zu ändern. Durch die Hintereinanderschaltung mehrerer Platten ergeben sich hierdurch zahlreiche Staubanfallstellen. Durch die Stufeneinteilung wird eine bequeme Bedienungsart ermöglicht, da jedesmal nur die vorderste Filterplatte mit einem Gewicht von etwa 2 kg ausgewechselt zu werden braucht.

Das Filter wird liegend und stehend gebaut.

Die Reinigung der Filter besteht in dem Einlegen der Platten in einen mit Öl gefüllten Tauchkasten, in welchem der schwerere Schmutz und Staub nach einer gewissen Zeit niedersinkt. Von Zeit zu Zeit müssen die Platten mit einer Bürste gründlich vom Schmutz gesäubert werden.

Fig. 104. Stufen-Luftfilter. ((W. Bartel, Luftfilterbau, Berlin-Steglitz.)

3. G. L. G.-Filter.

Der Gedanke einer möglichst häufigen Umkehrung der durchtretenden Staubluft in Verbindung mit guter Speicherfähigkeit ist in dem Filter Fig. 105 zum Ausdruck gekommen. Der Staub wird gezwungen, dauernd zwei übereinanderliegende Filterspalten abwechselnd zu durchstreichen und kann auf diesem Wege seinen Staub an zahlreichen Flächen und Kanten ablagern. Das Filter wird ebenfalls in liegender oder stehender Bauart ausgeführt.

Die Reinigung geschieht auch durch Eintauchen in Öl; bei größerem Staubanfall muß von Zeit zu Zeit ein Abbürsten oder Abklopfen erfolgen, das durch die Art der Konstruktion erleichtert wird.

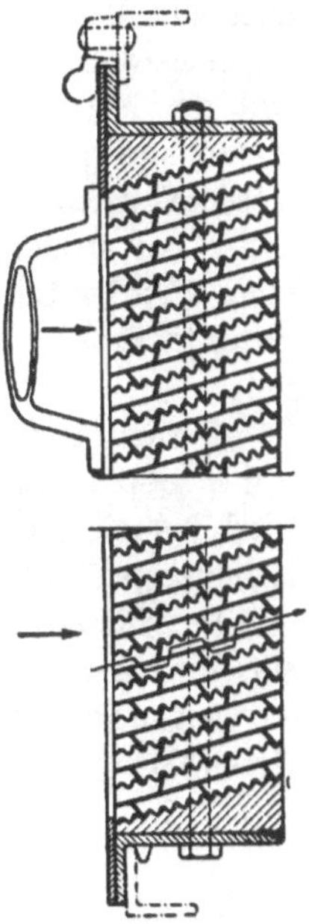

Fig. 105. Plattenzelle eines G.L.G.-Filters. (Gesellschaft für Luft- und Gasfilter, Berlin W 30.)

4. Möller-Zellen-Filter.

Dieses Filtersystem besteht in wellenartig aufeinandergelegten Blechen (vgl. Fig. 106), durch welche abwechselnd Verengungen und Erweiterugen gebildet werden. Diese bewirken Geschwindigkeits-zu- und Abnahme der Luft und damit eine Ablagerung des Staubes.

Wie schon erwähnt, müssen alle in diesem Abschnitt VI, 2b beschriebenen Filter, je nach dem

Fig. 106. Luftfilter mit gewellten Blechen. (K. & Th. Möller, Brackwede i. W.)

Staubanfall in kürzeren oder längeren Pausen einer Reinigung unterzogen werden. Dies ist ein Vorgang, der immerhin besonders bei größeren Anlagen Mühe und Zeit kostet und eine Arbeit darstellt, die nur ungern ausgeführt wird. Es war daher naheliegend, daß man diesen Vorgang automatisierte. Nach Ansicht des Verfassers kommen daher bei größerem Staubanfall und für größere Filterleistungen von etwa 15 m^3/s Luftdurchgang an vorzugsweise automatisch reinigende Filter in Frage, wie sie in einigen Ausführungsarten beschrieben werden sollen.

Derartige Filter sind naturgemäß in der Beschaffung teurer als die bisher beschriebenen Arten. Dieser Mehrbetrag bei der Beschaffung wird jedoch durch den Fortfall der sonst fast täglich notwendigen Reinigungsarbeit nach kurzer Betriebszeit ausgeglichen.

In Hütten- und Walzwerken, in der Kohlenindustrie und in den Maschinenzentralen der Großkraftwerke, die meist mit großen Luftmengen und hohem Staubanfall zu rechnen haben, geht man aus diesen Gründen mehr und mehr zu selbstreinigenden Filterarten über.

c) Bewegliche selbstreinigende Prallfilter.

1. Möller-Filter. (Phoenix)

Ein drehbares selbstreinigendes Filter wird in Fig. 107 dargestellt.

Fig. 107. Umlaufende Luftfilter. (K. & Th. Möller, Brackwede i. W.)

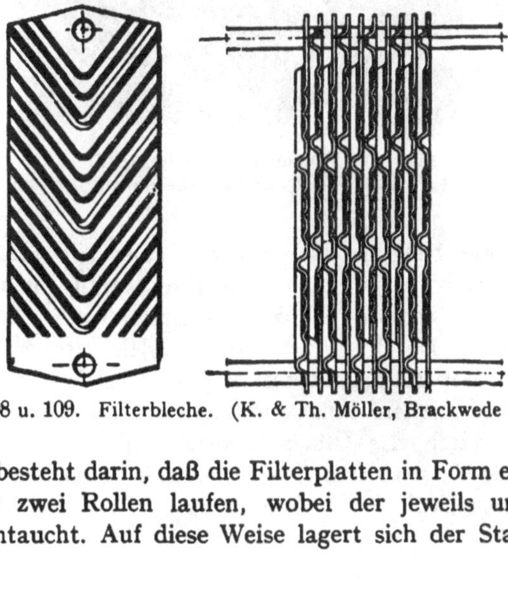

Fig. 108 u. 109. Filterbleche. (K. & Th. Möller, Brackwede i. W.)

Das System besteht darin, daß die Filterplatten in Form eines endlosen Bandes über zwei Rollen laufen, wobei der jeweils untere Teil in ein Ölbad eintaucht. Auf diese Weise lagert sich der Staub, der dem niedergehenden, der Rohluft ausgesetztem Bandteil anhaftet, im Ölbad ab, während das in der Reinluft aufsteigende Band vom Staub befreit und neubenetzt sich nach oben bewegt.

Die Bewegung des Filters kann durch ein Übersetzungsgetriebe von Hand mittels Kurbel oder mittels Elektromotors erfolgen.

Die Ausführungsart der Filterbleche zeigen Fig. 108 und 109.

2. Bewegliches Bartelfilter.

Ähnlich dem früher erwähnten Stufensystem im feststehenden

Fig. 110. Drehbares Metallband-Filter.
(W. Bartel, Luftfilterbau, Berlin-Steglitz.)

Filter wurde ein bewegliches Filter mit einer Art Stufensystem geschaffen. Es werden, je nach dem Staubanfall, mehrere drehbare Filterbänder als endlose Bänder, hintereinandergeschaltet. Durch Drehung mittels Handrads oder durch elektromotorischen Antrieb wird infolge einer Zahnradübersetzung das vordere Filterband I am schnellsten, das mittlere langsamer und das hintere am langsamsten gedreht und durch das Ölbad bewegt. Auf diese Weise wird das Band, das der Verschmutzung am stärksten ausgesetzt ist, am häufigsten gereinigt (vgl. Fig. 110 u. 111).

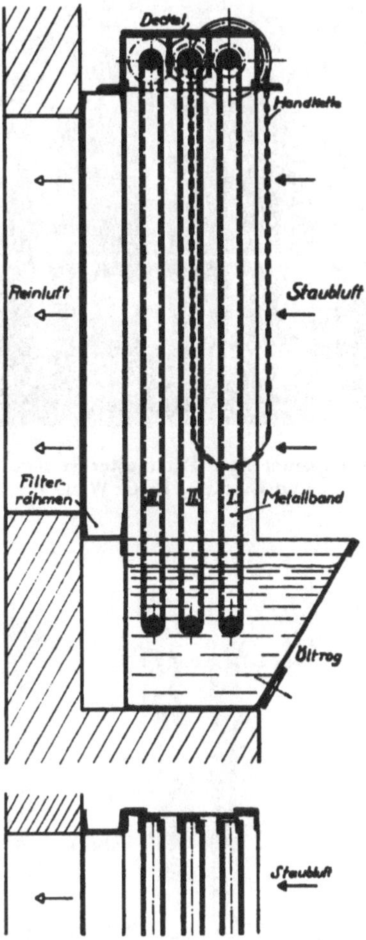

Fig. 111. Schematische Darstellung des drehbaren Metallband-Filters. (W. Bartel, Luftfilterbau, Berlin-Steglitz.)

3. Bewegliches GLG.-Filter.

In einem anderen Fall des automatischen Filters ist das Paternostersystem zur Anwendung gebracht. Bekanntlich arbeitet der Paternoster (Fahrstuhl) nach dem Kastensystem, bei welchem sich jeder Kasten bei der Auf- und Abwärtsfahrt ohne Frontwechsel bewegt. Durch Verwertung dieser Methode wird es auch bei dem Filter ermöglicht, die Drehrichtung so vorzunehmen, daß die Filterfläche nach der Neubenetzung im Rohluftraum nicht im Reinluftraum aufsteigt (vgl. Fig.112 u. 113). Hierdurch soll ein Mitreißen von Öl in den Reinluftraum, was z. B. für elektrische Maschinen Störungen verursachen kann, vermieden

Fig. 112. Umlaufendes Luftfilter nach Paternoster-System. (Gesellschaft für Luft- und Gasfilter, Berlin W. 30.)

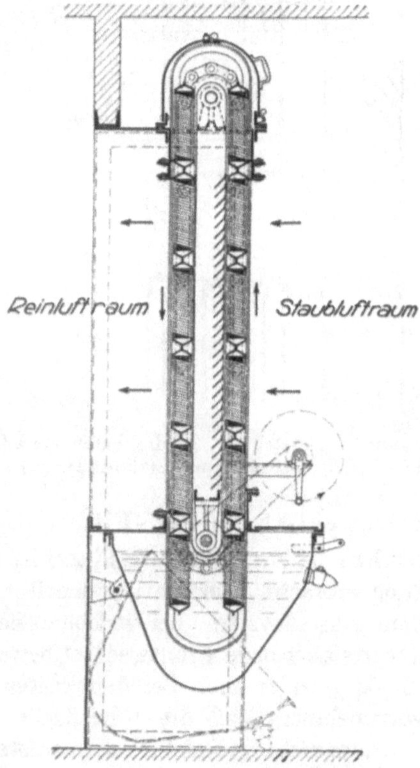

Fig. 113. Schematische Darstellung des Paternoster-Luftfilters. (Gesellschaft f. Luft- und Gasfilter, Berlin W. 30.)

werden. Die horizontale Abdichtung zwischen den einzelnen Filterkästen erfolgt durch schleifende Bürsten.

4. Bewegliches Schirp-Filter.

Bei diesem Filtersystem (vgl. Fig. 114) ist nur eine Wand mit Filterzellen besetzt. In der gleichen Zeit, in welcher sich diese Wand

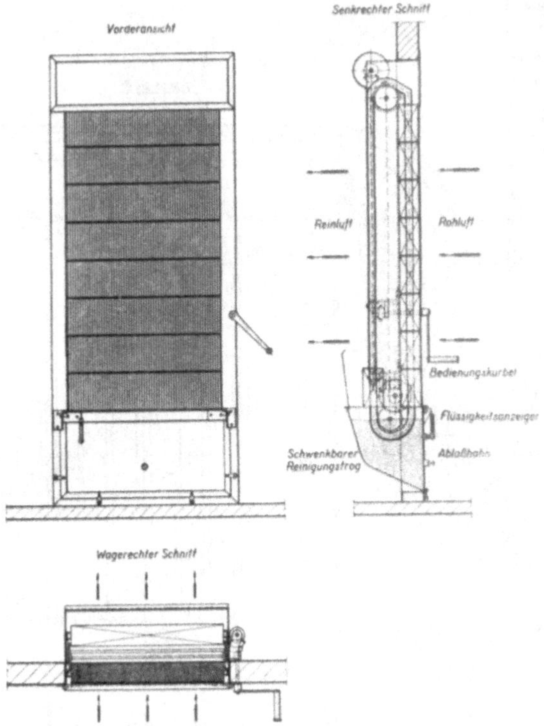

Fig. 114. Schirp-Drehfilter.

um eine Filterzelle senkt und diese Zelle durch ein Ölbad in die hintere Reservestellung rückt, bewegt sich die frisch gereinigte Zelle mittels Ketten nach oben in die Filterwand. Die Bewegung erfolgt durch Kurbeldrehung,

d) Selbstreinigende Stoffilter.

Beth-Filter.

Für große Mengen auch feinster Staubart können selbstreinigende Stoffilter verwendet werden.

Die Reinigung der Staubluft erfolgt hier in einer Anzahl sogen. Schlauchfilter, das sind hohle aus Filterstoff bestehende, nur unten offene Schläuche, in deren Hohlraum die Staubluft eintritt.

Das Prinzip des Filters besteht darin, daß abwechselnd eine der Gruppen von Schläuchen in Arbeitsstellung steht, d. h. Staubluft durch die Saugwirkung eines Hauptlüfters aus der Rohrleitung aufnimmt, während eine zweite Gruppe der Reinigung unterliegt. Diese

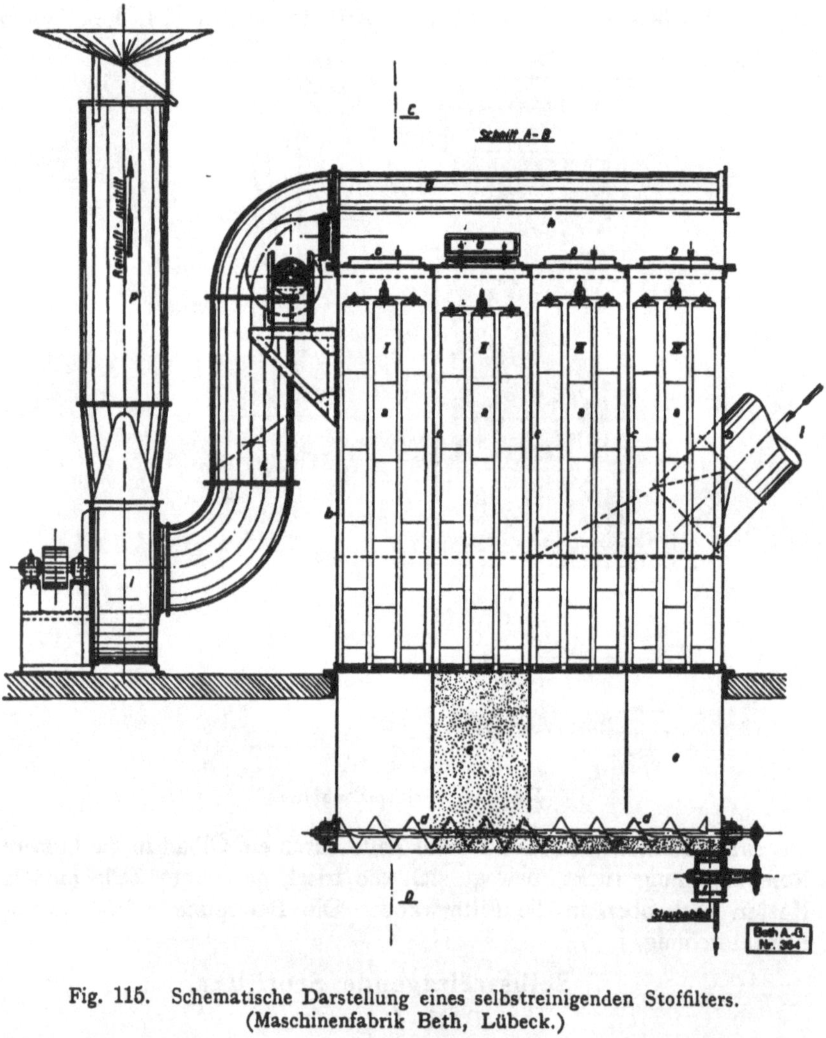

Fig. 115. Schematische Darstellung eines selbstreinigenden Stoffilters. (Maschinenfabrik Beth, Lübeck.)

erfolgt durch gleichzeitige Betätigung einer Schüttelvorrichtung und eines besonderen Spüllüfters, der den Schlauch nunmehr von außen her unter Druckluft setzt, und somit den durch die Schüttelvorrichtung gelösten Staub nach unten in einen Trichter drückt. Hier sorgt

Fig. 116. Bunker-Entstaubung in einem Kraftwerk mit Beth-Filter.

Fig. 117. Staubabscheider mit Abklopfvorrichtung. (Graue, Langenhagen bei Hannover)

eine Transportschnecke für die Abbeförderung des Staubes in einen Behälter (vgl. Fig. 115 u. 116). Die gesamte Filtereinrichtung ist von einem Eisengehäuse umgeben und dadurch die Brandgefahr verringert.

e) Halbautomatische Stoffilter.

1. Graue-Filter.

Ein gewissermaßen halbautomatisches Stoffilter ebenfalls für größere Mengen auch feiner Staubart ist das Filter nach Fig. 117.

Das System dieses Filters beruht auf einer Entstaubung mittels Prallplatten und stoffbespannter Rahmen mit einer Klopfeinrichtung, die von Zeit zu Zeit durch Einschaltung eines Motors unter Ausschaltung des Sauglüfters den Staub von dem Stoffilterrahmen in einen darunter stehenden Trichter abschüttelt. Das Filter ist ebenfalls in ein Eisengehäuse eingebaut.

2. Winterfeld-Filter.

Ein kleineres Staubfilter, wie es sich z. B. zur Absaugung des

Fig. 118. Staubsauger mit Filter. (Franz Winterfeldt, Berlin-Tempelhof.)

Schmirgelstaubes einer Reihe von Schleifmaschinen eignet, ist in Fig. 118 dargestellt. Der Staub wird mittels eines Mitteldrucklüfters durch ein Schlauchfilter angesaugt und periodisch durch Handbetätigung in einen darunter befindlichen Kasten abgeschüttelt. Die gereinigte Luft kann in den Raum zurücktreten.

f) Säureabscheider.

1. Afa-Abscheider.

E inen Säureabscheider z. B. für Schwefelsäure, wie er hauptsächlich für die Abluft von Akkumulatoren-Räumen Verwendung findet, zeigt Fig. 119 u. 120.

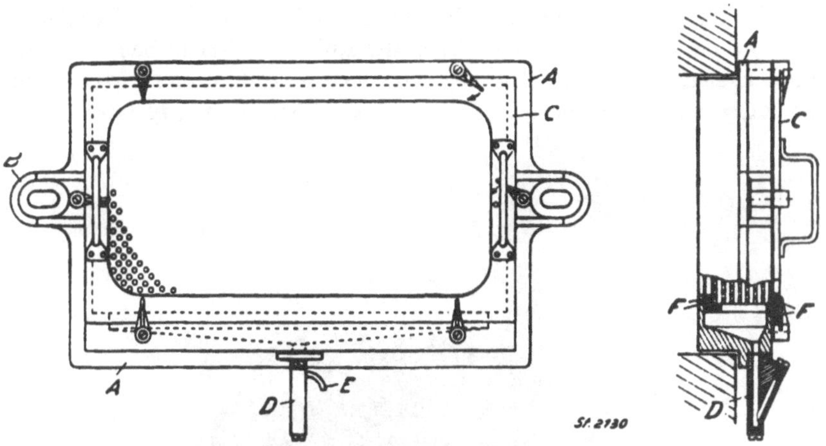

Fig. 119. Säureabscheider.
(Akkumulatoren-Fabrik Aktiengesellschaft, Berlin SW 11.)

A Rahmen
B Befestigungsansatz
C Einsatz
D Abfluß
E Ablaufröhr
F Gummiringe

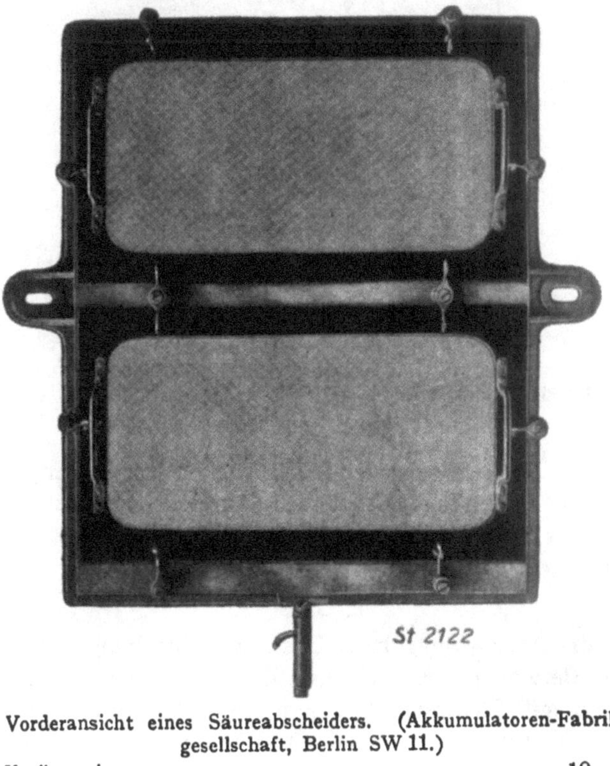

Fig. 120. Vorderansicht eines Säureabscheiders. (Akkumulatoren-Fabrik Aktiengesellschaft, Berlin SW 11.)

Er besteht aus einem Hartbleirahmen, in dem durchlochte Bleibleche angeordnet sind, durch welche die in der Luft enthaltenen Säureteilchen zurückgehalten werden. Die abgeschiedene Säureflüssigkeit tritt in ein darunter anzuordnendes Gefäß aus Glas, Blei, Steinzeug oder Hart-

Fig. 121. Kondensationstürme für saure Gase. (Deutsche Ton- & Steinzeugwerke, Berlin-Charlottenburg 2.)

gummi aus. Nach Angabe der Lieferfirma soll eine weitgehende Abscheidung der in der Luft enthaltenen Säureteilchen durch dieses Gerät erfolgen, sodaß die Luft ohne Belästigung der Nachbarschaft ins Freie abgeführt werden kann.

2. Gasfilter.

Für die Abscheidung bzw. Unschädlichmachung der sauren Abgase von Beizereien (vgl. Abschn. XII, 3 a) dienen Kondensationstürme, die mit Steinzeugfüllkörpern ausgesetzt sind und mit einer Berieselungseinrichtung für alkalische Lösung arbeiten (vgl. Fig. 121).

Fig. 122. Keimfilter. (K. & Th. Möller, Brackwede i. W.)

g) Keimfilter.

1. Möller-Keimfilter.

Die Keimfilter dienen zur Befreiung der Luft von schädlichen Keimen. Sie können also Verwendung finden für Gärkeller in Brauereien, in der Hefefabrikation und zu sonstigen Zwecken im Nahrungsmittelgewerbe, aber auch für Operationsräume in Krankenhäusern.

Die Luft wird bei diesem Filter durch einen für Keime undurchlässigen Tuchstoff gedrückt und durch eine besondere Sterilisierungsvorrichtung, in welcher Formaldehyd verdampft, von etwaigen Bakterien befreit und gleichzeitig auf Raumtemperatur vorgewärmt (vgl. Fig. 122).

Die Abscheidung von Keimen soll bei diesem Filter derartig groß

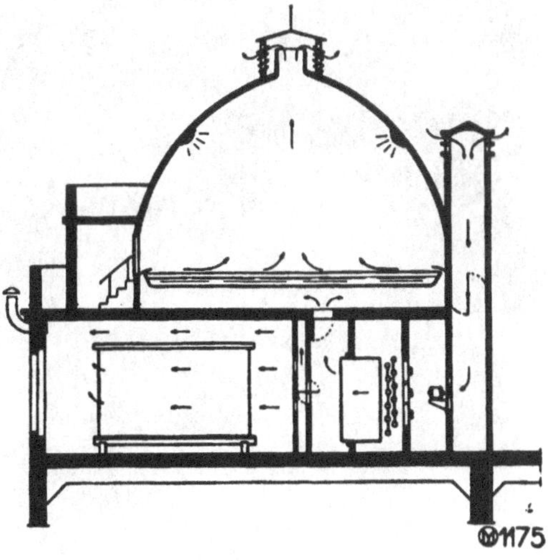

Fig. 123. Keimfilteranlage für Kühlschiff und Kühlerraum in einer Brauerei. (K. & Th. Möller, Brackwede i. W.)

Fig. 124. Doppel-Schrägstrom-Luftfilter als Keimfilter. (Deutsche Luftfilter-Baugesellschaft, Berlin-Halensee.)

sein, daß bei Durchführung der vom Filter gereinigten Luft durch einen Nährboden eine Befruchtung bzw. ein Wachstum nicht eintritt. Anordnung einer Keimfilteranlage in einer Brauerei zeigt Fig. 123.

2. Delbag-Keimfilter.

In anderer Weise wird die Luft entkeimt durch das Keimfilter Fig. 124. Dies besteht aus einem gröberen Vorfilter und einem dichteren Nachfilter, beide mit Raschig-Ringen, die mit einer keimtötenden Flüssigkeit benetzt sind. Sämtliche luftberührten Teile sind verkupfert.

Fig. 125. Luftwäscher. (Berventulo, Berlin W 62.)

h) Luftwäscher.

Der Luftwäscher Fig. 125, der gleichzeitig als Kühler, Ent- und Befeuchter wirkt, dient durch seine Wasserberieselung auch als Luftreiniger, durch den der größte Teil der staubförmigen Verunreinigungen der Luft abgeschieden wird (vgl. Abschn. V, 2 a).

i) Elektrofilter.

Die Wirkung der Elektrofilter beruht auf der Eigenschaft hochgespannten Gleichstromes, die in einem Gase befindlichen Gasmoleküle und Staubteilchen elektrisch aufzuladen. Diese Aufladung erfolgt durch die Ausströmung einer negativ geladenen Sprühelektrode, d. i. ein Rohrrahmen mit glatten Drähten oder Bändern. Die Abscheidung geschieht durch die Anziehung der gegenpoligen Niederschlagselektrode aus Blech oder engmaschigem Drahtnetz, von der die abgeschiedenen Teilchen abfallen oder gegebenenfalls durch eine Schüttelvorrichtung abgeklopft werden. Die Sammlung des gesamten Staubes erfolgt alsdann in einem unter den Elektroden angeordnetem Trichter oder Schneckengraben (vgl. Fig. 126).

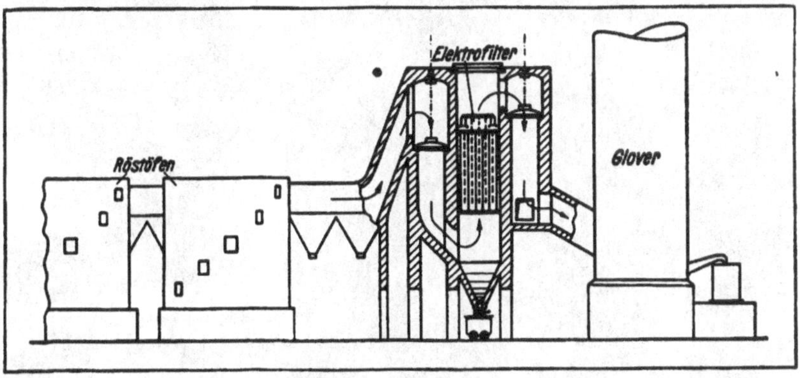

Fig. 126. Schema einer Elektrofilteranlage.

Die wesentlichen Bestandteile einer solchen Einrichtung sind die Hochspannungserzeugungsanlagen und die Filterausrüstung. Die Hochspannungserzeugungsanlage besteht in der Hauptsache aus dem Transformator zur Umwandlung des vorhandenen Netzstromes in hochgespannten Wechselstrom und einem meist mechanischen Gleichrichter, angetrieben durch einen Synchron-Elektromotor, der zur Umwandlung des Wechselstroms in Gleichstrom dient.

Zur Elektrofilterausrüstung gehören im wesentlichen die erwähnten isoliert eingebauten Sprühelektroden, die geerdeten Niederschlagselektroden und die Erschütterungsvorrichtung.

Der im Betrieb zur Verwendung kommende Gleichstrom hat eine Spannung von 50—70000 Volt, jedoch bei einer geringen Stromstärke von etwa 0,01—0,5 Amp. Fig. 127 zeigt eine solche Anlage in Ansicht. Mit einem Elektrofilter können fast alle Staubarten, auch diejenigen feinster Körnung sowie Beimengungen in Rauchgasen abgeschieden werden.

Der anfallende Staub kann ohne weiteres zu irgendwelchen anderen Zwecken wieder verwendet werden.

In Anbetracht der umfangreichen elektrischen Apparate und Ausrüstungen sind derartige Filter im Beschaffungspreis meist teurer als

Fig. 127. Gleichrichter-Anlage für ein großes Elektrofilter. (Siemens-Schuckertwerke, Berlin-Siemensstadt.)

die vorher genannten. Sie kommen daher hauptsächlich dann in Frage, wenn die anderen Filterarten versagen, wertvolle Stoffe wiederzugewinnen sind oder wenn es sich um die Notwendigkeit einer sehr weitgehenden Staubabscheidung handelt. Hervorzuheben ist der geringe Luftwiderstand und die Möglichkeit, auch heiße Luft oder Gase zu reinigen.

Die Bedienung der Elektrofilter ist als durchaus einfach anzusprechen. Eine besondere Reinigung wie bei den vorher erwähnten Filtern ist nicht erforderlich.

Der Kraftbedarf ist außerordentlich klein und dürfte kaum ins Gewicht fallen.

3. Lüfter und Luftfilter.

Es ist oftmals die Frage, ob das Filter auf der Saugseite oder auf der Druckseite des die Staubluft fördernden Lüfters angeordnet werden soll. In der Regel ist der Anbau des Filters auf der Saugseite zu bevorzugen aus dem Grunde, weil auf diese Weise auch bei ungünstiger Anordnung eine gleichmäßigere Belastung der gesamten Filterfläche vor-

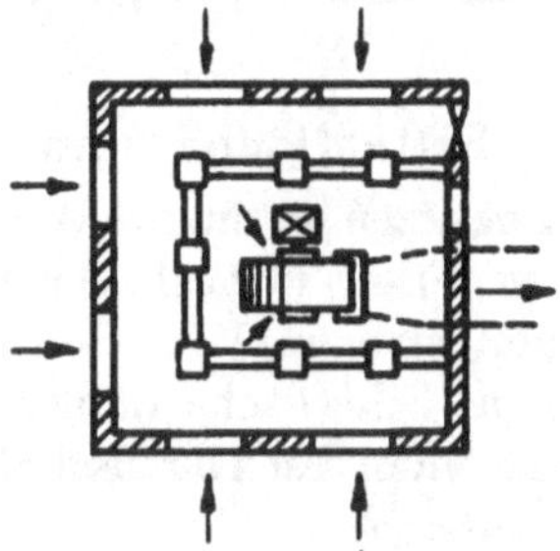

Fig. 128. Anordnung des Luftfilters auf Saugseite.

liegt. Trotzdem kann der Einbau auch auf der Druckseite erfolgen, es muß nur dann dafür gesorgt werden, daß der Übergang zwischen dem Druckstutzen und dem Filter so allmählich wie möglich erfolgt, am besten durch einen Diffusor, dessen Steigung etwa 15° nicht überschreiten soll. Ist das nicht möglich, so sind im Diffusor Leitbleche vorzusehen.

Wird das Filter auf der Saugseite aufgestellt, dann erfolgt die Anordnung etwa nach Fig. 128. Das Filter wird z. B. in Rechteckform angeordnet mit einer nach dem Luftkanal zu geschlossenen Seite. In

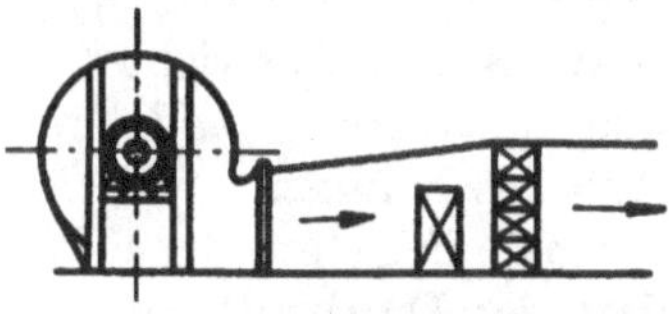

Fig. 129. Anordnung des Luftfilters auf Druckseite.

der Mitte des Rechtecks wird der in diesem Falle meist zweiseitig saugend zu wählende Lüfter aufgestellt.

Bei den Filtern b, 1—4 u. c, 1—4 muß auf der Rohluftseite ein begehbarer Gang von mindestens $1^1/_2$—2 m Breite geschaffen werden, dessen Außenwände mit Jalousieklappen zu versehen sind, die das Filter vor Wind und Wetter schützen.

Man nennt die Seite zwischen Filter und Außenwand die Rohluftseite, die innere die Reinluftseite der Filteranlage. Der umlaufende Gang ist gleichzeitig erforderlich zum Herausnehmen der Filterzellen zwecks Reinigung und Auswechslung.

Es gibt noch eine große Anzahl anderer Anordnungsmöglichkeiten für Filter, jedoch muß in allen Fällen darauf Bedacht genommen werden, daß ein möglichst ungehinderter Luftzutritt zu allen Teilen des Filters erfolgt.

Die Ausführung auf der Druckseite kann nach Fig. 129 vorgenommen werden, bei welcher vor dem Filter, also auf der Rohluftseite, ein Zugang oder neben dem Filter ein Durchgang zum Rohluftraum geschaffen werden muß.

4. Bestimmung der Filterfläche und des Widerstandes.

Die einzelnen Filter besitzen bestimmte Werte für die zweckmäßigste Belastungsfähigkeit ihrer Filter je nach der Eigenart ihrer Systeme.

Im allgemeinen kann man wohl für Stoffilter eine Belastung von etwa 0,03 m^3/s Luft je m^2 Filterfläche wählen.

Für Prallfilter rechnet man im Durchschnitt mit einer Belastung von 1—2 m^3/s je m^2 Filterfläche.

Bei den durch diese Belastung gebildeten Geschwindigkeiten ergibt sich bei den einzelnen Filterarten ein gewisser Luftwiderstand, der sich unter Berücksichtigung gleichmäßigen Luftdurchgangs und eines neuen oder gut gereinigten Filters wie folgt darstellt:

			Im Betriebe steigend
Feststehende	Stoffilter	10 mm WS	bis etwa 20
„	Prallfilter	8—10 „ „	„ „ 15
bewegliche	Stoffilter	50 „ „	„ „ 100
„	Prallfilter	8—10 „ „	„ „ 12
	Elektrofilter	3— 5 „ „	— — —
	Säureabscheider	5—30 „ „	— — —

Der Luftwiderstand der Wäscher richtet sich nach der Zahl der zur Verwendung gelangenden Düsen und Tropfenfänger und dürfte sich auf wenige mm WS beschränken.

Erhöht man die normale Belastung der Filter, so wächst der Widerstand mit dem Quadrat der Durchtrittsgeschwindigkeit. Dieser Fall kann sich ereignen, wenn sich infolge Raummangels nur eine kleinere Filterfläche unterbringen läßt.

5. Anwendungsgebiete.

Die Verwendung der Filter kann für alle Lufterneuerungsanlagen bzw. Lufterwärmungs- und Luftkühlanlagen, wie sie in Abschn. II bis V besprochen sind und zum Teil auch für Entstaubungsanlagen Abschn. XI in Frage kommen. In erster Linie werden sie nötig sein zur Belüftung von elektrischen Zentralen, sowie in allen staubigen Betrieben, wie Walzwerken, Gießereien, Zementfabriken, chemischen Betrieben usw. dann in Theatern und Gaststätten, Schulen, Museen und in vielen anderen Fällen.

Abschnitt VII.

Entnebelungsanlagen.

1. Wirkungsweise.

Nebel, wie er hier gemeint ist, besteht aus einer wolkenartig zusammengefaßten Menge von kleinen Wassertropfen. Er entsteht in einem Raum, wenn die Luft ganz oder teilweise mit Wasserdampf übersättigt ist, also $\varphi \geqq 1$ ist. Der Wasserdampf ist gewissermaßen unterkühlt, da seine Temperatur niedriger ist als die zur Aufnahme der Tröpfchen noch erforderliche Sättigungstemperatur. Daraus geht hervor, daß eine weitere Abkühlung des schon unterkühlten Wasserdampfes nicht erfolgen darf, sondern zum Zwecke der Entfeuchtung bzw. Entnebelung warme Luft zugeführt werden muß. (Vgl. Abschn. I 3 c u. d.)

Nun aber verschwindet praktisch der Nebel erst dann, wenn die Sättigungstemperatur nicht erreicht, sondern überschritten wird. Hierzu ist erforderlich, daß mit der zugeführten warmen Luft nicht nur eine Temperaturerhöhung, sondern auch eine Wasseraufnahme erfolgen kann.

Eine Entnebelungsanlage kann daher nur wirken, wenn warme und trockene Luft eingeführt wird, die in der Temperatur über der mittleren Raumtemperatur liegt und noch ein genügendes Sättigungsdefizit besitzt, um den überschüssigen Wasserdampf aufzunehmen. Der dauernden Luftzufuhr entsprechend muß aber auch eine ständige Abführung des so entstandenen Dampfluftgemisches erfolgen. In allen Fällen ist für eine gute Durchwirbelung der Raumluft zu sorgen.

Jede Entnebelungsanlage besteht daher aus zwei getrennten Einrichtungen, der Warmluftzuführungsanlage und der Absaugeanlage für das Dampfluftgemisch.

Man sollte annehmen, daß als Lüftungssystem zweckmäßig die Drucklüftung zu wählen sei, bei welcher ein kleiner Überdruck im Raum entsteht, der etwaige durch Undichtigkeiten von Türen und Fenstern eintretende kühlere Luft zurückhält, um Niederschläge an unerwünschten Stellen zu verhindern. Hiergegen spricht jedoch die durch den Überfluß von warmer Zuluft entstehende Zunahme der Wärme auch an tieferen Stellen im Raume. Eine Sauglüftung (vgl. Abschn. II, 2 b) würde zwar diesen Nachteil ausschließen, bringt aber wieder die Gefahr der Kondensation und Zugbildung in der Nähe der Wände und insbesondere der Türen und Fenster mit sich. Sie dürfte daher nur für gut isolierte Räume und solche Fälle zu empfehlen sein, in denen eine Sauglüftung aus anderen Gründen am Platze ist, z. B. in Großküchen. Sonst wird man am besten die ausgeglichene Lüftung wählen und gleichzeitig für einen hohen Luftwechsel Sorge tragen. (Vgl. Abschn. II 2 c.)

Hierbei soll jedoch betont werden, daß in Räumen, in welchen die Nebelbildung lediglich durch das Ausströmen von Dampf aus einzelnen Teilen von Maschinen, z. B. aus der Stopfbuchse oder durch ähnliche Vorgänge entsteht, durchaus nicht eine Entnebelungsanlage notwendig ist. In solchen Fällen genügt es lediglich, den Dampf an der Entstehungsstelle durch einen Sauglüfter zu erfassen und auf diese Weise das Dampfluftgemisch zu entfernen. Hierher gehört auch die Lüftung von kleinen Küchen, wie sie in Abschn. II besprochen wurde.

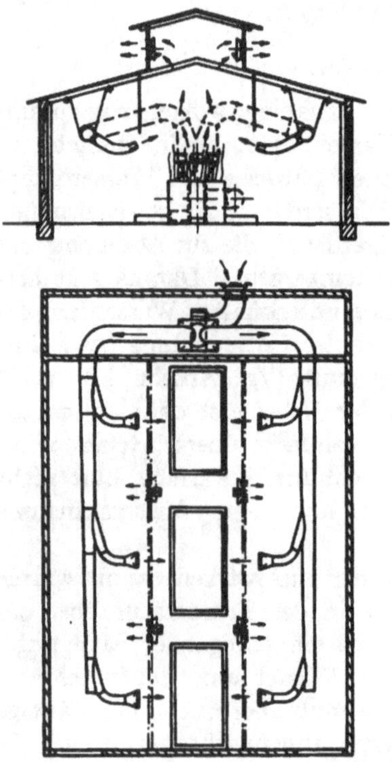

Fig. 130. Schema einer Entnebelungsanlage mit zentraler Luftzuführung.

2. Ausführungsformen.

Die Einführung der vorgewärmten Luft bei Entnebelungsanlagen muß in allen Fällen im unteren oder mittleren Teil des Raumes erfolgen, und zwar möglichst in der Nähe derjenigen Stellen, an welchen die Wasserdampfbildung vor sich geht.

Als Wärmemittel können für die Erwärmung der Zuluft Dampf, Warmwasser, elektrischer Strom oder heiße Abgase dienen. Es kann auch irgendwelche Warmluft z. B. von elektrischen Maschinen verwendet werden, solange sie genügend trocken ist. Alle Lüfter und Rohrleitungen sind zweckmäßig aus verzinktem Eisenblech herzustellen. Die Abführung des Dampfluftgemisches hat auf dem kürzesten Wege zu erfolgen.

a) Zentrale Luftzuführung.

Fig. 130 zeigt eine Ausführungsform. Zu beiden Seiten des Raumes wird eine Rohrleitung an den Wänden entlanggeführt, aus welcher die warme Luft schräg nach oben in den Raum tritt. Es wird sich im allgemeinen diese Luftaustrittsrichtung empfehlen, da es nicht erwünscht ist, die immerhin hocherwärmte Luft in die Nähe des Arbeitspersonals zu bringen. Andererseits wird auf diese Weise die Warmluft in die aufsteigende Wasserdampfschicht eingeführt und hierdurch deren Aufnahme erleichtert.

In der Mitte des Raumes wird das Dampfluftgemisch durch Auftrieb oder besser durch Unterstützung von vertikal oder horizontal einzubauenden Schraubenlüftern in die Laterne gesaugt und ins Freie befördert. Diese Ausführungsform ist allerdings nur bei nicht hohen Räumen zu empfehlen. Sonst muß die Laterne nach unten durch Schürzen verlängert werden.

b) Einzelheizgeräte.

Eine andere Ausführungsform zeigt Fig. 131. Statt einer Warmluftrohrleitung können, wie in diesem Bilde gezeigt, einzelne Heizgeräte

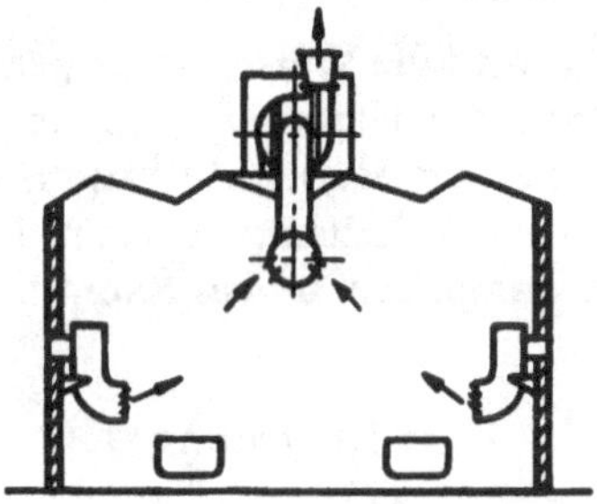

Fig. 131. Schema einer Entnebelungsanlage mit Einzelheizgeräten.

(vgl. Abschn. III), welche Frischluft von außen ansaugen, und sie erwärmt dem Raume zuführen, vorgesehen werden. In der Mitte kann alsdann ein Rohr verlegt werden, welches die Abluft zu einem im Dachgeschoß befindlichen Lüfter führt.

3. Berechnungsart.

Die Vernebelung eines Raumes entsteht in der Regel durch Wasserdampfabgabe siedender oder verdunstender Wasserflächen. Diese Flächen sind ihrer Größe und Temperatur nach gegeben. Alsdann kann zunächst die Daltonsche Formel als Erfahrungsformel für die Bestimmung der sich bildenden Wasserdampfmenge eine gewisse Grundlage geben, wenn auch die Exaktheit dieser Formel umstritten ist.

Nach dieser ist die Wasseraufnahme proportional der Differenz zwischen der Sättigungsspannung bei der Temperatur des verdunstenden Wassers und der Dampfspannung der umgebenden Luft und proportional der Quadratwurzel aus der Luftgeschwindigkeit [1]).

$$Wa = \frac{F \cdot 45{,}6 \cdot c\,(S_1 - S_2)}{B}$$

[1]) Vgl. Recknagels Ges.-Kalender 1930 R. Oldenbourg, München und Rietschel, Leitfaden für Heizung und Lüftung 1930 J. Springer, Berlin.

Hierin ist F = Oberfläche in m²,
Wa = zu verdunstende Wassermenge in kg/h,
S_1 = maximale Spannung des Wasserdampfes bei der Temperatur des verdunstenden Wassers in mm *Q. S.*,
S_2 = Dampfspannung der umgebenden Luft bzw. des Dampfes der feuchten Luft in mm *Q. S.*,
B = Barometerstand in mm *Q. S.*,
c = 0,55 für ruhende Luft,
c = 0,71 für mäßig bewegte Luft,
c = 0,86 für stark bewegte Luft.

In anderen Fällen wird die Wassermenge genauer zu errechnen sein durch den Unterschied des Gewichtes von nassen und getrockneten Materialen, so z. B. bei der Papierfabrikation, bei welcher das Rohpapier eine gewisse Feuchtigkeitsmenge beim Passieren der Trockenpartie verliert, die in Dampfform in den Raum tritt.

a) Luftmenge.

Nachdem die verdunstende Wassermenge festgestellt ist, ergibt sich die Luftmenge, wie folgt,

es seien:

x_0, t_0 die absolute Feuchtigkeit und die Temperatur der Außenluft,
t_1 Temperatur der erwärmten Außenluft (Zuluft),
x_2, t_2 die entsprechenden Zustandsgrößen der Abluft,
Wa die verdunstende Wassermenge in kg/h,
G das Luftgewicht in kg/h, das einzuführen ist.

Der Wert x_0 ist immer gegeben und ist bei deutschen Verhältnissen für eine relative Feuchtigkeit von 70 bis 80 %, entsprechend der Temperatur t_0 aus der Tabelle 1 zu entnehmen. Der Wert x_2 ist variabel. Man weiß wohl aus Erfahrung, daß man nur eine Sättigung der Abluft von max 90% erreicht, dagegen ist die Temperatur t_2 unbekannt. Diese hängt von der Erwärmung $t_1 - t_0$ ab, welche man der Außenluft gibt, um ihre relative Feuchtigkeit zu vermindern und damit das Sättigungsdefizit zu vergrößern. Infolge der unvermeidlichen Wärmeabgabe der Maschinen bzw. Gefäße mit ihren hohen Temperaturen und der Dampfwärme wird meist die Abluft $t_2 > t_1$ werden. Mit steigendem t_1 wird aber nicht nur die Abluft-, sondern auch die Raumtemperatur zunehmen, was für die Behaglichkeit der im Raum beschäftigten Menschen unerwünscht ist. Aus diesem Grunde empfiehlt es sich, die Temperatur t_1 nur um wenige Grad über der mittleren Raumtemperatur t_R zu wählen,

$$\text{also etwa} \quad t_1 = t_R + 5$$

und dann die nötige Luftmenge nach dem zur Verfügung stehenden Sättigungsdefizit zu bestimmen.

Wenn x'_1 die Wassermenge der auf t_1 erwärmten Außenluft bei voller Sättigung bedeutet (vgl. Abschn. I 3 c),

$$\text{ist } x'_1 - x_0 = Sd$$

d. i. Sättigungsdefizit von 1 kg Außenluft von t_0 auf t_1^0 erwärmt.

Alsdann wird das Gewicht der einzuführenden Frischluft

$$G \text{ kg/h} = \frac{W_a}{0{,}9\, x'_1 - x_0}$$

unter Annahme einer erreichten Sättigung von 90%.

Entsprechend der ausgeglichenen Lüftung ist dasselbe Luftgewicht auch abzuführen.

Allgemein wird bemerkt, daß diese Berechnung der Luftmenge immer nur als Grundlage anzusehen ist, die nicht unterschritten werden darf.

Es ist immer zweckmäßig eine Kontrolle am Luftwechsel bezogen auf den zu entnebelnden Raum vorzunehmen. Dieser soll bei industriellen Anlagen, wie Färbereien, Waschanstalten usw. mindestens 15 bis 20 betragen, um eine gute Durchwirbelung im ganzen Raum zu erzielen, welche die Behaglichkeit erhöht und die Kondensationsgefahr vermindert.

Bei Küchen und Badeanstalten wird man einen 10—15 fachen Luftwechsel nicht überschreiten.

Allgemein kann als Regel gelten, daß eine Erhöhung der Luftmenge einer Temperaturerhöhung vorzuziehen ist.

b) Lufterwärmung.

Die sich so ergebende Luftmenge muß durch Lufterhitzer erwärmt werden. Diese Lufterhitzer müssen für den ungünstigsten Fall bemessen sein, also für den Winter unter Zugrundelegung der tiefsten Außentemperatur. Etwaige Transmissionsverluste im Winter müssen, soweit nicht die Apparate selbst ausreichen, durch örtliche Heizflächen gedeckt werden. Die Erwärmung der Frischluft hat alsdann bis auf t_1^0 zu erfolgen. Hieraus ergibt sich die Wärmeleistung des vorzusehenden Erhitzers mit:

$$Q = G \cdot c_p (t_1 - t_0) \quad \text{(vgl. S. 21).}$$

Zum besseren Verständnis soll das nachfolgende Beispiel durchgerechnet werden:

Die Nettoproduktion einer Papiermaschine betrage 10 000 kg je 24 Std. Ausschuß = 10%. Wassergehalt des fertigen Papiers soll 5% betragen. Vor Eintritt in die Trockenpartie habe das Papier einen Trockengehalt von nur 35%.

Welches Luftgewicht G und welche Heizleistung ist zur Entnebelung des Raumes erforderlich?

1. Verdampfte Wassermenge: 1 kg Naßpapier enthält 0,35 kg Trockenpapier, mithin zur Herstellung von 1 kg Trockenpapier $\frac{1}{0,35}$ kg Naßpapier erforderlich.
   Da 5% Wasser im Fertigpapier enthalten sein sollen, ergibt sich die verdampfende Wassermenge zu $2,86 \cdot 0.95 - 1 = 1,72$ kg je kg-Papier.
   Insgesamt sind herzustellen 10 000 kg
   Zuschlag für Ausschuß + 1 000 kg
   = 11 000 kg Fertigpapier, also werden verdampft
   $$Wa = \frac{1.72 \cdot 11\,000}{24} = 790 \text{ kg/h}.$$

2. Luftmenge: Bei 20° und 70% Feuchtigkeit derAußenluft sowie einer Erwärmung auf 35° ergibt sich nach der Formel
   $$G = \frac{W_a}{0,9 x_1' - x_0}$$
   ein Sättigungsdefizit von 0,025 kg/kg, mithin
   $$G = \frac{790}{0,025} \sim 31\,500 \text{ kg/h}.$$

3. Lufterwärmung: Es wird angenommen, daß die Anlage das ganze Jahr hindurch in Betrieb stehen soll, so daß eine tiefste Außentemperatur von —15° einzusetzen ist. Dann ergibt sich die Wärmeleistung des Lufterhitzers zu
   $$Q = G \cdot c_p \cdot (t_1 - t_0)$$
   $$= 31\,500 \cdot 0,24 \cdot (35 + 15) = 379\,000 \text{ WE/h}.$$

4. Anwendungsgebiete.

a) Färbereien.

Notwendig ist die Einrichtung von Entnebelungsanlagen z. B. in Färbereien. Die sogenannte Flotte besteht aus einer großen Anzahl von Bottichen, gefüllt mit der Farbflüssigkeit. Sie bieten durch ihre großen Oberflächen eine große Verdunstungsmöglichkeit, so daß sich der Raum sehr schnell mit dichtem Nebel erfüllt. Die Flottentemperaturen sind meist sehr hoch und schwanken zwischen 80 und 90°. Fig. 132 zeigt eine Anordnung für solche Bottiche in einem Färbereiraum.

Man wird hier häufig die Warmluftzuführung zu beiden Seiten des Raumes verlegen und durch besondere Stutzen die ausströmende Luft schräg nach oben über die Bottiche leiten. Die Abluftleitung ist dann

Fig. 132. Entnebelungsanlage in einer Färberei. (Benno Schilde, Hersfeld H.N.)

in der Mitte darüber vorzusehen, so daß sie auf kürzestem Wege das Dampfluftgemisch aufnehmen kann.

Handelt es sich um einen Neubau, so kann die ganze Anlage schon auf eine günstige Entnebelung zugeschnitten werden. Fig. 133 zeigt eine solche Anordnung[1]) des Ing. Winter-Außig, bei welchem die eigentlichen Färbekufen zu beiden Seiten der Halle unter je einem Schutzdach mit einer Reihe von Abzugsschloten Aufstellung finden. In der Mitte ist ein Betriebsgang freigelassen, in dem die von oben ein-

Fig. 133. Entnebelungsanlage nach System Winter-Aussig.

[1]) vgl. „Werksleiter" Heft 23 Jhg. 29 Seite 568.

geblasene, erwärmte Frischluft einen Überdruck erzeugt, um über die Arbeitsplätze nach beiden Seiten zu entweichen.

Da die Oberflächen gegeben sind, ist die Ermittlung der Luftmenge ohne weiteres möglich. Die Raumtemperatur soll im allgemeinen 35° nicht übersteigen. Die Geschwindigkeit in der Rohrleitung ist mit 8—10 m und die Durchtrittsgeschwindigkeit durch die Ein- und Austrittsöffnungen für etwa 3—5 m zu wählen.

b) Wäschereien.

Fig. 134 zeigt die Entnebelungsanlage in einer großen Dampfwäscherei.

Trotzdem hier die meisten Waschgeräte während des Betriebes geschlossen sind, tritt doch bei jedesmaligem Einlegen und Herausnehmen

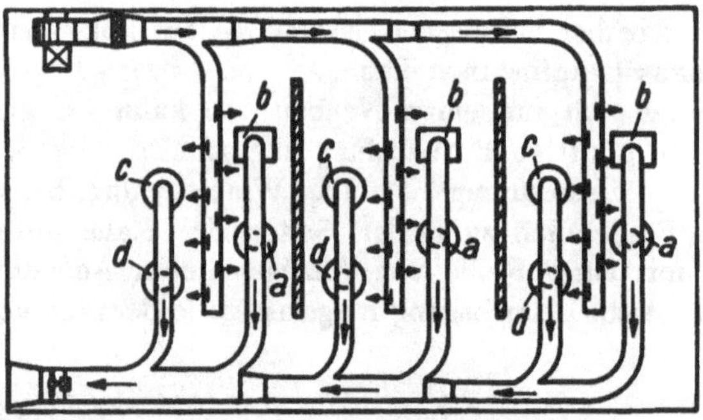

Fig. 134. Entnebelungsanlage einer großen Waschanstalt.

der Wäschestücke und auch durch sonstige Undichtigkeiten Dampfbildung und damit Vernebelung des Raumes auf.

Die Zuluftrohrleitung ist auch wieder möglichst dicht an die Dampfentstehungsstellen, also an die Einweichkessel (a), Wäschekocher (b), die Waschmaschinen (c) und die Zentrifugen (d) heranzuführen, desgleichen ist die Absaugeleitung möglichst in etwas höherer Lage zwischen den Zuführungsleitungen entlang zu verlegen, und mit Eintrittsöffnungen nach beiden Seiten zu versehen. Hier kann eine genaue Berechnung der verdampfenden Wassermenge im allgemeinen nicht vorgenommen werden. Man muß sich vielmehr an einen erfahrungsmäßig zu wählenden Luftwechsel halten, der mindestens zwischen 10 und 15 in der Stunde angenommen werden kann. Die Rohrleitungsdimensionen ergeben sich alsdann aus der Luftmenge und den Geschwindigkeiten, wie sie in Abschnitt Färbereien genannt sind.

c) Textilindustrie.

Auch in der Textilindustrie werden Entnebelungsanlagen erforderlich, da wo die fertig gewebten Stoffe gewaschen und wieder getrocknet werden.

Fig. 131 zeigte die Anordnung einer Entnebelungsanlage unter Anwendung von Einzel-Heizgeräten (vgl. Abschnitt III). An den Säulen zu beiden Seiten des Trockenapparates kann eine Anzahl solcher Luftheizgeräte angebracht werden, welche die Warmluft nach der Mitte zu über das kontinuierlich wandernde Trockengut blasen. Dort kann das

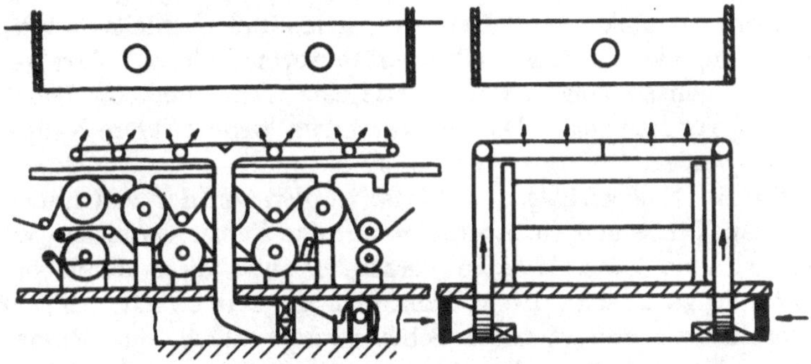

Fig. 135. Schema der Entnebelungsanlage an einer Papiermaschine.

Dampfluftgemisch von 2 Schraubenlüftern, die mit senkrechter Achse in die Decke eingebaut sind, aufgenommen und ins Freie gedrückt werden.

Die Berechnung ergibt sich hier aus der durch die Trocknung freiwerdenden Wasserdampfmenge.

d) Papiermaschinen.

Bei der Papierfabrikation unterscheidet man die sogenannte Naßpartie und die Trockenpartie der Papiermaschinen.

In der Naßpartie wird die mit Zellstoff oder Holzschliff gemischte Brühe auf einem Siebband über kalte Walzen gezogen, wobei es einen großen Teil von Feuchtigkeit durch Abtropfen und Abpressen verliert.

In der Trockenpartie wird die Papierschicht über weitere Trommeln geleitet, die jedoch durch Dampf geheizt sind, so daß die Papierschicht hier den größten Teil ihres Wassergehalts in Dampfform abgibt.

Die Ermittlung der verdunstenden Wassermenge in der Naßpartie kann nur nach Erfahrungsgrundsätzen erfolgen, während in der Trockenpartie durch die zugeführte Wärmemenge ein ganz bestimmter Prozentsatz von Wasser zur Verdampfung gebracht wird, der sich rechnerisch bestimmt ermitteln läßt.

Ein Berechnungsbeispiel ist auf Seite 158 durchgeführt.

Die Anordnung kann z. B. nach Fig. 135 erfolgen. Die Luft wird durch die zu beiden Seiten angeordneten Lüfter über Filter angesaugt und über Lufterhitzer in die beiden längs der Trockenpartie laufenden Rohrstränge gedrückt.

Aus den einzelnen Abzweigen, die quer über die Papiermaschine laufen, tritt alsdann die Warmluft aus.

In der Laterne, die am Dach entlangläuft, können Schraubenlüfter abwechselnd zu beiden Seiten angebracht werden, um das Dampfluftgemisch ins Freie abzuführen.

Wenn es die Raumfrage zuläßt, ist es immer zweckmäßig die ganze Trockenpartie einzukapseln und dadurch die Absaugung der Dampfschwaden zu erleichtern. Der Naßpartie muß ebenfalls durch eine Rohrleitung oder durch Einzelheizgeräte warme Luft zugeführt werden, da in der ganzen Zone der Naßpartie eine nicht unbeträchtliche Verdunstung vor sich geht. Dies gilt besonders, wenn mehrere Naßpartien benutzt werden.

Da ein Niederschlag von Wassertropfen an der von außen abgekühlten Decke und ein Abtropfen auf das Papier vermieden werden muß, ist eine Zwischendecke vorzusehen und diese durch örtliche Heizkörper zu heizen. Desgl. kann man die Seitenwände der Laterne herunterführen und etwaiges Schwitzwasser durch eine Rinne auffangen. Die auf diese Weise verlängerte Laterne begünstigt gleichzeitig die Absaugung.

Im ganzen Raum muß zweckmäßig ein etwa 15 facher Luftwechsel je nach der Raumhöhe herrschen. Die Rohrdimensionen sind für Geschwindigkeiten von etwa 8 bis 10 m/s auszuführen.

e) Großküchen.

In Großküchen entstehen aus den Kochkesseln, sei es, daß sie immer offen stehen, sei es, daß sie nur beim Hineinlegen und Herausnehmen der Eßwaren geöffnet werden, Nebel, die oft die ganze Küche undurchsichtig machen.

Man führt in solchem Falle vielfach die Entnebelungsanlage so durch, daß man über den Kesseln Glasschürzen anordnet und innerhalb des so geschaffenen Raumes die Absaugeleitung verlegt.

Die Warmluftzuführung kann zu beiden Seiten der Schürzen erfolgen. Die Absaugung kann auch durch einzelne Saughauben über den Kesseln geschehen, während die Warmluft in der Mitte des Raumes zugeführt wird. (Vgl. Fig. 136.) Die Berechnung der Luftmenge ergibt sich aus den verdampfenden Oberflächen gem. Abschn. VII, 3. Man wird in der Küche selbst einen 10 fachen Luftwechsel zulassen können.

Es muß noch hervorgehoben werden, daß bei Entnebelungsanlagen für Küchen als Lüftungssystem unbedingt die Sauglüftung zu wählen ist, um die aufdringlichen Küchengerüche nicht in andere Räume dringen zu lassen.

Über Ausführung von Absaugeanlagen für kleine Küchen vergleiche Abschnitt II, 4 d, Seite 33.

f) Badeanstalten.

Bei der Entnebelung von Badeanstalten ist es empfehlenswert, außer der Warmluftzuführung in den Brausen- und Waschräumen eine Erwärmung des Fußbodens durch unterirdische Warmluftkanäle

Fig. 136. Entnebelungsanlage einer Großküche. (Turbon Ventilatoren- und Apparatebau, Berlin-Reinickendorf Ost.)

vorzusehen. Die Austrittsöffnungen für die Abluft sind hoch zu verlegen um die Badenden möglichst wenig der unmittelbaren Einwirkung der Luftströmung auszusetzen.

Als Lüftungssystem ist das Drucksystem (vergl. Abschn. II 2a) vorzuziehen, da Zugwirkung in der Nähe der Türen in jedem Falle vermieden werden muß.

5—7 facher Luftwechsel auf den ganzen Baderaum bezogen reicht im allgemeinen aus. Die Temperatur der eintretenden Luft muß höher liegen als bei sonstigen Entnebelungsanlagen und ist mit mindestens etwa 40° zu wählen.

Abschnitt VIII.

Trockenanlagen [1]).

1. Wirkungsweise.

In allen Trockenanlagen, die hier besprochen werden, wird das zu trocknende Gut durch Warmluft, die mittels eines Lüfters in den Trockenraum eingeführt wird, getrocknet.

Die Warmluft ist mithin die Trägerin der von dem Trockengut abgegebenen Feuchtigkeit. Um eine möglichst große Menge Feuchtigkeit aufnehmen zu können, muß ähnlich wie bei den im vorigen Abschnitt beschriebenen Entnebelungsanlagen die in den Trockenraum eingeführte Luft möglichst trocken, oder was praktisch dasselbe bedeutet, ihre relative Feuchtigkeit möglichst gering sein (vgl. Abschn. I).

Die Wasseraufnahme könnte alsdann theoretisch bis zu ihrer vollen Sättigung erfolgen. In der Praxis wird sich diese Sättigung jedoch fast nie erreichen lassen. Sie ist abhängig von der im Raume erzielten Luftverteilung und Luftbewegung und wird bei guten Trockeneinrichtungen im allgemeinen etwa 80—90 % maximal erreichen.

Die Temperatur der eintretenden Warmluft muß dementsprechend möglichst hoch sein, wird jedoch nach oben begrenzt durch denjenigen Erwärmungsgrad, den das Trockengut vermöge seiner Struktur noch zuläßt. Andererseits wird bei geringer erwärmter Zuluft die Luftmenge größer sein müssen, um in der gleichen Zeit dieselbe Trockenleistung zu erzielen.

Fast alle Trockengüter erleiden bei der Wasserentziehung einen Schwund oder eine Schrumpfung. Es gibt nun eine Reihe von Trockengütern, wie z. B. Leder und bestimmte Holzarten, die eine allzu schnelle Trocknung nicht vertragen.

Aus diesen Gründen würde vielfach z. B. bei Holz noch die natürliche Lufttrocknung bevorzugt werden, bei welcher eine ganz allmähliche Wasserentziehung vor sich geht, wenn nicht eine solche Lagerung, die bei Holz unter Umständen mehrere Jahre erfordern würde, ein totes, zinsenfressendes Kapital darstellen würde und daher unwirtschaftlich wäre.

Insbesondere darf nun bei vielen Trockengütern im ersten Stadium der Trocknung nicht eine zu schnelle Wasserentziehung erfolgen, sonst treten durch allzu schnelle Schrumpfung unangenehme Formänderungen auf. In diesen Fällen darf also die Trockenluft nicht gleich mit dem nassesten Trockengut in Berührung gebracht werden, sondern es muß z. B. ein Gegenstromverfahren zur Anwendung kommen, bei welchem die trockenste Luft dem schon vorgetrockneten Gut gegen Ende des Prozesses zugeführt wird.

---

[1]) Zum eingehenderen Studium vgl. Hirsch Trockentechnik. J. Springer Berlin 1927.

2. Ausführungsformen.

Es gibt eine Reihe verschiedener Ausführungsformen von Trockeneinrichtungen, deren Hauptarten in drei Gruppen zusammengefaßt werden können:

1. Kammertrocknung.
2. Kanaltrocknung.
3. Stufentrocknung.

Mit Ausnahme von einigen besonderen Trockeneinrichtungen werden sich die meisten Trockenverfahren in eine dieser Gruppen einordnen lassen.

a) Kammertrocknung.

Die einfachste Form der Trockenanlagen wird durch die Kammertrocknung dargestellt. Die Kammer besteht in einem allseitig geschlos-

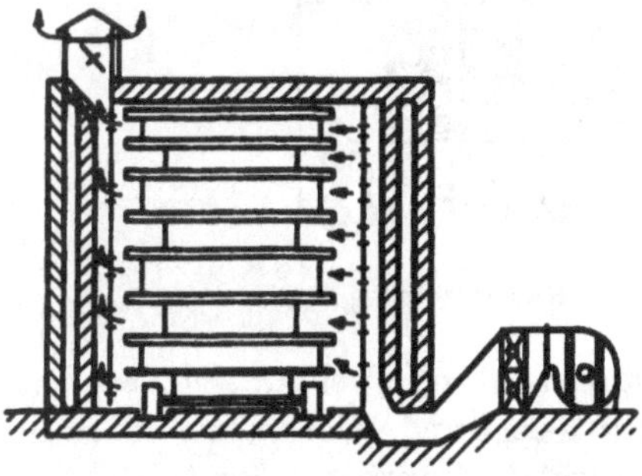

Fig. 137. Schema einer Kammertrocknung.

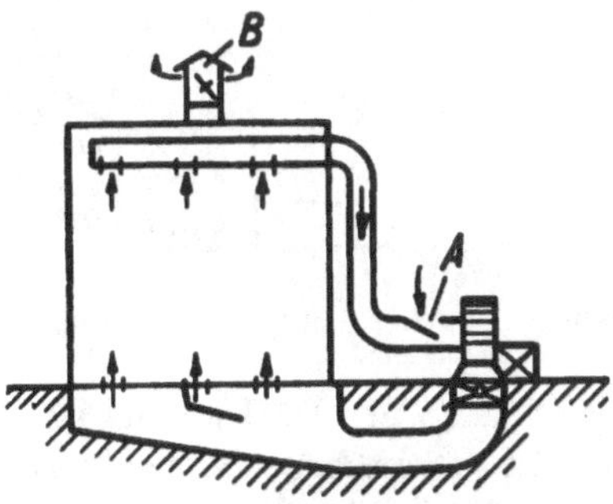

Fig. 138. Schema einer Kammertrocknung mit Mischluft.

senen Raum, dessen Wände durch Luftspalt, Schlacke- oder Koksfüllung[1]) gegen Wärmeverluste gut abgedichtet sind. In die Kammer wird das Trockengut durch eine gut verschließbare Tür auf hölzernen oder eisernen Gestellen eingeführt (vgl. Fig. 137). Die Luft wird von außen durch einen Lüfter angesaugt und über einen Lufterhitzer dem Trockenraum zugeführt. Durch eine am hinteren Ende der Decke angebrachte Öffnung entweicht die mit Feuchtigkeit beladene Abluft.

Eine geeignete Einrichtung, um die Luftbewegung im Trockenraum beliebig zu steigern nud gleichzeitig die mit der Abluft ins Freie gelangende Wärme auf ein Mindestmaß zurückzuführen, ist in dem Umluft- bzw. Mischluftverfahren gegeben, das auch bei den meisten Trockenkammern zur Anwendung gelangt (vgl. Fig. 138).

Der Lüfter saugt die Luft einmal aus dem Umluftkanal und zum kleineren Teil durch den Frischluftstutzen bei A an und drückt sie über den Lufterhitzer in den Trockenraum. An der Decke des Trocken-

[1]) Auch Kieselgur- oder Torfmullfüllung.

raumes tritt die Luft in den Umluftkanal zurück, während die hochgesättigte Abluft zum kleineren Teile aus der ins Freie führenden Abzugsöffnung B entweicht.

Man kann durch dieses Verfahren einen hohen Grad der Sättigung erreichen, allerdings unter gleichzeitiger Erhöhung der Temperatur im Trockenraum. Die aufzubringende Wärmemenge ist jedoch, wie ersichtlich, kleiner, als beim Frischluftverfahren, da ein Teil der Abwärme der aus der Kammer tretenden Abluft immer wieder verwendet wird.

b) Kanaltrocknung.

Die Kanaltrocknungsanlagen entsprechen denjenigen der Kammertrocknung mit Frischluft- oder Umluftbetrieb, unterscheiden sich jedoch von ihnen dadurch, daß das Trockengut fortdauernd durch die Kammer

Fig. 139 a. Schema einer Kanaltrocknung.

geschickt wird. Die Kammer ist entsprechend mit zwei gut schließenden Toren zu versehen, die sich gegenüber liegen und zweckmäßig zu einer Luftschleuse durch eine Doppeltür ausgebildet werden. Die in gleicher Weise von einem Lüfter über einen Lufterhitzer angesaugte Warmluft wird bei diesen Anlagen im Gegenstrom durch den Kanal geleitet (vgl. Fig. 139a). Hierdurch wird die im vorigen Abschnitt erwünschte allmähliche Trocknung erreicht, wie sie für manche Trockengüter notwendig ist. Der Vorschub, der mit den Trockengütern beladenen Horden oder Wagen, erfolgt bei diesen Anlagen entweder durch eine Handwinde oder automatisch. Eine genaue Beobachtung des Trockenvorganges durch eingebaute Thermometer und Psychrometer ist insbesondere für den automatischen Betrieb notwendig. Diese Kanaltrockenanlagen können durch einfache Umleitung der Abluft zu dem Saugstutzen des Lüfters ebenso wie die Kammertrockner für Mischluftbetrieb eingerichtet werden.

c) Stufentrocknung.

Eine Abart des kontinuierlichen Kanaltrockners stellt der Umluft-Stufentrockner dar (vgl. Fig. 139b). Die ganze Trockenkammer, die im übrigen immer wieder in der gleichen Art wie bei der Kammertrocknung ausgebildet sein kann, wird durch senkrechte Scheidewände in mehrere Abteilungen unterteilt. Das Trockengut z. B. nasses Tuch oder Wolle wird über ein Band durch die einzelnen Abteilungen kontinuierlich geführt. Die Trockenluft wird von außen entnommen und durch einen Lüfter über einen Lufterhitzer in die erste Abteilung oder Stufe gedrückt, z. B. derart, daß die Warmluft aus den Schlitzen eines horizontalen Rohres austritt. Hier nimmt sie die Feuchtigkeit des im Gegenstrom durchgeführten Trockengutes auf, sättigt sich bis zu einem gewissen Grade unter gleichzeitiger Abkühlung, alsdann wird sie durch ein

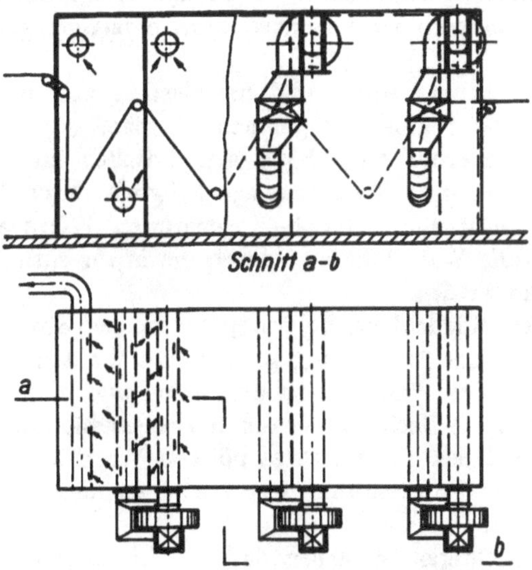

Fig. 139 b. Schema einer Stufentrocknung.

am Ende der ersten Abteilung angebrachtes horizontales Rohr einem zweiten Lüfter zugeführt, welcher sie wiederum mittels eines Lufterhitzers erwärmt, und der zweiten Abteilung in gleicher Weise zuführt. Auch hier sättigt sie sich mit Feuchtigkeit an, um alsdann durch ein drittes Lüfter- und Heizsystem der dritten Stufe zugeführt zu werden. Aus dieser tritt sie in die Atmosphäre aus.

Durch diese Methode der allmählichen Wasserentziehung kann auch das empfindlichste Trockengut auf schonendste Weise zur Trocknung gebracht werden. Das Sättigungsdefizit in jeder Zone kann durch Regelung der Wärmezufuhr beliebig eingestellt werden. Die Wärmeausnutzung ist sehr hoch.

3. Berechnungsart.

Um einem Trockengut eine bestimmte Gewichtsmenge Wasser zu entziehen, sind zunächst vier getrennte Vorgänge zu betrachten:

1. Das im Trockengut enthaltene Wasser muß zur Verdampfung

gebracht werden, mithin die hierfür nötige Wärme zur Verfügung stehen.

2. Die Luft muß gegebenenfalls durch Erwärmung auf einen Zustand hinsichtlich ihres Feuchtigkeitsgehaltes gebracht werden, bei welchem sie die unter 1. ermittelte Dampfmenge aufnehmen kann.

Da die Trocknung ferner in einem geschlossenen Raum vor sich geht und das Trockengut meist auf Gestellen eingebracht wird, müssen

3. die Transmissionsverluste, die infolge Wärmedurchgangs durch die Umfassungsmauern der Trockenkammer entstehen, gedeckt werden, und

4. das Trockengut selbst und die Gestelle auf die im Trockenraum herrschende Temperatur gebracht werden.

Es sind weiterhin zwei Fälle grundsätzlich zu unterscheiden: Man kann die gesamte Trockenanlage lediglich durch Warmluft betreiben, das heißt alle unter 1—4 genannten Wärmeaufwendungen müssen durch die Warmluft bzw. durch die in ihr enthaltene Wärmemenge gedeckt werden.

Eine andere Möglichkeit, die, wie später erörtert wird, zweckmäßiger ist und meistens zur Anwendung gelangt, besteht darin, die Vorgänge unter 1. und 2. der Warmluft zu überlassen und diejenigen unter 3. und 4., die also die Deckung der durch Transmission und Erwärmung der Gestelle und des Trockengutes nötigen Wärmemengen betreffen, örtlichen in den Trockenraum fest einzubauenden Heizkörpern zu übertragen.

Zu berücksichtigen ist ferner, daß bei Frischluftbetrieb eine Vorwärmung der Luft auf eine Mindesttemperatur, die in der Nähe der im Trockenraum herrschenden Temperatur liegt, notwendig ist, während beim Mischbetrieb als Ausgangspunkt für die Erwärmung eine Mischtemperatur, die sich aus derjenigen der Abluft und der zugesetzten Frischluft ergibt, in Rechnung zu stellen ist.

Es gelten folgende Bezeichnungen:

W_a = Wassermenge in kg/h, die 1 kg nassem Trockengut zu entziehen ist
Q = Gesamte aufzubringende Wärmemenge in WE/h
G_L = Luftmenge in kg/h
G_{tr} = Trockengutmenge in nassem Zustand in kg/h
G_{st} = Gestellmenge in kg/h
c_{tr} = Spezifische Wärme des Trockengutes
c_{st} = Spezifische Wärme des Gestellmaterials
t_a = Außentemperatur
t_1 = Temperatur der eintretenden Warmluft
t_2 = Temperatur der Abluft
r = Verdampfungswärme des Wassers bei t_2^0

x_1 = Wassergehalt der eintretenden erwärmten Frischluft in kg/kg
x_2 = Wassergehalt der nassen Abluft in kg/kg
T_r = Transmissionsverlust in WE/h.

Wenn örtliche Heizflächen im Trockenraum nicht vorhanden sind, muß die Differenz des Wärmeinhalts der Luft zwischen Ein- und Austritt aus dem Trockenraum den gesamten Wärmebedarf Q der Trocknung decken, also denjenigen für Verdampfung, Transmission und Erwärmung der meist auszuwechselnden Gestelle, des Trockenguts und der Luft

I $\quad Q = G_{tr} \cdot W_a \cdot r + T_r + (G_{st} \cdot c_{st} + G_{tr} \cdot c_{tr})\,(t_2 - t_a) + G_L\,(t_2 - t_a)$;

ferner muß die vom Trockengut abgegebene Wassermenge gleich der von der Abluft aufgenommenen Dampfmenge sein, mithin

$$G_{tr} \cdot W_a = G_L\,(x_2 - x_1)$$

$$\text{II} \qquad G_L = \frac{G_{tr} \cdot W_a}{x_2 - x_1}$$

Die Temperatur t_2 der abziehenden Naßluft ist gleich derjenigen des Trockengutes sowie der Gestelle angenommen worden. Für exakte Rechnung ist diese Annahme nicht ganz zutreffend, aber für die Praxis in den meisten Fällen ausreichend. Die Temperatur t_2 ist festzulegen je nach dem Erwärmungsgrad, welchen das Trockengut ohne Strukturveränderung erleiden darf. Nimmt man nun den Fall an, daß die Warmluft allein den gesamten Trockenvorgang erfüllen soll, dann muß die eingeführte Warmluft eine Temperatur t_1 mitbringen, die wesentlich über der Temperatur t_2 liegt.

Der absolute Feuchtigkeitsgehalt x_1 entspricht demjenigen der Frischluft. Er ist unter Berücksichtigung der relativen Feuchtigkeit (in Deutschland im Mittel $\varphi = 0{,}7$ bis $0{,}8$) nach Tabelle 1 gemäß der Außentemperatur t_a zu ermitteln.

Der Feuchtigkeitsgehalt x_2 ergibt sich aus der Temperatur t_2 und einem als erreichbar anzunehmenden Sättigungsgrad von $\varphi = 0{,}8$ ebenfalls aus der Tabelle 1.

Da Trockengutmenge und Wassergehalt gegeben sind, läßt sich aus der Gleichung II die Luftmenge G_L errechnen.

Mit bekannter Luftmenge ergibt sich dann aus Gleichung I die aufzubringende Wärmemenge. Bei der Feststellung der Transmissionsverluste Tr wird auf Abschnitt III Bezug genommen. Für Überschlagsrechnungen kann man bei einem gut isolierten Trockenraum etwa 25 WE/m^3 einsetzen. Die Verdampfungswärme r kann hier im Mittel mit 575 WE angenommen werden.

Die spezifischen Wärmen können für einige Gestellmaterialien und Trockengüter der nachfolgenden Tabelle 11 entnommen werden.

Tabelle 11. Spezifische Wärme von festen Körpern.

	c in WE/kg		c in WE/kg
Aluminium	0,22	Eichenholz	0,57
Blei	0,031	Fichtenholz	0,65
Eisen	0,115	Graphit	0,20
Kupfer	0,094	Beton	0,21
Quecksilber	0,033	Glas	0,20
Zink	0,094	Leder	0,65

Die Erwärmung der Luft kann durch einen Lufterhitzer für Dampf, Warmwasser, elektrischen Strom oder Abgase als Wärmemittel erfolgen.

Für die Bemessung des Lufterhitzers ist die ermittelte Wärmemenge Q maßgebend.

Aus der Wärmegrundgleichung

$$Q = G_L \cdot c_p (t_1 - t_a)$$

ergibt sich alsdann die Temperatur, auf welche die Luft erwärmt werden muß,

zu
$$t_1 = \frac{Q}{G_L \cdot c_p} + t_a.$$

Bei reiner Lufttrocknung, bei der also örtliche Heizkörper im Trockenraum nicht vorhanden sind, wird die Temperatur t_1 wesentlich über der Ablufttemperatur t_2, die man noch als zulässig angenommen hat, liegen.

Da t_1 sich im umgekehrten Verhältnis zur Luftmenge ändert, kann man in solchem Falle die Luftmenge vergrößern zur Erzielung einer niedrigeren Eintrittstemperatur.

Andrerseits erreicht man eine solche eben dadurch, daß man einen Teil der Wärmeleistung Q örtlichen Heizkörpern überläßt und nur den Rest auf die Luft überträgt. Dies hat gleichzeitig den Vorteil, daß der mit der abziehenden Luft verbundene Wärmeverlust sich vermindert.

Eine weitere Verminderung der Wärmeverluste erzielt man durch Mischluftbetrieb, indem man einen Teil der Frischluft durch Umluft ersetzt, wodurch allerdings die Trockendauer im allgemeinen verlängert wird.

4. Anwendungsgebiete.

a) Holztrocknung.

Eines der häufigsten Anwendungsgebiete der künstlichen Trocknung ist die Holztrocknung. Es wurde schon erwähnt, daß die natürliche Trocknung von Holz zu langwierig ist und daher nur noch selten und höchstens für die allererste Periode der Trocknung des frisch gefällten Holzes in Frage kommt.

Man hat nämlich verschiedentlich festgestellt, daß das frisch gefällte Holz, welches also noch eine sehr große Wassermenge enthält (ca. 55—60 % bei Weichhölzern und ca. 40—50 % bei Harthölzern), die erste Wasserabgabe an der Luft ebenso schnell vollzieht, wie bei künstlicher Trocknung. Man wird daher schon aus wirtschaftlichen Gründen die allererste Periode der Trocknung, also etwa 1—2 Wochen der Luft überlassen.

Aber dann hat das Holz immer noch etwa 20—30 % Feuchtigkeit, so daß der künstlichen Trocknung bis zur praktischen Trockengrenze

Fig. 140. Holztrockenanlage. (Danneberg & Quandt, Berlin-Lichtenberg.)

von etwa 5—10 % noch genügend Trocknungsarbeit überlassen bleibt. Es kommt hinzu, daß das Holz auf dem Wege zur Werkstatt auch noch wieder größeren Einflüssen ausgesetzt ist, durch welche der Wasseranteil im Holze steigt.

Hierbei sei erwähnt, daß auch diejenigen Hölzer, die bis zur Verarbeitung an der Luft getrocknet wurden (oft mehrere Jahre) nachträglich durch weiteres Verweilen an der Luft in einer feuchten Jahreszeit wieder Wasser aufgenommen haben und einen Zustand erreichen, der sich der mittleren Feuchtigkeit nähert, die zwischen den größten und kleinsten erreichten Trockenwerten lag. Es soll hiermit betont werden, daß auch die langsame natürliche Trocknung kein Allheilmittel für spätere Formveränderung, d. h. also schwinden oder quellen bzw. die Neigung, Wasser abzugeben oder aufzunehmen, darstellt.

Die fast ausschließlich gewählte Art der Holztrocknung ist die Kammertrocknung. Fig. 140 zeigt eine solche Anlage.

Das Holz wird in Stapeln unter Zwischenlegen von Stapelklötzen übereinandergelegt, so daß die Luft hindurchtreten kann. Die so gebildeten Luftwege müssen sich der allgemeinen Richtung des Luftdurchgangs durch die Kammer anpassen, also entweder von unten nach oben oder von einer Seite zur anderen verlaufen. Hierbei ist auf auch möglichst gleichmäßige Zwischenräume mit dichtem Anschluß an Decke und Fußboden bzw. an die beiden Seitenwände zu achten, damit die Luftverteilung durch gleiche Widerstände auch möglichst gleichmäßig vor sich geht.

Daß in ein und derselben Kammer gleichzeitig nur Hölzer gleicher Art· und Stärke getrocknet werden dürfen, ist selbstverständlich.

Die Kammer selbst ist nicht zu groß zu wählen, da mit der Größe der Kammer auch die Schwierigkeit einer gleichmäßigen Verteilung wächst. Gebräuchliche Abmessungen werden etwa sein: eine Fläche von 8 m Länge und 4 m Breite bei einer Höhe von 2—3 m.

Die Luft wird durch den Lüfter über einen Lufterhitzer in den Trockenraum gedrückt und von dort unter Mischung mit der Außenluft wieder angesaugt. Ein Teil der gesättigten Raumluft entweicht durch eine in der Decke befindliche Öffnung nach oben.

Die Temperaturen, die für Holztrocknung in Frage kommen, schwanken je nach der Holzart zwischen 50 und 70° C. Neuerdings geht man vereinzelt auch noch höher. Bei Hölzern, auf deren Festigkeitswerte es ankommt, sind jedoch höhere Temperaturen mit Vorsicht anzuwenden. Im übrigen kommt es letzten Endes nicht so sehr auf die Temperatur allein, als vielmehr auf den Luftzustand, d. i. Temperatur und Feuchtigkeit an.

Bei dem Trockenvorgang ist darauf zu achten, daß nicht nur die Oberfläche austrocknet, oder wie man zu sagen pflegt, verschalt, sondern die Trocknung muß auch bis zum Kern durchdringen. Deswegen nimmt man in gewissen Zwischenräumen während der Trocknung eine Behandlung des Holzes mit Dampf vor, bei welcher man durch Öffnung der äußeren Poren, die sich bereits geschlossen hatten, dem im Innern des Holzes befindlichen Saft die Möglichkeit zum Herausdringen bzw. zur Verdampfung gibt. Eine solche Dämpfungseinrichtung wird durch ein Dampfrohr oder auch durch einzelne Düsen, die man innerhalb der Kammer einbaut, erreicht.

Diese Dämpfung kann auch den Nebenzweck haben, dem Holz über die ganze Oberfläche hinweg eine gleichmäßige Feuchtigkeit zu erteilen, damit besonders im Anfang der Trocknung der Unterschied der Feuchtigkeit der Trockenluft und derjenigen im Holz nicht zu groß wird und auf diese Weise die Trocknung nicht zu schnell vor sich geht. Mit der Geschwindigkeit der Trocknung steigt nämlich auch die Möglichkeit, daß im Holze Spannungen auftreten, die man gerade bei einer guten Trocknung, soweit wie irgend möglich vermeiden will.

Über die Zeitdauer der Trocknung liegen allgemeine Zahlen wohl vor. Ihre Verwendung ist jedoch nur mit größter Vorsicht geboten, da jede Holzart hinsichtlich der Trockenzeit von der Höhe der Feuchtig-

Fig. 141. Bandtrockenmaschine für Fourniere. (Danneberg & Quandt, Berlin-Lichtenberg.)

keit vor und nach der Trocknung und von der Dicke des Holzmaterials sowie von der Temperatur im Trockenraum abhängt. Es ist daher immer zweckmäßig, durch Probestücke in jedem Einzelfall die Trocknungsdauer und auch die Temperatur im Trocknungsraum zu bestimmen.

Fig. 141 zeigt eine Bandtrockenanlage für Fournierhölzer, bei welcher das Trockengut automatisch durch die ganze Kammer geführt wird.

Die Verwendung von automatischen Temperatur- und Feuchtigkeits-Meßgeräten ist zu empfehlen.

b) Ledertrocknung.

Ein großes Anwendungsgebiet für künstliche Trockenanlagen bietet die Lederindustrie. Hier werden daher auch die verschiedensten

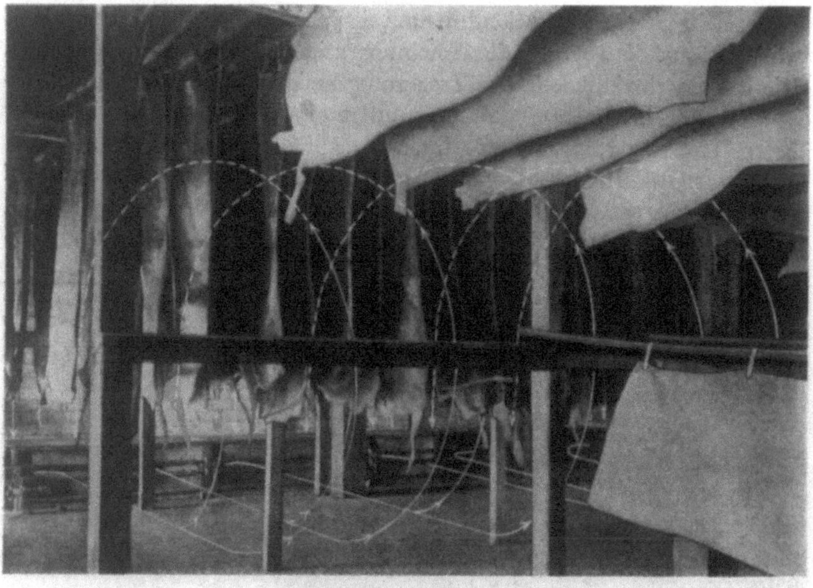

Fig. 142. Raumtrocknung für Leder. (Benno Schilde, Hersfeld H. N.)

Arten von Trockeneinrichtungen gewählt, je nach der Art des Leders, ob es sich um lohgare, mineralgare, fettgare oder kombiniert gegerbte Leder handelt.

Die Temperaturen im Trockenraum liegen zwischen 30 und 50⁰. Bei Häuten von Rindern wird z. B. (vgl. Fig. 142 und 143) im allgemeinen die Raumtrocknung bevorzugt. Hier werden die großen Rinderhäute hintereinander auf Stangen in mehreren Reihen auf-

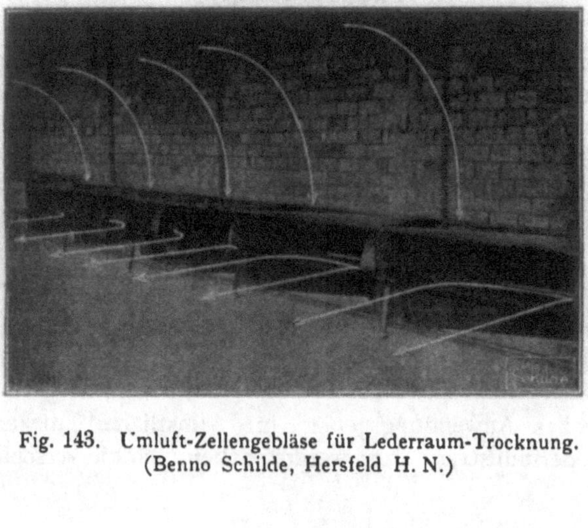

Fig. 143. Umluft-Zellengebläse für Lederraum-Trocknung. (Benno Schilde, Hersfeld H. N.)

gehängt. Die Luft wird durch mehrere, auf einer Welle nebeneinander angeordnete Schraubenlüfter über Heizkörper mit großer Geschwindigkeit in den Raum zwischen die Häute parallel zu den Lederflächen gedrückt und im Umluftverfahren wieder angesaugt.

Auf diese Weise entsteht eine fast gleichmäßige und große Luftbewegung an der Oberfläche sämtlicher Häute, die eine Schnelltrocknung mit sich bringt. Damit die Narben nicht brüchig werden

Fig. 144. Zentrale Trockenanlage für Vache-Leder. (Benno Schilde, Hersfeld H. N.)

und die Farbe des Leders nicht nachdunkelt, darf im Anfang nicht mit zu warmer und zu trockner Luft gearbeitet werden.

Statt dieser Anlagen verwendet man auch zentrale Trockeneinrichtungen, bei denen der Lüfter an einer zentral gelegenen Stelle Frischluft oder auch im Umluftverfahren Mischluft ansaugt, und die an einem Lufterhitzer erwärmte Trockenluft durch ein über den ganzen Raum gut verteiltes Rohrnetz drückt. Aus diesem tritt dann die Warmluft durch Schlitze und Öffnungen (vgl. Fig. 144) zwischen die einzelnen Rindshäute, so daß ebenfalls eine ziemlich gleichmäßige Trocknung eintritt. Ein anderes Rohrnetz sorgt für die Rückführung der nassen Abluft zur Saugöffnung des Lüfters oder bei Frischluftbetrieb ins Freie.

Besondere Behandlung beim Trocknen verlangt Kalbleder. Da es

Fig. 145. Automatischer Felltrockner. (Benno Schilde Hersfeld H. N.)

Fig. 146. Trockenanlage für Oberleder mit Siemens-Betz-Schraubenlüftern. (Siemens-Schuckertwerke, Berlin-Siemensstadt.)

sehr zum Schrumpfen neigt, muß es bei der Trocknung auf Rahmen aufgespannt werden. Fig. 145 zeigt eine solche Anlage als Kanaltrockner mit automatischem Betrieb. Fig. 146 stellt eine Trockenanlage für Oberleder dar. Bei dieser drücken Schraubenlüfter, die in eine Doppeldecke eingebaut sind, die an Heizkörpern erwärmte Luft durch die beiderseits angeordneten Lederreihen hindurch.

c) Fischtrocknung.

Bei der Fischtrocknung muß man dem Trockengut eine besonders schonende Behandlung angedeihen lassen. Der Fisch wird in der Regel vorher gesalzen und dann am Schwanze auf Stangen oder in Lattengestellen in Trockenräumen aufgehängt.

Seine anfängliche Feuchtigkeit beträgt ca. 50—60 %. Man rechnet, daß etwa 25 kg Trockenware einen Raum von etwa 1 cbm benötigt.

Die Trocknung selbst muß außerordentlich langsam vorgenommen werden, da das Kochsalz, welches zur Durchtränkung des Fisches verwendet wurde, bei schneller Trocknung auskristallisiert und auf der Oberfläche störende Inkrustationen hervorruft.

Aus diesem Grunde kommt auch hier eine Stufentrocknung in Frage. Es werden vielfach 5—6 Stufen angeordnet, in denen sich das Trockengut jedesmal mehrere Stunden aufhalten muß. Die hierbei zur Verwendung kommende Höchsttemperatur darf je nach der Fischart 25—30° C. nicht übersteigen.

Da es sehr erwünscht ist, wenn das Trockengut eine möglichst weiße Farbe erhält, kann die eingeführte Luft zweckmäßig mit Ozon vermischt werden, das bekanntlich eine bleichende Wirkung ausübt.

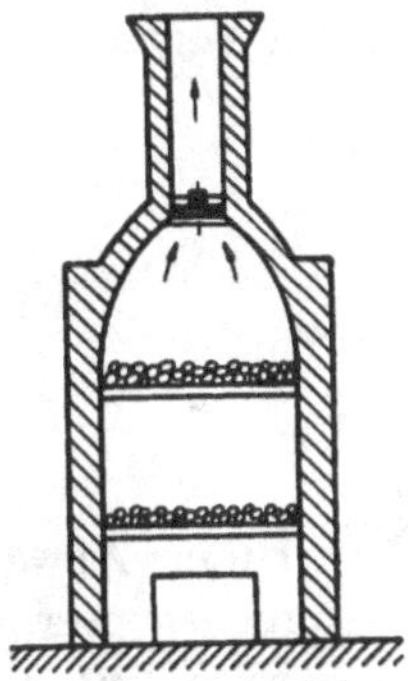

Fig. 147. Schraubenlüfter in einer Malzdarre.

d) Malztrocknung.

Eine besondere Art der Trocknung, die hier noch erwähnt werden soll, stellen die sogenannten Malzdarren dar. Neben der Entfeuchtung finden bei dieser Trocknung chemische und biologische Vorgänge statt.

In der Regel wird das Malz in 1—3 Horden von etwa je 150—250 mm Höhe aufgeschichtet.

Man unterscheidet solche Darren, die nur mit unmittelbar durchziehenden Feuergasen von unten nach oben arbeiten, von sogenannten Luftdarren. Bei diesen werden z. B. zwischen den Horden dampfbeheizte Luftverteilungskanäle angeordnet, die die Horden mit Heißluft versorgen. Die Abluft zieht nach oben durch einen Schlot ab.

Als Unterstützung dieses natürlichen Zuges, der oft bei großen Hordenflächen nicht ausreicht und von der Witterung abhängig ist, kann in den Schlot unmittelbar ein Schraubenlüfter zum Einbau gelangen, vgl. Fig. 147. Es muß dabei dafür gesorgt werden, daß dieser Lüfter keine falsche Luft durch einen etwa danebenstehenden zweiten Schlot ansaugen kann. Der bei solcher Gelegenheit zu überwindende Widerstand beträgt etwa 20—30 mm WS. Für die Bemessung des Lüfters kann man im Durchschnitt etwa 600—1000 m^3/h Abgase von etwa 35 bis 45° je m^2 Darrenfläche rechnen.

e) Trocknen von Preßluft.

Das Trocknen von Preßluft geschieht meistens durch Unterkühlung mittels Leitungswasser oder Kältemaschine. Anschließend an das erste Verfahren kann man eine weitere Trocknung durch eine Chlorcalciumvorlage erzielen. Neuerdings verwendet man statt der letzteren auch eine Vorlage aus Silica-Gel[1]), der man ihrerseits die Feuchtigkeit durch Verdunstung oder Warmluftzuführung entzieht.

Abschnitt IX.

Abwärmeverwertung.

1. Wirkungsweise.

Unter Abwärmeverwertungsanlagen sollen hier solche Anlagen besprochen werden, bei welchen warme Abluft oder durch Abgase erwärmte Luft mittels eines Lüfters irgendwelchen Zwecken nutzbar gemacht wird.

2. Ausführungsformen.

a) Direkte Verwertung.

In den allermeisten Fällen wird es sich darum handeln, warme Abluft zu Heizzwecken zu benutzen. Dies geschieht in einfachster Weise so, daß die von irgendwoher entnommene abziehende Warmluft durch einen Lüfter in ein Kanalnetz gedrückt wird, aus dem sie in die zu beheizenden Räume strömt. Hierbei ist natürlich Voraussetzung, daß die Luft nicht durch ihren physikalischen Zustand oder durch üble Gerüche oder sonstige Beimengungen zur unmittelbaren Beheizung ungeeignet ist. Wenn dies der Fall ist, dann kann man sie z. B. zur Trocknung verwenden, wobei auch wieder Voraussetzung ist, daß ihr Feuchtigkeitsgehalt nicht zu hoch ist.

---

[1]) Trockenmasse aus Kieselsäure.

b) Indirekte Verwertung.

Bei dieser Art der Verwertung schickt man die Abluft oder die Abgase durch Lufterhitzer, an deren warmer Oberfläche man die eigentliche Heizluft oder dgl. vorbeistreichen läßt. Es sind in diesem Falle zwei Lüfter notwendig; der eine für die durch den Lufterhitzer zu schickende Heizluft und der andere für die zur Erwärmung des Lufterhitzers dienende Abluft. Auf ähnliche Weise kann man z. B. auch einen Abhitze-Kessel erhitzen, in dem man Wasser zu irgendwelchen Zwecken erwärmt.

Lohnend werden solche indirekten Anlagen in der Regel nur, wenn es sich um einen großen Wärmeinhalt und vor allen Dingen hohe Wärmegefälle zwischen Abluft und Heizluft handelt, um nicht allzu großer und teurer Heizflächen zu bedürfen, die den Gewinn der ganzen Anlage infolge der hohen Beschaffungskosten und des Platzbedarfes in Frage stellen können.

3. Berechnungsart.

Die Berechnungsart ergibt sich aus dem Abschnitt III, wenn es sich um Luftheizung handelt. Die Wärmemenge, die in der Abluft zur Verfügung steht, ist durch die Abgasmenge und ihre Temperatur gegeben, und wird nach Abschnitt I 3 g ermittelt und zwar

für trockene Luft $i = 0{,}237\ t$

„ feuchte „ $i_f = 0{,}237\ t + x \cdot (0{,}46\ t + 595)$.

Für die zu beheizenden Räume ist eine Transmissionsrechnung nach Abschn. III 3 d aufzumachen, aus welcher sich der Wärmeverlust ergibt. Hinzu tritt noch der Verlust an Wärme durch die Rohrleitung. Da diese meist verhältnismäßig groß sein wird, um nicht zu große Luftwiderstände zu erhalten, wird sich eine Wärmeisolierung nicht immer ermöglichen lassen. Man muß dann je nach dem Temperaturunterschied zwischen Heizluft und Raumluft mit Zuschlägen je lfd. Meter zur Gesamtwärmeleistung rechnen.

Der Widerstand der Rohrleitung ist nach Abschnitt II 3 b zu ermitteln.

Bei Trockenanlagen ist die benötigte Wärmeleistung gemäß Abschnitt VII, 3 zu errechnen. Hierbei ist jedoch Voraussetzung, daß die zur Verfügung stehende Abluft eine höhere Feuchtigkeit als etwa 70% nicht besitzt, da sonst durch die auf dem Wege zur Trockenanlage erfolgende Abkühlung eine zu hohe Sättigung der Luft eintreten würde. Bei indirekten Anlagen ist die benötigte Heizfläche gemäß Abschnitt III 3b zu ermitteln. Hierhin gehören z. B. auch Luft- und Speisewasser-Vorwärmer von Kesselanlagen.

4. Anwendungsgebiete.

a) Porzellanfabriken.

In Porzellanfabriken kann ein Teil der im Ofen und im Brenngut aufgespeicherten Wärme benutzt werden, z. B. um andere Räumlichkeiten der Fabrikanlage zu beheizen. Eine derartige Anlage erfüllt dann gleich einen doppelten Zweck, indem sie zur Beschleunigung der Abkühlung des Brenngutes beiträgt. Wieweit allerdings eine solche zulässig ist, ist von der Art des Porzellans und von dem Zeitpunkt abhängig, mit dem die Abkühlung vor sich geht.

Die Einrichtung kann so getroffen werden, daß an den Ofen in irgendeiner Form die Saugleitung eines Lüfters angeschlossen wird. Dies kann entweder durch Anschneiden der senkrechten Züge oder durch Benutzung einer der Brennstellen oder auch schließlich durch Absaugung aus dem über dem Ofen angeordneten Schlot erfolgen. Es muß nur dafür gesorgt werden, daß gleichzeitig mit der Einrichtung der Absaugestelle eine oder mehrere andere Öffnungen zur Verfügung stehen, um der Frischluft Gelegenheit zum Nachströmen durch den Ofen zu geben. Die jeweils passende Art richtet sich nach der Ausführungsform des Ofens.

Die Luft selbst kann unmittelbar in die zu heizenden Räume geleitet werden, und zwar durch Kanäle oder Rohre vom Ofenraum zu den zu beheizenden Räumen. Die Warmluft kann dann entweder durch Schlitze in einer horizontalen Leitung oder durch einstellbare Öffnungen in senkrechten Abzweigungen dem Raum zugeführt werden.

Man wird zweckmäßig am Lüfter selbst eine Umschaltvorrichtung vorsehen, um etwaige zu heiße Luft oder auch solche, die im ersten Augenblick mit Flugasche oder Staub erfüllt ist, ins Freie abblasen zu können. Der Lüfter selbst ist mit wassergekühlten Lagern auszuführen. Die durchtretende Abluft darf etwa 400° nicht überschreiten. Bei hohen Anfangstemperaturen kann man durch Zwischenschaltung eines Abhitzekessels für Warmwasser die gewünschte Eintrittstemperatur für die Räume (50°) erzielen.

b) Glashütten.

Die aus den Regenerativöfen der Glashütten entweichenden Abgase werden zwar durch die bekannte Umschaltung weitgehend ausgenutzt, enthalten jedoch meist noch bei einer Temperatur von etwa 500° soviel Wärme, daß diese zu anderen Zwecken verwertet werden kann.

Allerdings kann man, da es sich um Rauchgase handelt, ihre Wärme nur indirekt verwerten, da diese nicht zur direkten Beheizung geeignet sind. Man führt sie in Abhitzekessel, mit welchen man dann u. a. Warmwasser für eine Badeanstalt gewinnen kann.

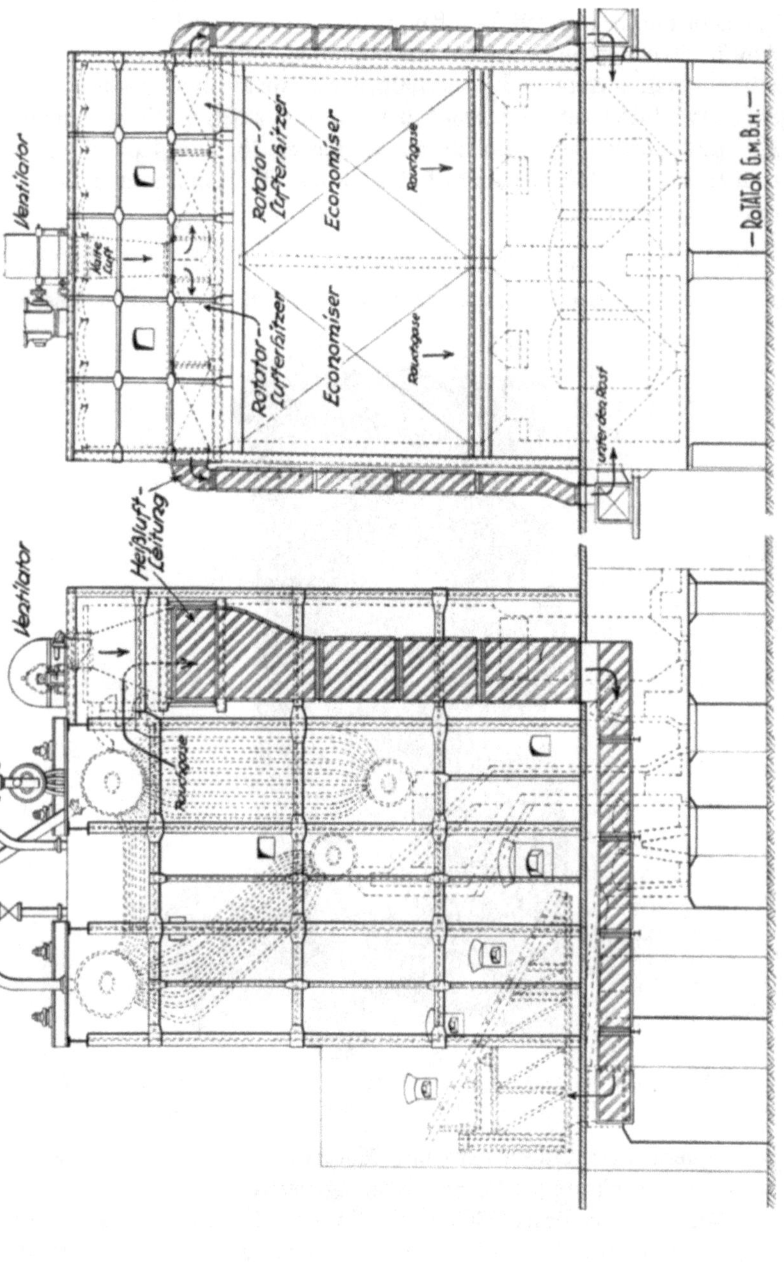

Fig. 148 u. 149. Seiten- und Rückenansicht eines 1000 m² Steilrohrkessels mit Luftvorwärmung (Rotator Maschinenfabrik, Berlin W. 30).

c) Transformatoren-Abwärme.

Während nach Abschnitt II die vorteilhafteste Kühlung von Transformatoren durch Belüftung erfolgt, ist es bei Anordnung einer Abwärmeverwertungs-Anlage zweckmäßig, eine Entlüftung vorzusehen. Man ordnet z. B. oberhalb der Transformatorenkammer einen Schraubenlüfter an und saugt die von der anderen Seite eintretende Frischluft über den Transformator hinweg in eine Rohrleitung und drückt sie von hieraus unmittelbar durch ein Kanalnetz in die zu beheizenden Räume.

d) Generatoren und Motoren.

Man kann ebenso auch die Abwärme von elektrischen Maschinen

Fig. 150. Schema der Anordnung einer Luftvorwärmer-Anlage in einem Großkraftwerk. (Rotator Maschinenfabrik, Berlin W. 30.)

wie Generatoren, Umformern und Motoren zu irgendwelchen Zwecken, z. B. zur Trocknung oder zur Heizung verwerten.

Man wird in diesen Fällen allerdings am besten sogenannte Durchzugstypen verwenden, bei denen das Gehäuse bis auf eine Eintritts- und Austrittsöffnung ganz geschlossen ist. Man verbindet alsdann den Luftaustrittsstutzen mit der Saugseite eines zusetzlichen Lüfters und drückt die in der elektrischen Maschine angewärmte Luft in die zu beheizenden Räume oder Trockenkammern. Die Anordnung der Rohrleitung erfolgt dann, wie vorher verschiedentlich beschrieben.

Eine solche Einrichtung kann dann z. B. auch vorteilhaft verwendet werden in Wasserkraftwerken, bei denen man die aus den Maschinen abziehende Wärme zur Freihaltung der Rechenanlagen von Eis im Winter benutzt.

e) Luftvorwärmung.

Bei modernen Kesselanlagen wird zur Ausnutzung der mit 400—500° abziehenden Rauchgase nicht nur ein Ekonomiser vorgeschaltet, der das Kesselspeisewasser vorwärmt sondern auch ein Luftvorwärmer. Dieser dient dazu, die der Feuerung zuzuführende Luft (Unterwind) vorzuwärmen. Hierdurch kommt eine Erhöhung der Verbrennungstemperatur, eine Verkürzung der Brennzeit und schließlich eine Erhöhung der Belastungsmöglichkeit der Rostfläche zustande. Fig 148 und 149 zeigt die Anordnung einer solchen Luftvorwärmeranlage. Die Rauchgase durchstreichen den Erhitzer senkrecht von oben nach unten, während die Luft horizontal hindurchströmt. Der Unterwindlüfter steht auf dem Kessel. Erhitzung der Frischluft im Mittel auf 150—160°. Die Anordnung eines im Kreuzstrom arbeitenden Luftvorwärmers nach dem Plattensystem stellt Fig. 150 dar.

Abschnitt X.

Künstliche Luftführung bei Feuerungsanlagen.

1. Wirkungsweise.

a) Künstlicher Zug im Vergleich zum Schornsteinzug.

Alle Ventilatoranlagen, die für Feuerungen unmittelbar in Frage kommen, dienen dazu, dem Brennstoff den nötigen Sauerstoff für die Verbrennung zuzuführen oder die gasförmigen Verbrennungsrückstände ins Freie zu befördern.

In früherer Zeit diente zur Erreichung dieses Zweckes lediglich der Schornstein. Aus verschiedenen, später erkennbaren Gründen muß hierauf näher eingegangen werden.

Die Wirkung eines Schornsteines beruht auf dem Auftrieb, der durch den Gewichtsunterschied der durch die Feuerung erwärmten Rauchgase im Schornstein und einer dem Volumen nach gleich großen, aber kalten Luftsäule hervorgerufen wird. Dieser Auftrieb, beim Schornstein Zug genannt, errechnet sich in seinem wirksamen Werte demnach aus der Gleichung

$$p = H \cdot (\gamma_1 - \gamma_2) - p_{st},$$

dabei ist

p = Auftrieb in mm WS
H = Schornsteinhöhe in m
γ_1 = spez. Gew. kg/m³ der Außenluft bei $t_a{}^0$
γ_2 = spez. Gewicht kg/m³ der Innenluft im Schornstein bei einer mittleren Schornsteintemperatur $t_i{}^0$
p_{st} = der Reibungswiderstand der inneren Schornsteinwandung.

Bei der Errechnung von γ_2 muß eine mittlere Schornstein-Temperatur zugrunde gelegt werden. Man kann bei gemauerten Schornsteinen mit einer Temperaturabnahme von etwa 0,2 bis 0,8°/m je nach Mauerstärke rechnen, bei nichtisolierten Blechschornsteinen muß jedoch ein höherer Wert eingesetzt werden, der sich aus dem Wärmeübergang und dem Temperaturgefälle ermitteln läßt (vgl. Abschn. III 3 b).

Für γ_1 liegt der ungünstigste Fall im Hochsommer bei hoher Außentemperatur. Man muß daher aus Sicherheitsgründen eine Außentemperatur von etwa 25° wählen, um die ungünstigste Wirkung des Schornsteines zu ermitteln.

Von dem so errechneten Wert ist in Abzug zu bringen der Reibungsverlust, den die Rauchgasmenge beim Durchströmen des Schornsteines erleidet. Dieser kann unter Berücksichtigung der mittleren Temperatur und eines mittleren Schornstein-Durchmessers, sowie der Rauchgasmenge aus der beigefügten Reibungstafel entnommen werden (vgl. Abschn. I). Da es sich meist um große Rohrdurchmesser und hohe Temperaturen von über 200° handelt, wird sich dieser Verlust bei natürlichem Zug mit einer Rauchgasgeschwindigkeit von 4—6 m/s etwa in den Grenzen von 1—2 mm WS halten. Der größte Wert der Zugstärke wird annähernd im Schornsteinfuß vorliegen, da die etwaige Steigung des Fuchskanals den Auftriebswert nicht nennenswert erhöht. Man kann sich daher den Verlauf des Unterdruckes an Fig. 151 klar machen.

Von A nach B wird der Hauptteil des Unterdrucks für den Rost und die Kohlenschicht verbraucht. Der Teil BC wird aufgewendet für die Züge und die Umlenkungen im Kessel selbst und schließlich CD, im Fuchs bis zum Schornsteinfuß. Bei D ist der Schornsteinfuß gedacht, bei dem sich also der größte Unterdruck einstellen wird. Von D bis E vermindert sich dann der Unterdruck im Schornstein bis zur atmosphärischen 0-Linie bei E.

Es war schon darauf hingewiesen, daß der maximale Wert des Schornsteinzuges (ED) je nach der Außentemperatur der Luft schwankt, also im Winter größer ist als im Sommer. Hierbei war die Temperatur der Rauchgase als konstant angesehen. Wird nun diese z. B. durch Zwischenschalten eines Speisewassers-Vorwärmers (Ekonomiser) oder eines Luftvorwärmers vermindert, so sinkt der durch die Temperaturunterschiede hervorgerufene Zug des Schornsteins.

Gleichzeitig aber wird der Widerstand, den die Rauchgase zu überwinden haben, auf dem Wege von A nach D durch den Widerstand

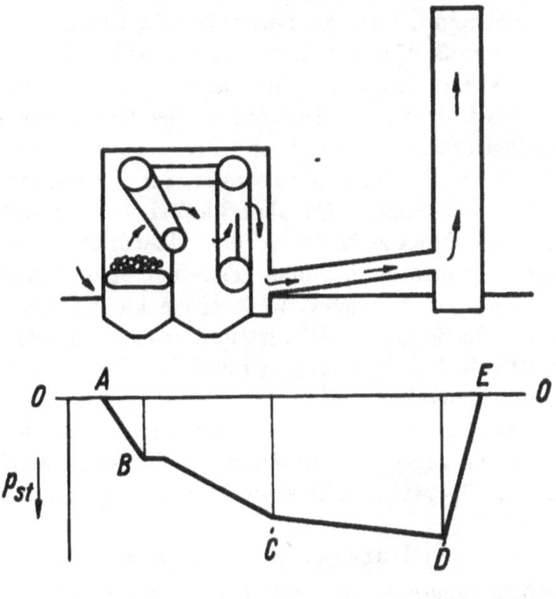

Fig. 151. Verlauf des Unterdrucks bei Schornsteinzug.

dieses Gerätes erhöht, so daß der benötigte Zug des Schornsteins höher sein müßte. Da der Schornstein jedoch bei unveränderter Höhe eine höhere Zugstärke nicht hergibt, so müßte man in diesem Falle zu einer künstlichen Zuganlage schreiten, das heißt zu einer Anlage, bei welcher der Zug durch einen Lüfter verstärkt wird. Hierdurch erreicht man dann gleichzeitig Unabhängigkeit von der Außentemperatur.

Aber auch andere Gründe können für die Wahl der künstlichen Zuganlagen sprechen, wie die Erzielung von Spitzenleistungen der Dampferzeugung durch Vergrößerung der Rostbelastung oder die Anhängung neuer Kessel an den alten Schornstein.

Hierbei muß noch der sogenannten falschen Luft gedacht werden. Unter falscher Luft versteht man diejenigen Luftmengen, welche durch Undichtigkeiten des ganzen Systems oder auch beim Öffnen der Feuerungstür von dem Schornstein über den benötigten Luftüberschuß hinaus mit angesaugt werden und damit den Abgasverlust erhöhen. Man betrachte noch einmal das Diagramm Fig. 151. Man erkennt hier, daß der vom Schornstein erzeugte Auftrieb auf der ganzen Länge des Diagramms einen Unterdruck mit sich bringt. Der Punkt *B* stellt nun denjenigen Unterdruck dar, der sich im Feuerraum oberhalb der Kohlenschicht einstellt. Man sieht, daß je nach dem Widerstand des Rostes und der Kohlenschicht hier ein mehr oder weniger großer Unterdruck vorhanden sein wird. Das bedeutet aber, daß bei jedesmaligem Öffnen der Feuertür zum Beschicken der Kohlen durch diese eine große Menge kalter Luft von außen her, das heißt aus dem Kesselraum, eingesaugt wird, die der Verbrennung nicht mehr zugute kommt, statt dessen die Temperatur der Rauchgase abkühlt und den Abgasverlust erhöht. Theoretisch wäre es nun gut, wenn an dieser Stelle *B*, also oberhalb der Kohlenschicht im Feuerraum ein Druckausgleich von ± 0 vorläge. Da aber hierbei leicht durch irgendeine Schwankung der Druckverhältnisse ein Überdruck eintreten kann, durch den die Flammen beim Öffnen der Feuertür nach außen schlagen würden, wünscht man an dieser Stelle einen kleinen Unterdruck, der unabhängig von der Kohlenschicht ist und etwa 2—3 mm WS beträgt. Dies kann man jedoch nur durch eine künstliche Luftführung erreichen, wie später gezeigt wird.

Aus all diesen Gründen hat sich in neuerer Zeit die früher vielfach gezeigte Abneigung gegen die künstliche Luftführung verringert, ja in vielen Fällen die Notwendigkeit seiner Benutzung herausgestellt.

b) Unterwind und Saugzug.

Die Luftführungsanlagen zerfallen entsprechend dem anfangs angegebenen Zweck, der Sauerstoffzuführung und der Abführung der Verbrennungsgase in zwei Hauptgruppen: die Unterwindanlagen und die Saugzuganlagen.

Der Unterwind deckt lediglich den zur Verbrennung nötigen Sauerstoffbedarf der Kohlenschicht. Er hat daher auch nur denjenigen Druck aufzubringen, der dem Widerstand bei der Einführung der Luft in den Kessel und der Durchströmung des Rostes und der Kohlenschicht entspricht.

Die praktische Ausführung der Unterwindanlagen ist nun derart, daß der im Kesselraum an beliebiger Stelle aufgestellte Lüfter aus dem Kesselraum oder von außen angesaugte Luft unter den Rost und durch die Kohlenschicht drückt. Es ergibt sich daher im Gegensatz zu dem in Fig. 151 gezeichneten Diagramm ein solches nach Fig. 152.

Der Unterwindlüfter erzeugt den Druck $A - A_1$, den er durch den

Widerstand des größten Teiles des Rostes $A_1 - B_1$ wieder abgibt. Der Rost steht also in diesem Falle mit dem größten Teil der Kohlenschicht im Gegensatz zum Schornsteinbetrieb unter Überdruck. Man erkennt deutlich, daß es durchaus möglich wäre, den Überdruck durch die Unterwindanlage soweit zu steigern, daß der Punkt B also die Oberfläche der Kohlenschicht mithin auch der Feuerraum unter einem Druck ± 0 steht. Um aber wie vorher erwähnt, ein Herausschlagen der Flammen in den Kesselraum auf jeden Fall auszuschließen, legt

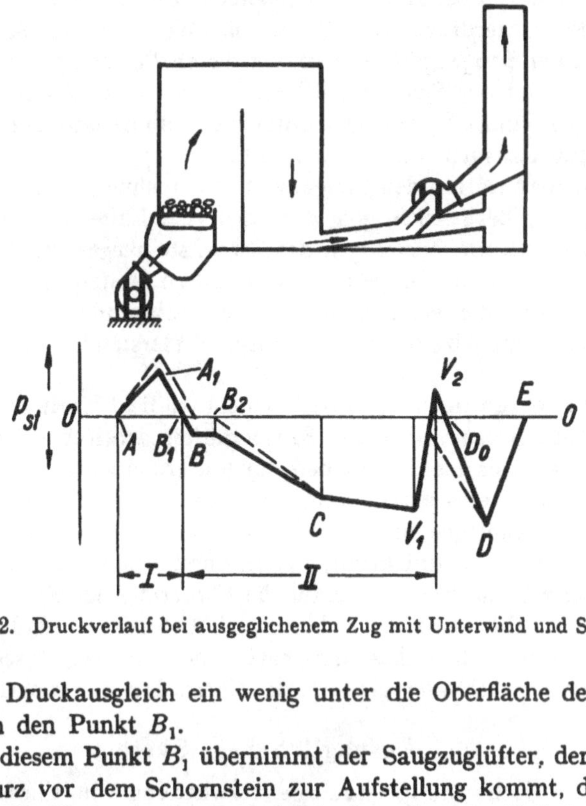

Fig. 152. Druckverlauf bei ausgeglichenem Zug mit Unterwind und Saugzug.

man den Druckausgleich ein wenig unter die Oberfläche der Kohlenschicht in den Punkt B_1.

Von diesem Punkt B_1 übernimmt der Saugzuglüfter, der z. B. am Fuchs kurz vor dem Schornstein zur Aufstellung kommt, die Arbeit. Er saugt die Verbrennungsgase durch den obersten Teil der Kohlenschicht B_1—B, durch den Kessel und seine Züge in den Fuchs hinein und drückt sie alsdann zum Schornstein hinaus.

Während also der Unterwindlüfter auf die Feuerung bezogen nur eine Druckarbeit verrichtet, arbeitet der Saugzuglüfter saugend und drückend.

Der Schornstein selbst braucht nun bei derartigen Anlagen eine Saugarbeit nicht zu leisten, könnte daher aus diesem Grunde in seiner Höhe so kurz wie möglich bemessen werden. Um jedoch besonders bei Anlagen, die in der Stadt oder in bewohnter Gegend liegen, durch die Rauchgase eine möglichst geringe Belästigung der Anwohner zu erreichen, wählt man die Schornsteinhöhe doch in Grenzen von etwa 25—40 m und in besonderen Fällen noch höher. Dann aber tritt der Auftrieb des Schornsteins wieder in Erscheinung, und zwar als Unterstützung des Saugzuglüfters. Der Schornstein arbeitet dann ähnlich wie ein hinter den Saugzug geschalteter zweiter Lüfter und nimmt ihm infolgedessen je nach seiner Höhe und dem damit erzielten Auftrieb einen Teil der zu überwindenden Widerstände ab. In Fig. 152 entfällt der Unterdruck $D_0 - D$ auf die Wirkung des Schornsteins, mithin hat der Saugzuglüfter einen um diesen Betrag geringeren Druck herzugeben. Ist der Schornstein hoch genug, so ist es durchaus möglich, daß der Punkt V_2 auf oder unter die Nullinie fällt und der Saugzuglüfter nur Saugarbeit zu verrichten hat.

Wenn man mithin den Saugzuglüfter berechnet, so kann man den Schornsteinzug berücksichtigen, d. h. den vom Lüfter aufzubringenden statischen Druck um denjenigen des Schornsteinzuges bei der gleichen Rauchgasmenge und Temperatur vermindern. Man muß allerdings auch die durch die etwa veränderte Kanalführung gegenüber dem natürlichen Auftrieb neuentstehenden Widerstände in Rechnung ziehen.

Berücksichtigt man den Auftrieb nicht, so liegt hierin eine Reserve für die ganze Anlage, aber der Saugzuglüfter arbeitet auf einem Belastungspunkt, der nicht dem berechneten entspricht.

Der Schornsteinauftrieb kann aber auch bei Vorhandensein von künstlichen Zuganlagen für sich allein zur Geltung kommen, sobald die Kesselleistung soweit zurückgeht, daß der durch den Auftrieb des Schornsteins erzielte Unterdruck allein für die Förderung der Rauchgase ausreicht. Man wählt daher die Schornsteinhöhe meist so, daß bei ausgeschaltetem künstlichen Zug der natürliche Auftrieb ausreicht, um eine Leistung von etwa 40 bis 50% der Normallast zu erzielen.

c) Ausgeglichenes System.

Da man durch die gleichzeitige Verwendung von Unterwind und Saugzug den Zugausgleich der ganzen Feuerungsanlage beherrscht, nennt man dieses System den ausgeglichenen Zug. Man kann mit seiner Hilfe die neutrale Zone (0 Linie) zwangsweise in eine gewünschte Ebene oberhalb des Rostes verlegen.

Es kommt nun eine Reihe von Fällen vor, in denen nur ein Saugzug oder nur eine Unterwindanlage benötigt wird, je nachdem die Veränderungen und Besonderheiten der Feuerungsanlage auf dem zweiten oder ersten Abschnitt (vgl. Fig. 152) des Diagramms liegen.

2. Ausführungsformen.

Bei den Ausführungsformen der künstlichen Luftführungsanlagen muß man unterscheiden zwischen solchen, die an bestehende Feuerungseinrichtungen angeschlossen werden und solchen, die von vornherein für derartige Anlagen vorgesehen werden.

a) Unterwind.

Bei nachträglich eingebauten Unterwindanlagen werden in der Regel normale Fliehkraftlüfter verwendet, die mittels einer Rohrleitung mit

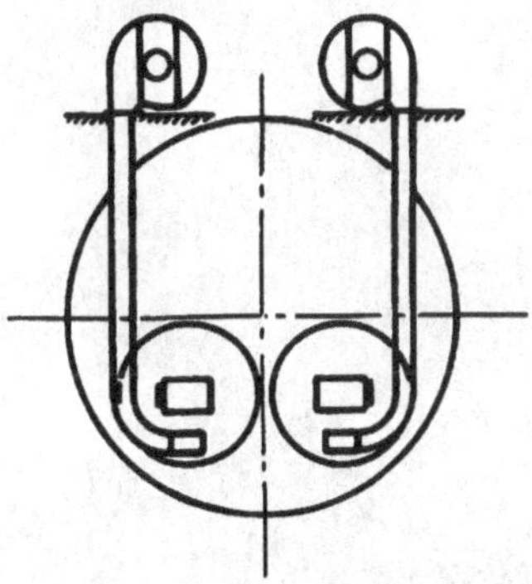

Fig. 153. Unterwind für Zweiflammrohr-Kessel.

dem Aschfall verbunden werden (vgl. Fig. 153). Hier wird die Anordnung des Unterwindes an einen Flammrohr-Kessel dargestellt.

Fig. 154 zeigt die Verwendung von Fliehkraftlüftern an einen besonders für Unterwind eingerichteten Wanderrost. Der Lüfter ist im Aschkeller aufgestellt und drückt die Frischluft in den Aschtrichter unterhalb des Rostes. Der Rost ist nach vorn abgedichtet.

Bei anderen Kesseln ist der Lüfter auf dem Kessel aufgestellt und drückt die Frischluft erst durch einen von Rauchgasen erhitzten Luftvorwärmer und dann unter den Rost vgl. Fig. 148 u. 149.

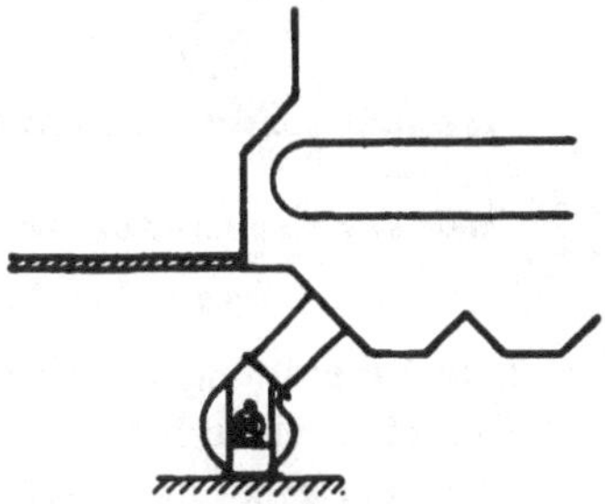

Fig. 154.
Unterwind für Wanderrost.

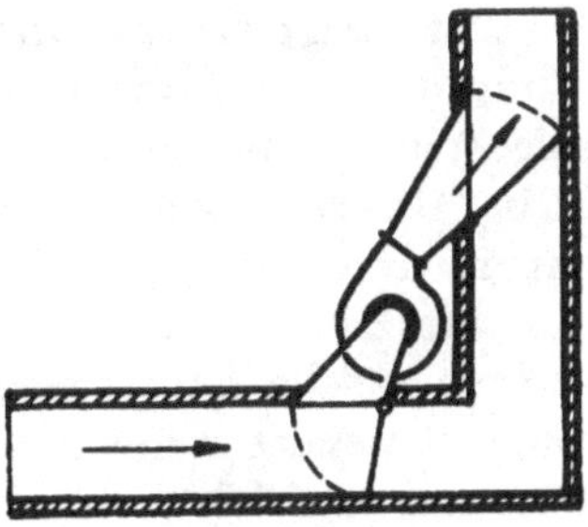

Fig. 155.
Direkter Saugzug am Schornstein.

b) Direkter Saugzug.

Fig. 155 zeigt die gewöhnliche Anbauweise von Fliehkraftlüftern für Saugzug an vorhandene Schornsteine. Durch die im Schornstein und Fuchs einzubauenden Umstellklappen kann statt mit künstlichem

Fig. 156. 3 Doppelsaugzuganlagen, angebaut an gemauerten Schornstein in einem Großkraftwerk. (Rotator, Berlin W 30, Geisbergstr.)

Zuge auch mit natürlichem Auftrieb oder mit Mischluft gefahren werden. Fig. 156 zeigt eine Doppelsaugzuganlage angebaut an einen gemauerten Schornstein. Die Ventilatordruckstutzen münden in einen gemeinsamen Schornsteinanbau.

Fig. 157 zeigt die Anordnung eines Fliehkraftlüfters, der aus dem Fuchs saugt und wieder in ihn hineindrückt. In diesem Falle ist zwischen Saug- und Druckstutzen in dem Fuchs eine Drehklappe vorzusehen. Eine Ausführung von Saug-

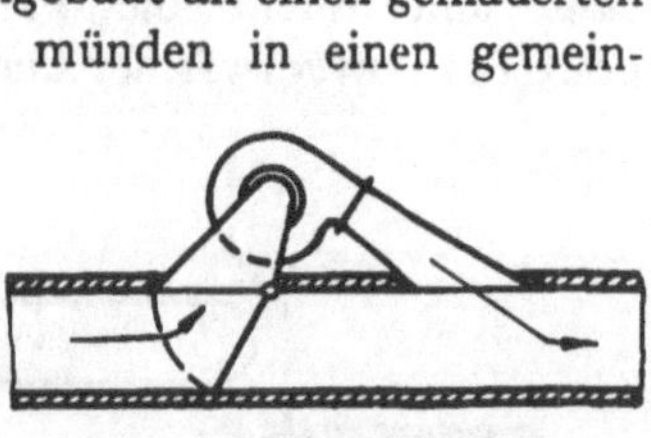

Fig. 157. Saugzug am Fuchs.

zuganlagen, welche mit besonderem Vorteil in Verbindung mit eisernen Schloten verwendet werden kann, zeigt Fig. 158. Durch die in dem Schlot eingebaute Gehäuseregulierung entfallen die sonst nötigen Regulierklappen. Die Umlenkungsverluste sind hierdurch und durch den unmittelbar auf dem Ausblas angeordneten Schlot gering.

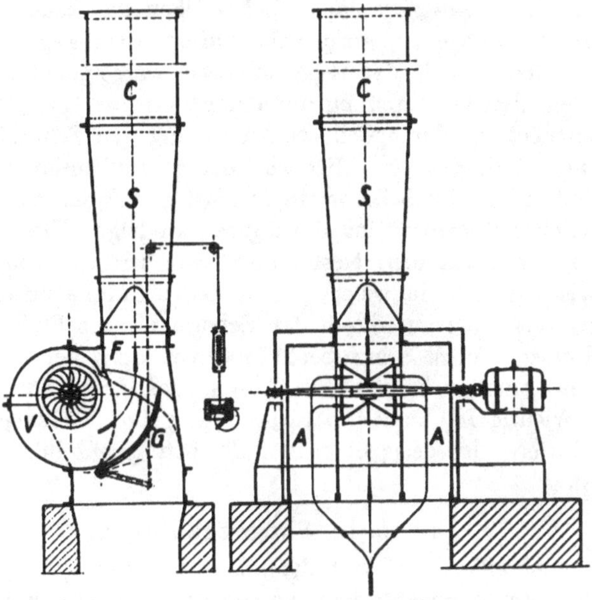

Fig. 158. Ventilatorzuganlage mit Gehäuseregulierung. (Gesellschaft für Ventilatorzug Berlin-Charlottenburg 4.)

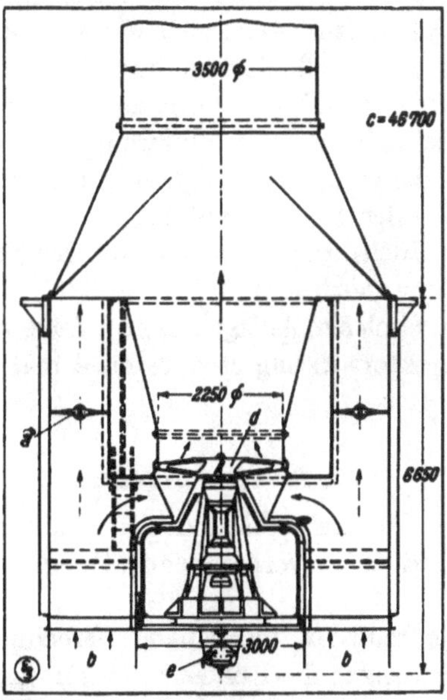

Fig. 159. Saugzuganlage mit vertikal eingebautem Siemens-Betz-Schraubenlüfter. (Siemens-Schuckertwerke, Berlin-Siemensstadt.)

Bei all diesen Saugzuganlagen, bei welchen die Rauchgase durch den Lüfter hindurchgehen, werden die Lüfter selbst wegen der hohen Temperatur der Gase in der Regel mit zwei wassergekühlten Lagern und einer elastischen Kupplung ausgeführt.

Eine neuerdings durchgebildete Anordnung von Schraubenlüftern wird in Fig. 159 dargestellt. Hier wird der Schraubenlüfter mit senkrechter Welle so in den Schornstein eingebaut, daß der vertikal arbeitende Antriebsmotor nicht im Rauchgasstrom liegt. Die Rauchgase ziehen von unten aus dem Kessel über zwei seitliche Umführungen in ein Zwischenstück, in welchem sich der Schraubenlüfter bewegt, und werden von dort aus durch den Schornstein ins Freie gedrückt. Die Wahl eines solchen Schraubenlüfters kann auch bei größten Leistungen eine günstige konstruktive Lösung des ganzen Aufbaues gewähren. Wichtig ist hierbei natürlich ein guter Wirkungsgrad des Schraubenlüfters, der geeignet sein muß auch gegen höhere Drücke zu arbeiten.

c) Indirekte Saugzuganlagen.

Erwähnung sollen auch noch die indirekten Saugzuganlagen finden, obwohl sie heutzutage wegen ihres großen Kraftbedarfes und des technischen Fortschrittes der direkten Saugzuganlagen nur selten in Frage kommen.

Beim indirekten Saugzug werden die Rauchgase nicht durch den Lüfter gesaugt. Der Lüfter steht vielmehr auf der Saugseite mit der Heizraumluft oder der Außenluft unmittelbar in Verbindung und drückt diese mit großer Geschwindigkeit durch eine in einem verengten Teil des Schlotes befindliche Düse hindurch.

Durch die bei dieser Geschwindigkeit von etwa 40 m/s und mehr auftretende Strahl- oder Injektorwirkung werden die Rauchgase von unten her aus dem Fuchs angesaugt und mit der Frischluft zusammen zum Schornstein hinausgedrückt.

Der Kraftbedarf solcher Anlagen liegt infolge des schlechten Wirkungsgrades der Injektorwirkung etwa 3- bis 4 mal so hoch wie der der direkten Saugzuglüfter.

3. Berechnungsart.

Ausgangspunkt für die Berechnung der künstlichen Zuganlagen bilden die auf dem Rost zu verbrennende Menge und Art des Brennstoffes.

In jedem Falle muß für die genaue Berechnung der benötigten Luft- und Rauchgasmengen die Kohlenart hinsichtlich ihrer Zusammensetzung und ihres Heizwertes gegeben sein. Als Heizwert kommt der untere Heizwert in Frage, der bekanntlich um die Verdampfungswärme des Wasserdampfes, soweit er im Brennstoff auftritt, kleiner ist als der obere Heizwert, da diese Wärme der Verbrennung nicht zugute kommt. Für einige wichtige Brennstoffe ist der Heizwert und die Zusammensetzung aus Tabelle 12 zu ersehen.

Tabelle 12[1]). Mittlere Zusammensetzung verschiedener Brennstoffe.

Brennstoff	C	H	O + N[3])	S	W	Asche	Heizwert	*th.* Luftmenge[2]) V_L	*th.* Rauch-[3]) Gasmenge V_g	CO_2 max
	%	%	%	%	%	%	WE/kg	m^3/kg	m^3/kg	%
Westfälische Steinkohle	79	4,5	7	1	2,5	6	7500	8,13	8,47	18,60
Saar ,,	74	4,5	10	1	3,5	7	7000	7,58	7,95	18,65
Schlesische ,,	71	4,5	12,5	0,5	5	6,5	6600	7,22	7,63	18,75
Sächsische ,,	70	4	9,5	1	8	7,5	6500	7,10	7,50	18,80
Englische ,,	75	4,5	8	1	5,5	6	7100	7,73	8,11	18,50
Westfälischer Anthrazit	85,42	3,82	4,68	1,23	0,95	3,9	7975	8,62	8,87	18,90
Koks	84	0,8	3,4	1	1,8	9	7000	7,72	7,81	20,35
Rohbraunkohle										
westdeutsche	23,06	1,87	12,07	1	59,28	2,72	1940	2,24	3,11	20,00
mitteldeutsche	29,78	2,28	9,42	1	51,41	6,11	2450	3,05	3,89	18,65
böhmische	37,05	2,88	9,86	1	42,31	6,9	3275	3,83	4,59	18,50
Böhmische Braunkohle	52	4,2	13	1	24	6	4800	5,43	6,06	18,35
Sächsische ,,	40	3	11	2	37	7	3600	4,12	4,83	18,50
Holz, trocken	40	4,5	37	—	16	1,5	3500	3,60	4,31	20,70
Erdöl $\gamma = 0,87$	83,5	14	2,5	—	—	—	10000	11,17	11,98	15,00

Aus der genauen Zusammensetzung, die folgende Teile umfassen muß,

C Kohlenstoff
H Wasserstoff
O Sauerstoff
N Stickstoff — in Prozent des Gewichtes.
S Schwefel
W Wasser

ergibt sich die nachfolgende Berechnung:

Es verbrennen bekanntlich bei vollkommener Verbrennung C zu CO_2 (Kohlensäure), H zu H_2O (Wasser) und S zu SO_2 (Schweflige Säure), das heißt die Verbrennung erfolgt durch die Verbindung mit dem Sauerstoff der zugeführten Luft. Es sind nun zur Verbrennung von einem Kilogramm Brennstoff theoretisch an Luft erforderlich

$$V_L = 8,9 \cdot \left[C + 3\left(H - \frac{O}{8}\right)\right] + 3,33\ S.$$

[1]) Nach Nuber, Wärmetechnische Berechnung R. Oldenbourg, München 1926.

[2]) bezogen auf 0° 760 mm.

[3]) N = etwa 1%.

Da der Schwefelgehalt oft wegen seines geringen Bestandteiles vernachlässigt werden kann, ergibt sich in m³ von 0° und 760 mm

$$V_{L_{\text{theoret.}}} = 8{,}9\,C + 26{,}7 \cdot \left(H - \frac{O}{8}\right).$$

Diese Gleichung gibt also den theoretischen Mindest-Luftbedarf an, der zur vollkommenen Verbrennung von 1 kg Brennstoff notwendig ist.

Die Verbrennungsgasmenge ist um den freiwerdenden Stickstoff den Wasserstoff und den entwickelten Wasserdampf größer, als die Luftmenge nach folgender Gleichung in m³ v. 0° u. 760 mm

$$V_{g_{\text{theoret.}}} = 8{,}9\,C + 20{,}96 \cdot \left(H - \frac{O}{8}\right) + 0{,}797\,N + 11{,}19\,H + 1{,}243\,W,$$

mithin

$$V_{g_{\text{theoret.}}} = 8{,}9\,C + 32{,}15\,H - 2{,}62\,O + 0{,}797\,N + 1{,}243\,W.$$

In der Praxis ist nun bei allen Feuerungen und Brennstoffarten mehr Luft zuzuführen, als theoretisch nötig ist, da es nicht möglich ist, dem im Brennstoff enthaltenen Kohlenstoff an allen Stellen des Rostes den nötigen Sauerstoff gleichmäßig zur Verbrennung zur Verfügung zu stellen. Man muß daher mit einem Luftüberschuß arbeiten.

Die sogenannte Luftüberschußzahl ergibt dann:

$$\lambda = \frac{V_{L_{\text{wirklich}}}}{V_{L_{\text{theoretisch}}}}.$$

Von diesem Luftüberschuß hängt in erster Linie der CO_2-Gehalt der Rauchgase ab. Er fällt mit steigendem Luftüberschuß.

Der wirkliche CO_2-Gehalt der Rauchgase kann praktisch durch den bekannten Orsat-Apparat oder den Siemens Rauchgasmesser ermittelt werden. Er gibt einen Maßstab für die Güte der Verbrennung.

Für jeden Brennstoff kann der größte theoretisch mögliche CO_2-Gehalt ermittelt werden durch das Verhältnis der bei Verbrennung des gesamten im Brennstoff enthaltenen Kohlenstoffs sich ergebenden theoretischen CO_2-Menge zur theoretischen trockenen Verbrennungsgasmenge $V'_{g\text{theoret}}$[1]. Da nun zur Verbrennung von 1 kg C wie bekannt 1,865 O_2 erforderlich sind, ergibt sich als theoretisch maximaler CO_2-Gehalt der Rauchgase

$$k_{\text{theoret.}} = \frac{C \cdot 1{,}865}{V'_{g_{\text{theoret.}}}}.$$

In der Tabelle 12 sind für die wichtigsten Brennstoffe der theoretisch maximale CO_2-Gehalt in %, die theoretische Luft- und Gasmenge angegeben. Bei den Kessellieferanten ist nun der auf ihren Kesseln mit einer bestimmten Kohle und einem bestimmten Rost er-

[1]) $V'_{g_{\text{theor.}}} = 8{,}9\,C + 29{,}96\left(H - \frac{O}{8}\right) + 0{,}797\,N.$

reichbare wirkliche CO_2 Gehalt der Rauchgase erfahrungsmäßig festgelegt. Er schwankt bei guten Kesselanlagen je nach der Art des Rostes (Planrost, handbeschickt, mechanisch beschickt, Wanderrost, Muldenrost) zwischen 9 und 14%. Bei Kohlenstaubfeuerung steigt er bis zu 16%. Man kann dann aus diesem Wert in Verbindung mit dem errechneten bzw. in der Tabelle angegebenen theoretischen CO_2 Gehalt die Luftüberschußzahl ermitteln nach der Gleichung

$$\lambda = \frac{k_{\text{theoret.}}}{k_{\text{wirklich}}} \text{ (schwankend zwischen 2 und 1,13).}$$

Hieraus ergeben sich die wirklichen Luft- und Rauchgasmengen in m^3 von 0^0 und 760 mm zu:

$$V_{L_{\text{wirkl.}}} = \lambda \cdot V_{L_{\text{theoret.}}}$$
$$V_{g_{\text{wirkl.}}} = V_{g_{\text{theoret.}}} + (V_{L_{\text{wirkl.}}} - V_{L_{\text{theoret.}}}).$$

$V_{L_{\text{wirklich}}}$ in m^3 von 0^0 und 760 mm ist diejenige Luftmenge, die dem Unterwindlüfter zu Grunde zu legen ist.

Der vom Lüfter zu überwindende Druck ergibt sich aus der Kohlenart und der Schichthöhe und muß aus Erfahrungen von ähnlichen Kesseleinrichtungen angenommen werden. Er schwankt von einfachen Anlagen mit handbeschickten Planrosten bis zu den modernsten Feuerungen, bei welchen die Luft durch Rauchgasvorwärmer erwärmt wird vor Eintritt in die Feuerung, zwischen 10 und 300 mm WS.

Aus der wirklichen Gasmenge $V_{g_{\text{wirklich}}}$, umgerechnet auf die tatsächlich vorhandene Rauchgastemperatur an derjenigen Stelle, an welcher die Rauchgase den Lüfter passieren, ergibt sich die für den Saugzuglüfter nötige Rauchgasmenge, mithin auf t^0 bezogen $V_{g_t} = V_g \cdot (1 + \alpha t)$. Hierbei ist vorausgesetzt, daß nicht etwa durch Undichtigkeiten hinter dem Kessel oder im Fuchs unberechenbare Falschluftmengen hinzutreten, sonst müssen die Rauchgasmengen um diese Beträge noch erhöht werden.[1])

Die vom Saugzuglüfter zu überwindenden Drücke schwanken ebenfalls je nach der Verwendung von Rauchgasvorwärmern, Ekonomisern und je nach Rostarten etwa zwischen 40 und 200 mm WS.

Wird außerdem ein Schornstein mitverwendet, so kann dessen Zugstärke für den vom Lüfter aufzubringenden Druck mindestens zum Teil in Abzug gebracht werden (vgl. Abschn. X, 1 b).

4. Allgemeine Betrachtungen.

a) Bewertung der Zuganzeiger am Kessel.

Es ist nötig, hier auf eine Erscheinung hinzuweisen, die in der Praxis leicht zu Mißdeutungen Anlaß gibt.

[1]) Das Gewicht γ von 1 m^3 Rauchgas von t^0 und mittl. Zusammensetzung ist 1,25—0,0027 t.

Es sei angenommen, daß der Unterwind- und der Saugzuglüfter vom Heizerstand aus bedient werden kann, und daß die Veränderung der Luftmenge durch die Bedienung eines Regelanlassers auf elektrischem Wege durch Änderung der Drehzahl des Lüfters erfolgt.

Zur Beurteilung der Notwendigkeit einer Regelung der Luft sind nun dem Heizer, abgesehen von den Dampfdruckmessern (Manometern), Zugstärkenmesser zur Verfügung gestellt. Diese sind in der Regel so eingerichtet, daß einmal der Differenzdruck zwischen dem Feuerraum und dem Heizraum und an einem zweiten Meßgerät der Differenzdruck zwischen Feuerraum und Fuchs hinter dem letzten Kesselzug abzulesen ist.

Handelt es sich um Anlagen, die nur mit Saugzug oder nur mit Unterwind arbeiten, so werden beide Druckangaben nur dann einen richtigen Maßstab für die Luftzuführung abgeben, wenn die Schichthöhen auf dem Rost stets gleich hoch und etwaige Luftklappen im Aschfall immer gleich weit geöffnet sind. In diesem Falle kann der Heizer immer mit Recht annehmen, daß bei Veränderung der Lüfterdrehzahl mit steigendem Druck an beiden Meßgeräten auch die Lüfterleistung steigt und umgekehrt.

Wird jedoch eins von beiden, also entweder Schichthöhe oder Luftzutritt verändert, so läßt eine Druckveränderung an den Meßgeräten keinen Schluß auf entsprechende Änderung der Lüfterleistung zu. So kann z. B. bei verkleinerter Schichthöhe trotz erhöhter Lüfterdrehzahl der Druck konstant bleiben. Aber die Luftleistung des Lüfters ist gestiegen.

Andererseits kann der Heizer nicht von vornherein verlangen, daß ein bestimmter Druck an beiden Meßgeräten vorhanden sein muß, da sich dieser zunächst einmal automatisch einstellt, und nur abhängig ist von den Widerständen, die eben von dem Luftstrom oder dem Rauchgasstrom auf dem Wege durch die Feuerung zu überwinden sind. Er kann z. B. den Druck jetzt erstmalig durch Erhöhung der Schichthöhe ebenfalls vergrößern, muß aber dann, um einen richtigen Vergleichsmaßstab zu haben, in der Folgezeit immer mit dieser neugewählten Schichthöhe fahren, wenn er die Veränderung der Luftmenge aus der Veränderung seiner Druckmeßgeräte einwandfrei ersehen will.

Im Fall des ausgeglichenen Zuges (vgl. Abschn. X, 1 c), das heißt also, wenn Saugzug und Unterwind arbeiten, ist die richtige Beurteilung der Lüfterleistung nach den Meßgeräten ebenfalls nur möglich, wenn die Brennstoffschichthöhe gleich bleibt und eine etwaige Veränderung der Kohlenmenge nur durch Erhöhung der Rostgeschwindigkeit, wie sie z. B. bei Wanderrosten ohne weiteres möglich ist, erreicht wird.

Wird die Regelung streng so durchgeführt, daß die neutrale $\pm$ 0-Zone unterhalb der Oberfläche der Kohlenschicht bleibt, so dürfte überhaupt für die Vergleichung der Luftleistungen nach veränderter Drehzahl des Lüfters nur der Zugmesser zwischen Feuerraum und Fuchs zu verwerten sein. Der andere erwähnte Zugmesser hat dann eben nur Wert für die Einstellung der neutralen Zone.

Allgemein kann gesagt werden, daß bei allen Feuerungsanlagen die Beobachtung der Zugmesser nur dann einen richtigen Maßstab für die von den Lüftern erzeugte Luftleistung abgibt, wenn alle äußeren Widerstände gleichbleiben, das heißt, wenn der Belastungszustand vom Luftzutritt bis zum Schornstein innerhalb der ganzen Feuerung nach einmaliger Einstellung dauernd konstant bleibt.

Unabhängig hiervon ist es wichtig, durch vorherige Messung der Lüfterleistung auf einem Prüfstand festzustellen, ob der Lüfter für die angenommene Belastung die gewährleistete Luftmenge hergibt.

Grunsätzlich falsch aber ist es, von dem Einbau von Saugzug oder Unterwind ohne weiteres die Möglichkeit zu einer Forcierung des Kessels herzuleiten. Hierzu ist stets eine vorherige Prüfung durch den Kessellieferanten nötig, ob der Kessel selbst nach Größe der Rost- und Heizfläche und ihrer Lage zueinander geeignet ist, eine höhere Leistung abzugeben und ob nicht unvorhergesehene Undichtheiten vorliegen.

b) Überlastung des Saugzuglüfters.

Der Saugzuglüfter ist berechnet für ein Luftvolumen von höherer Temperatur, im allgemeinen einer solchen zwischen 180 und 220° bei modernen Feuerungsanlagen. Da bei dieser Temperatur entsprechend den spezifischen Gewichten die Antriebsleistung geringer ist, als bei kalter Luft, darf unter normalen Verhältnissen der Saugzuglüfter nicht zur Förderung kalter Luft verwendet werden. Wenn es auch ratsam ist, den Antriebsmotor reichlich zu wählen, so kann doch bei Förderung von kalter Luft auch die elektrische Reserve überschritten werden, so daß eine Beschädigung des Motors eintritt. Diese Tatsache ist wichtig, da häufig zu Versuchszwecken oder aus anderen Gründen der Saugzuglüfter in Betrieb gesetzt wird, ohne daß heiße Rauchgase zur Förderung gelangen (vgl. Abschn. I, 1).

5. Anwendungsgebiete.

a) Landanlagen.

Das Hauptanwendungsgebiet für künstliche Luftführungsanlagen liegt in den modernen Zentralen der großen Kraftwerke für Stromversorgung. Sie werden im allgemeinen von vornherein mit Saugzug und Unterwind ausgerüstet, um den verschiedensten Leistungsanforderungen, die gerade für solche Kraftwerke in Frage kommen, gewachsen zu sein.

Meistens handelt es sich bei diesen Werken darum, eine Spitzenleistung zu einer gewissen Zeit des Tages abgeben zu können, in den übrigen Stunden dagegen unter Normallast zu fahren. Des Nachts wird der Betrieb dann in der Regel auf halbe Last heruntergesetzt. Während man früher diese verschiedenen Belastungen unter natürlichem Zug lediglich durch Zu- und Abschalten einzelner Kessel gegebenenfalls durch Drosselung des Schornsteinzuges erzielte, benutzt man heute bei Verwendung der künstlichen Luftführungsanlagen die Drehzahl-

Fig. 160. Unterwindlüfter mit Drehstromreihenschlußmotor. (Siemens-Schuckertwerke, Berlin-Siemensstadt.)

regelung hierzu. Auf diese Weise kann man dauernd alle Kessel unter Feuer halten, wodurch die Verluste des An- und Abstellens fortfallen und der Wirkungsgrad der Gesamtanlage wächst.

Aus diesen Gründen müssen sämtliche Antriebsmotoren der Kessellüfter regelbar eingerichtet sein. Bei Gleichstrom kommt hierfür die Nebenschlußregelung durch Feldschwächung, bei Drehstrom die Verwendung von asynchronen Drehstrommotoren mit Schleifringläufer oder der Drehstromkommutatormotor in Betracht (vgl. Abschn. XV).

Fig. 160 zeigt einen Unterwindlüfter mit Drehstromreihenschlußmotor in einem süddeutschen Elektrizitätswerk.

Fig. 161 stellt eine Doppelverbundsaugzuganlage mit Gehäuseregulierung und compoundiertem Nebenschlußmotor in einem Großkraftwerk dar. Bei dieser Anlage wird die günstigste Wirkung erreicht, wenn die Haupteinstellung durch Drehzahlregelung und die Feineinstellung zwischen 2 Kontakten durch Gehäuseregulierung vorgenommen wird.

Durch elektrische Fernsteuerung oder durch Öldruckwirkung lassen sich solche hochentwickelten Kesselanlagen völlig automati-

Fig. 161. Ventilatorzug-Doppel-Verbundanlage. (Gesellschaft für Ventilatorzug, Berlin-Charlottenburg 4.)

sieren, indem der Dampfdruck als Impulsgeber die Kohlenmenge (Rostgeschwindigkeit), den Saugzug und Unterwind in Abhängigkeit einerseits von dem CO_2-Gehalt der Rauchgase andererseits von den Differenzdrücken regelt.

b) Schiffsanlagen.

Bei Schiffsanlagen wird der Unterwind ähnlich wie bei Landanlagen durch Erzeugung von Überdruck im Aschfall als Howdens forced draught, oder der Saugzug als induced draught durch Einbau von Lüftern im Schornstein erzeugt.

Außer diesen Arten wird jedoch noch besonders bei Wasserrohrkesseln der Unterwind durch Erzeugung von Überdruck im ganzen Heizraum erreicht. Hierbei muß natürlich dieser Heizraum überall dicht abgeschlossen sein. Er ist in der Regel nur durch eine Doppeltür zu betreten, die als Luftschleuse ausgebildet ist, um einerseits das Öffnen der Tür zu erleichtern und andererseits keinerlei Druckausgleich eintreten zu lassen.

Die Lüfter sind meist im Heizraum selbst an der Decke eingebaut, saugen die Luft durch Luftschächte, welche über Deck münden, ein und drücken sie in den Heizraum. Die Anordnung muß so erfolgen, daß die Luft sich im Heizraum gut verteilen kann, und das Heizpersonal selbst nicht durch dauernde direkte Berührung mit dem austretenden Luftstrahl belästigt wird.

Als Lüfter werden Fliehkraftlüfter oder neuerdings vielfach auch

Fig. 162. Unterwindgebläse mit Dampfturbinenantrieb für Schiffskessel. (Turbon Ventilatoren- und Apparatebau, Berlin-Reinickendorf-Ost.)

hochwertige Schraubenlüfter verwendet, die entweder durch kleine Dampfturbinen (Fig. 162) oder aber durch Elektromotoren angetrieben werden.

Die im Heizraum erzielten Drücke schwanken je nach der Schiffskesselart bzw. der Schiffsart zwischen 60 und 120 mm WS.

Infolge der unvermeidlichen Undichtigkeiten muß bei der Verwendung von geschlossenen Heizräumen mit mindestens 30 m³ Luft 0°/760 je kg Kohle (gute Steinkohle) gerechnet werden.

c) Ölfeuerung.

Bei der Ölfeuerung für Zentralheizungskessel (Fig. 163), Kohlenstaubfeuerung und auch Schiffskessel wird der Lüfter zu einer Art indirekten Unterwinds gebraucht.

Fig. 163. Verbrennungsluftgebläse für die Ölfeuerung eines Zentralheizungskessels. (Brevo A.-G., Horgen-Zürich.)

Er saugt die Luft aus dem Raum an und drückt sie in den Luftmantel eines Ölbrenners. Aus diesem tritt sie meist zwischen Ringdüsen mit großer Geschwindigkeit in den Verbrennungsraum. Durch den erzeugten Unterdruck wird der Brennstoff angesaugt und im Verbrennungsraum zur Entzündung gebracht.

Die für den Lüfter erforderlichen Drücke schwanken zwischen 200 und 500 mm WS. Die Luftmengen richten sich nach der Ölmenge und dem erzielten CO_2 Gehalt (etwa 12—13 % max.).

Infolge der hohen Drücke muß bei der Wahl des Lüfters besonders auf ruhigen Lauf geachtet werden, da sonst z. B. bei Zentralheizungsanlagen seine Verwendung unmöglich ist (vgl. Abschn. XVII).

Abschnitt XI.

Entstaubungsanlagen.

1. Wirkungsweise und Ausführungsformen.

Die in diesem Abschnitt zu besprechenden Entstaubungsanlagen sollen alle diejenigen Anlagen behandeln, die den in industriellen Anlagen anfallenden Staub erfassen und beseitigen, solange hierzu eine Ventilatoranlage mit einer Abscheidevorrichtung ausreichend ist.

Es kommen mithin zunächst solche Staubarten in Betracht, die spezifisch leicht sind wie atmosphärischer Staub, Staub und Späne von Holz, von Glas, von Zement, Faserstaub von Wolle und Baumwolle,

Staub von Leder, Kohle und Sand, dann aber auch schwerere Staubarten allerdings nur in feinster Körnung wie Eisen-, Kupfer-, Zink- und anderer Metallstaub.

Bei allen diesen Entstaubungsanlagen dient als Träger des Staubes die Luft oder ein Gas, das durch den Lüfter von der Entstehungsstelle bis zur Beseitigungsstelle und gegebenenfalls darüber hinaus gefördert wird.

Der heutige Stand der Technik ist nun allerdings noch nicht so weit, daß von einer vollkommenen Beherrschung dieses Gebietes gesprochen werden kann, trotzdem die Anforderungen durch die Fortschritte der Hygiene und den ausgedehnten Arbeiterschutz heute mehr denn je vorhanden sind. Die Aufgaben, die an die Entstaubungstechnik gestellt werden, liegen zuweilen so schwierig, daß selbst mit besten technischen Mitteln eine Lösung entweder überhaupt nicht oder aber nur unter einem so großen Kostenaufwand erreicht werden kann, daß die Wirtschaftlichkeitsfrage die Beschaffung der Anlage infrage stellt.

Der Hauptgedanke bei jeder Entstaubungsaufgabe muß dahin gehen, den Staub unmittelbar bei seiner Entstehung unter geringster Mischung mit Luft zu erfassen, aber hierin liegt gleichzeitig auch die größte Schwierigkeit des ganzen Entstaubungsproblems. Denn ist es erst einmal möglich, den Staub zu erfassen, so ist es oft schon weniger schwierig, ihn zu beseitigen, oder wenigstens für den jeweiligen Fall unschädlich zu machen.

A. Erfassung des Staubes.

a) Geschlossenes System.

Die Erfassung des Staubes wird überall da verhältnismäßig leicht sein, wo der Staub an einer Stelle entsteht, die sich vollständig durch einen allseits möglichst geschlossenen Mantel oder Kasten umgeben läßt, ohne daß dabei der eigentliche Arbeitsvorgang beeinträchtigt wird. Ein Beispiel hierfür ist in einer Sandstrahlgebläse-Einrichtung für kleine Gegenstände (vgl. Fig. 164) gegeben. Hier ist das Gebläse und der zu putzende Gegenstand von einem fast völlig geschlossenen Kasten umgeben. Der Arbeiter steht außerhalb dieses Kastens, nur seine Hände werden möglichst luftdicht in den Kasten eingeführt (a). Die Beobachtung des Putzens geschieht durch eine durchsichtige Scheibe (b), etwa in Augenhöhe.

Hier kann eine Absaugung an einem Trichter im Kasten angebracht werden. Die Staubluft wird alsdann durch einen Lüfter zu einem zentralen Sammelbehälter geführt. Für das Nachströmen von Luft sind in dem oberen Teil des Kastens Öffnungen (c) vorzusehen, falls vorhandene Undichtigkeiten nicht ausreichen.

Derartige Einrichtungen sind im allgemeinen auf Gegenstände

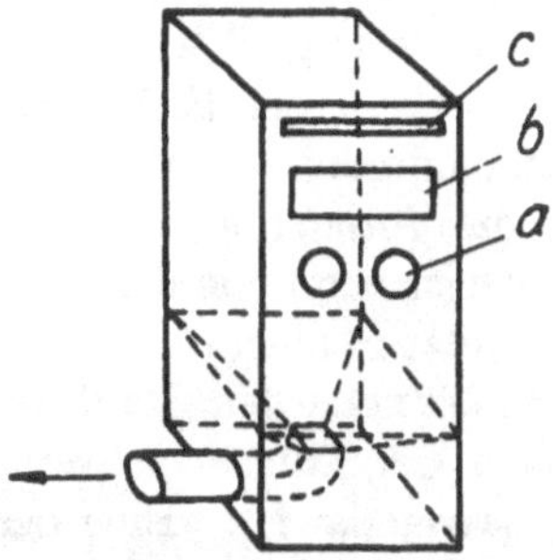

Fig. 164. Sandstrahlgebläsekasten mit Staubabsaugung.

beschränkt, bei welchen eine besonders scharfe Beobachtung des Arbeitsvorganges nicht erforderlich ist. Fig. 165 zeigt einen Drehtisch in einer Metallgußputzerei. Hier wird das geschlossene System dadurch hergestellt, daß lederne Abstreifer den Kasten nach vorn soweit wie möglich abschließen. Die Staubluft wird nach oben abgesaugt, in einem Prallabscheider vom gröbsten Sande befreit und dann durch den Lüfter über ein Stoff-Filter ins Freie befördert. Der Sand aus dem Abscheider findet wieder Verwendung.

Fig. 165. Drehtisch in einer Gußputzerei. (Siemens-Schuckertwerke, Berlin-Siemensstadt.)

b) Umschließende Staubsaughauben.

Schon weniger einfach liegt der Fall z. B. bei rotierenden Werkzeugmaschinen, bei denen mindestens diejenige Stelle, an der das zu bearbeitende Material die rotierende Scheibe oder Walze berührt, zwecks Bearbeitung frei liegen, und von dem Arbeiter scharf beobachtet werden muß. Man verwendet in allen diesen Fällen eine umschließende Saughaube, die zwar immer noch den Staub unmittelbar an der Entstehungsstelle erfaßt, aber der Luft doch weit mehr Zutritt gewährt, als für die Absaugung notwendig ist. Eine derartige Haube ist z. B. in Fig. 166 dargestellt. Die Ausführung solcher Hauben muß von dem Gesichtspunkte geleitet sein, daß durch die Drehrichtung der Scheibe oder Walze der Werkzeugmaschinen der Staub schon in die Haube und ihren Rohranschluß geworfen wird. Die Haube muß daher mög-

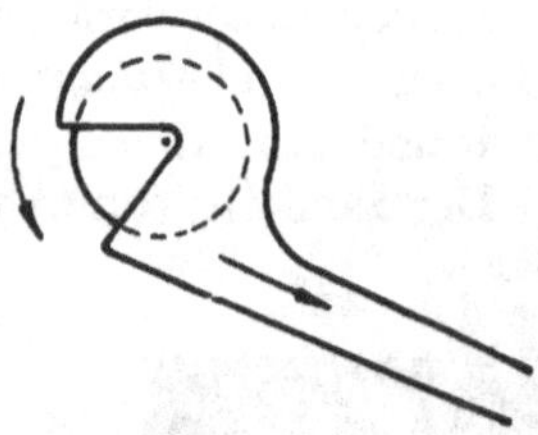

Fig. 166. Sauganschluß an einer Schleifscheibe.

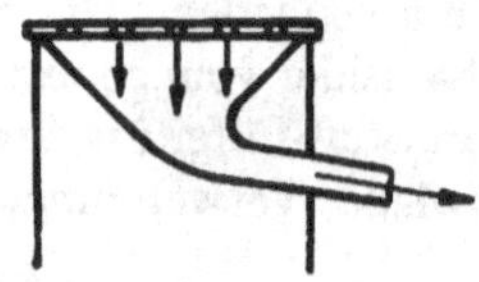

Fig. 167. Absaugung an einem Arbeitstisch.

lichst dicht an die Arbeitsstelle herangeführt und der Sauganschluß der Haube in tangentialer Fortsetzung des vom Umfang der Scheibe oder der Walze abgeschleuderten Staubteilchens liegen.

c) Saugtrichter und Luftsaughaube.

In vielen anderen Fällen läßt sich auch die eben erwähnte umschließende Saughaube nicht mehr anwenden. Man kann aus irgendwelchen betriebstechnischen Gründen nicht dicht an die Staubentstehungsstelle heran und muß sich nun darauf beschränken, denStaub schon in einiger Entfernung von seiner Entstehungsstelle zu erfassen.

Man muß daher einen Saugtrichter oder eine Saughaube anordnen, die mit möglichst großer Saugkraft den Staub noch über eine gewisse Entfernung ansaugt (vgl. Abschn. I, 4 h).

Derartige Anlagen sind mit allergrößter Vorsicht auszuführen. Kann der Saugtrichter seitlich oder unterhalb des Arbeitsvorganges so angebracht werden, daß der Staub wenigstens dem Saugtrichter zugeblasen wird oder zufällt, dann kann noch mit einer einigermaßen befriedigenden Wirkung gerechnet werden. Man muß auch hier dafür sorgen, daß der Staub in die Mündung d. i. den kleineren Querschnitt des Sauganschlußrohres schon durch den Fall gelangt. (Vgl. Fig. 167). Ist man jedoch gezwungen die Haube oder den Trichter oberhalb der Entstehungsstelle etwa über eine große Fläche anzuordnen und muß die Entfernung vom Arbeitsvorgang aus Bedienungsgründen sehr groß sein, so ist nicht mehr mit guter Wirkung zu rechnen.

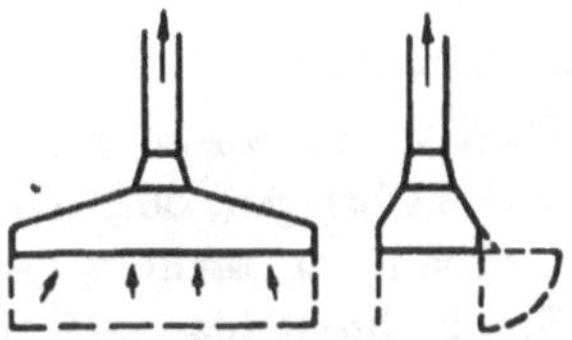

Fig. 168. Saughaube mit aufklappbarer Schürze.

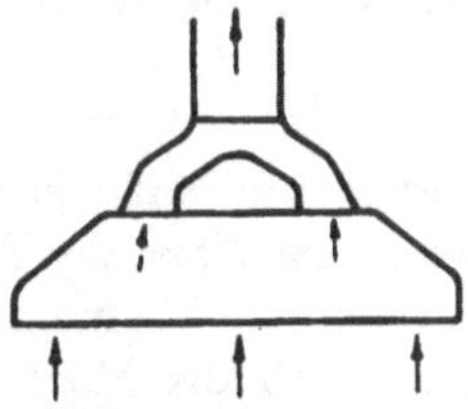

Fig. 169. Saughaube mit zwei Sauganschlüssen.

Man kann sich in solchen Fällen helfen, indem man an die Haubenränder aufklappbare Schürzen anhängt (vgl. Fig. 168). Fig. 169 zeigt eine große Haube mit zwei Sauganschlüssen.

Es ist allgemein zu sagen, daß bei Entfernungen der Haubenunterkante von über 400 mm von der Staubentstehungsstelle auch bei bester Saugwirkung eine weitgehende Erfassung des Staubes nicht mehr erfolgt. Die Luft strömt in diesen Fällen von allen Seiten der Haube zu, so daß hierdurch die Ansauggeschwindigkeit für die Staubluft selbst außerordentlich vermindert wird. Eine Saughaube für seitlichen Anschluß zeigt Fig. 170.

Lassen sich solche Anlagen nicht umgehen, so darf die in der Ansaugfläche der Haube vorliegende Luftgeschwindigkeit je nach Art

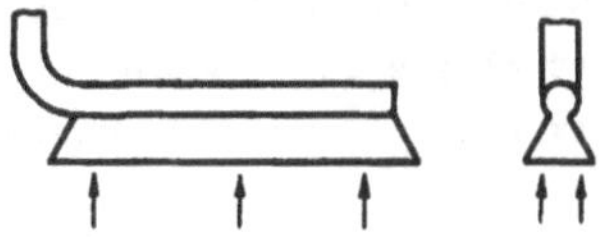

Fig. 170. Saughaube mit seitlichem Anschluß.

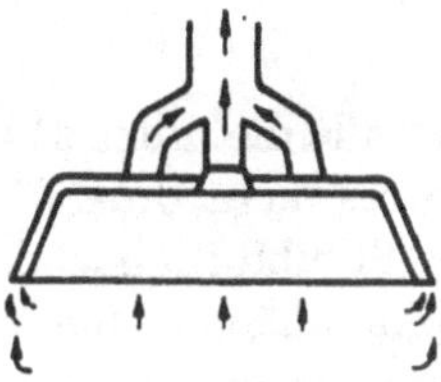

Fig. 171. Doppelsaughaube.

des Staubes 0,5 bis 2 m/s in keinem Fall unterschreiten, falls überhaupt noch eine Wirkung eintreten soll.

d) Doppelhaube.

Man kann die Wirkung der letztgenannten Luftsaugehauben noch etwas verbessern durch eine sogenannte Doppelhaube.

Diese besteht aus 2 übereinanderliegenden Hauben gemäß Fig. 171. Die innere entspricht der normalen Haube, während die äußere z. B. durch 2 Abzüge mit dem Hauptstrang verbunden ist. Diese letztere soll die Randabsaugung bewirken. Infolge des kleinen zwischen der äußeren und inneren Haube gebildeten Luftspaltes wird nämlich hier die Luft mit etwas größerer Geschwindigkeit, als in der inneren Haube angesaugt, so daß etwa neben die Haube austretende Staubluft noch mit erfaßt wird und zur Absaugung gelangt.

e) Fortblasen des Staubes.

Wenn es, wie häufig, durchaus unmöglich ist, eine Absaugeeinrichtung auch nur in die Nähe der Staubanfallstelle zu bringen, oder aber wenn der Staub durch Verkrustung bei der Absaugung nicht gelöst wird, so gibt es noch die Möglichkeit den Staub durch blasende Wirkung eines Luftstrahles wenigstens von derjenigen Stelle fortzuschaffen, an welcher er besonders störend wirkt. Es handelt sich dann allerdings nicht mehr um eine Beseitigung des Staubes, sondern nur um eine Umlagerung, die nach Möglichkeit vermieden werden soll. Bis auf wenige Ausnahmefälle, die im nächsten Abschnitt besprochen werden, dürften derartige Einrichtungen vorzugsweise mit Preßluft d. i. mit Drücken von 2—4 atü. betrieben werden, so z. B. das Ausblasen von elektrischen Maschinen. Ein näheres Eingehen auf Preßluftanlagen überschreitet den Rahmen des Buches.

Es sei nur bemerkt, daß die Möglichkeit gegeben ist, bei derartigen Anlagen die Umlagerung insofern zu vermeiden, als durch besondere Einrichtungen wenigstens eine möglichst weitgehende Absaugung des abgeblasenen Staubes gleichzeitig vorgenommen werden kann (vgl. fahrbare Luftreiniger Abschn. XI 3 k).

f) Raumentstaubung.

Sind alle die unter a) bis e) genannten Möglichkeiten der Erfassung des Staubes nicht durchführbar, so bleibt nichts anderes übrig, als die gesamte Staubluft, nachdem sie bereits von der Entstehungsstelle in den Raum übergetreten ist, abzusaugen.

Diese Maßnahme darf natürlich immer erst nach gründlicher Prüfung aller anderen Möglichkeiten ergriffen werden, da die Aufwirbelung des Staubes, die mit einer Raumentstaubung verbunden ist, oftmals eine größere Belästigung mit sich bringt, als gar keine Entstaubung.

Man hilft sich in solchen Fällen dadurch, daß man ein Rohrnetz über den ganzen Raum verteilt, und durch senkrechte Stichkanäle, an deren unteren Enden Lufteintrittsöffnungen angebracht werden, möglichst in die Nähe der Staubquellen zu kommen sucht. Auf diese Weise wird wenigstens eine große Verteilung der Staubluftansaugstellen erzielt und damit die Luftbewegung im Raum nicht so störend bemerkbar.

Oft ist es allerdings durch Kräne und sonstige Hebezeuge nicht möglich, ein derartiges Rohrnetz im Raum zu verlegen. Dann bleibt nur als äußerste Maßnahme eine Absaugung der Raumluft durch Öffnungen im Fußboden oder an den Wänden übrig. Eine Absaugung an der Decke ist meist nicht zu empfehlen, da die Saugwirkung über die ganze Höhe des Raumes nur selten zu einer Beseitigung des in der Luft befindlichen Staubes führen wird.

g) Druckbelüftung.

Gegen die Belästigungen, die der atmosphärische Staub, das ist derjenige, der sich ohne Vorhandensein besonderer Staubquellen in der Luft befindet, oder besondere Staubluft, die sich in staubverursachenden industriellen Anlagen, wie Brikettfabriken oder Zementfabriken außerhalb der Gebäude vorfindet, im Innern der Fabrikationsräume hervorruft, kann man sich durch die sogenannte Drucklüftung schützen. Bei dieser setzt man den Raum durch Einführung von gefilterter Frischluft (vgl. Abschn. VI) unter einen gewissen Überdruck, so daß weder durch Undichtigkeiten noch beim Öffnen von Türen und Fenstern Staub von außen eindringt.

Ausführliche Beschreibungen derartiger Anlagen sind in Abschnitt II erfolgt.

B. Abscheidung des Staubes.

a) Luftfilter.

Wenn die Frage der Erfassung des Staubes geklärt ist, ist die nächst wichtigste Frage die der Beseitigung. Hier ist zu unterscheiden zwischen solchen Staubarten, deren Wiederverwendung von Bedeutung ist oder sogar gefordert wird, die also letzten Endes nicht beseitigt werden sollen, und solchen, die wertlos sind.

Die Beseitigung des wertlosen kleinkörnigen Staubes kann durch Benutzung von ölbenetzten Luftfiltern erfolgen, wie sie in Abschnitt VI 2a—c ausführlich beschrieben sind. In diesen Fällen wird also die Staubluft, nachdem sie vom Lüfter abgesaugt ist, durch ein Filter gedrückt, von welchem sie dann staubbefreit ins Freie entweicht.

Voraussetzung hierfür ist, daß sich der abgesaugte Staub zur Abscheidung in einem ölbenetzten Filter eignet, und daß der Anfall mengenmäßig nicht zu groß ist. Die Eignung muß von Fall zu Fall festgestellt werden. Sie wird im allgemeinen dann vorliegen, wenn der Staub eine gewisse Bindung mit dem Filteröl eingeht, ohne dies aufzusaugen.

Die Staubmenge darf etwa 20 mg/m^3 nicht übersteigen.

Trifft eine von beiden Voraussetzungen nicht zu, so muß auch dieser Staub ebenso wie derjenige, der wieder verwertet werden soll, entweder in einem Fliehkraftabscheider oder in einem Stoffilter oder in einem Elektrofilter niedergeschlagen werden.

Die beiden letzten Arten sind ebenfalls ausführlich im Abschnitt VI dargestellt.

b) Fliehkraftabscheider.

Der Fliehkraftabscheider stellt die am häufigsten gewählte Form der Abscheidung von Staubarten dar, wie sie in der Industrie hauptsächlich von Werkzeugmaschinen abfallen.

Sein prinzipieller konstruktiver Aufbau geht aus Fig. 172 hervor. Er besteht aus einem zylindrischen Oberteil und einem trichterförmigen Unterteil. Der Oberteil besitzt als horizontalen oberen Abschluß eine schraubenförmige Fläche, durch deren Mitte von oben her ein zylindrisches Rohr von kleinem Durchmesser geführt ist. Die Staubluft tritt nun durch einen tangential angebrachten Eintrittsstutzen mit großer Geschwindigkeit von etwa 10—15 m/s in den Oberteil ein, und wird durch die erwähnte Schraubenfläche in abwärts führende kreisende Bewegung gebracht, bei welcher der mitgeführte schwerere Staub durch Fliehkraft und Schwerkraft an der Wandung des Cyklons bis zur unteren offenen Mündung gelangt. Aus dieser tritt er dann in ein darunter stehendes Sammelgefäß. Die vom Staub befreite Luft zieht durch das erwähnte zylindrische Luftrohr nach oben ab. Der Wirkungsgrad derartiger normaler Fliehkraftabscheider schwankt etwa zwischen 60 und 80%. Er wird um so schlechter, je feinkörniger der Staub ist. Er ist daher für besonders feine Staubarten nicht geeignet. Sein Luftwiderstand bewegt sich zwischen 20 und 35 mm WS, je nach der Größe, die man für eine bestimmte Luftmenge wählt.

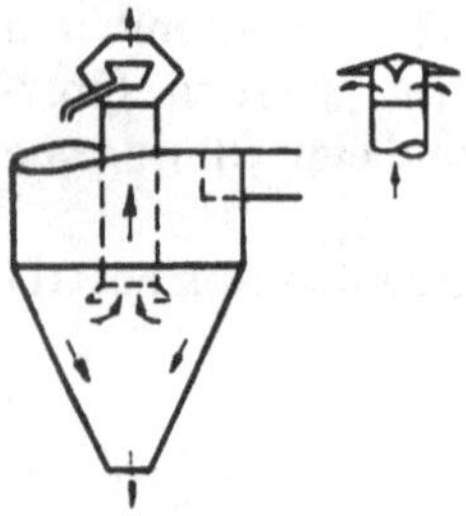

Fig. 172. Fliehkraftabscheider.

Es muß noch hervorgehoben werden, daß der Bau- und Wirkungsart des Fliehkraftabscheiders entsprechend die obere Öffnung nicht geschlossen werden darf. Auch darf bei normaler Anordnung nicht etwa aus der oberen Öffnung abgesaugt werden. In beiden Fällen wird das ganze Strömungssystem gestört und der Wirkungsgrad herabgesetzt.

c) Abscheider mit Koksfilter und Berieselung.

Man kann den Entstaubungsgrad allerdings auf Kosten des Widerstands verbessern durch Zwischenschaltung eines Koksfilters gegebenenfalls mit Berieselung (vgl. Fig. 173 u. 174). Derartige Naßentstaubungen werden auch in Verbindung mit Raschigringen und Prallblechen ausgeführt.

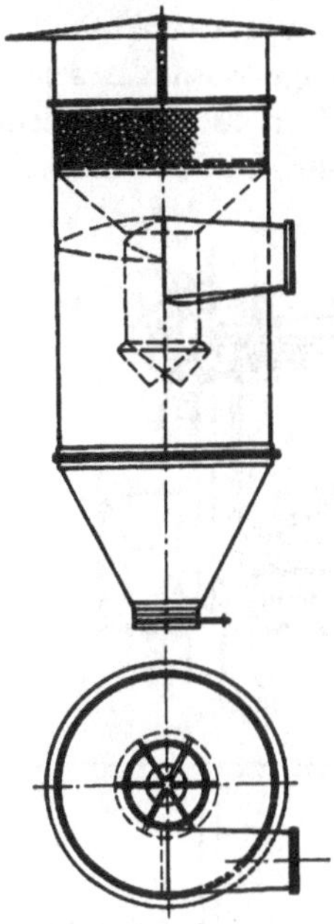

Fig. 173. Fliehkraftabscheider mit Koksfilter.

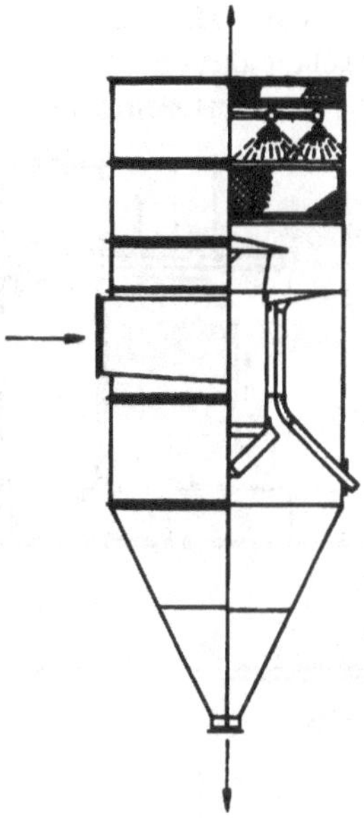

Fig. 174. Fliehkraftabscheider mit Koksfilter und Berieselung.

d) Abscheider nach Davidson.

Eine weitere Verbesserung des Entstaubungsgrades erreicht der Davidson-Abscheider (vgl. Fig. 175). Die Wirkung wird hier durch Randabsaugung erreicht, wobei die hierdurch erfaßte Staubluft in einen zweiten wesentlich kleineren Fänger gelangt. In diesem wird infolge des spezifisch höheren Staubgehaltes ein bedeutend höherer Abscheidegrad erzielt. Die Abluft entweicht in den Luftabzug des ersten Fängers. Durch dieses System wird allerdings der ganze Aufbau verteuert, aber immerhin eine weitgehende Abscheidung auch feinen Staubes ermöglicht.

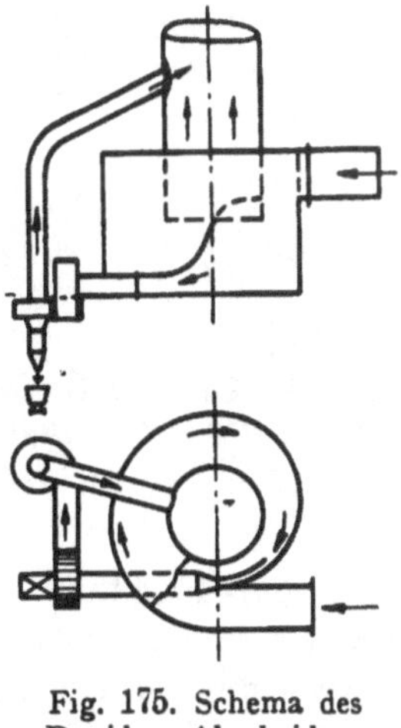

Fig. 175. Schema des Davidson-Abscheiders.

e) Besondere Arten der Abscheidung.

Wird Wert auf eine besonders gute Entstaubung gelegt, so daß die entweichende Luft von Staub fast restlos befreit ist, so kann hinter den Fliehkraftabscheider gegebenenfalls noch ein Stoffilter geschaltet werden. In diesem Falle muß aber der untere Austritt durch ein

Schleusenrad luftdicht verschlossen und der ganze Abscheider stärker konstruiert sein. Hierdurch wird die Anlage ebenfalls sehr verteuert, ganz abgesehen davon, daß der vom Lüfter zu überwindende Druck sich durch die Hintereinanderschaltung der beiden Abscheidesysteme

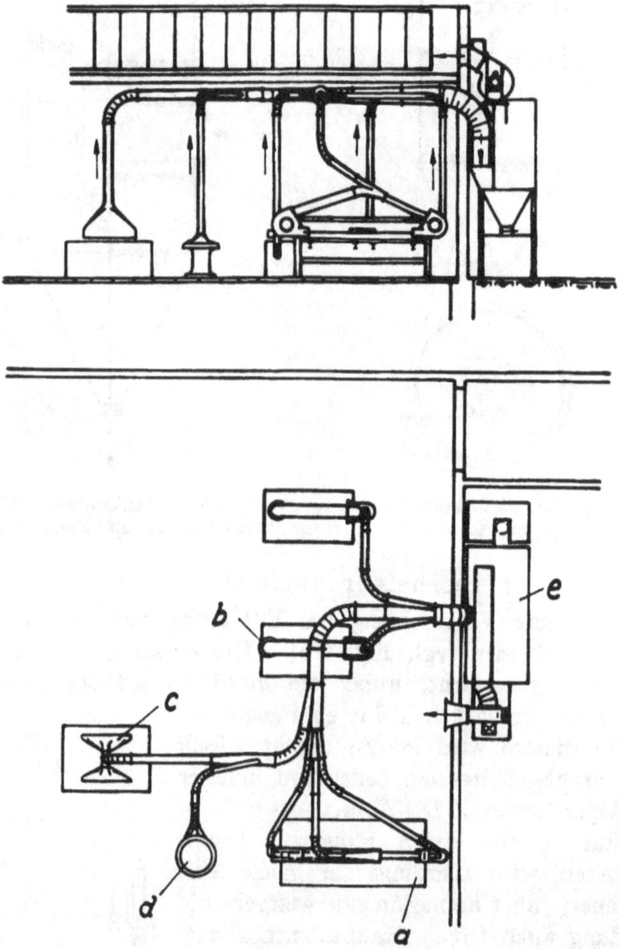

Fig. 176. Zusammenfassung der Holzbearbeitungsmaschinen mit feinstem Staubanfall in einer Großtischlerei. a) Doppelbandschleifmaschine b) Einfache horizontale Bandschleifmaschine c) Walzenschleifmaschine d) Topfschleifscheibe e) Bethfilter.

nicht unbeträchtlich erhöht. Es kann hier ein Widerstand bis etwa 100 mm WS entstehen. Aus diesem Grunde zieht man es in solchen Fällen vor, da der Fliehkraftabscheider gröbere Staubarten gut ababscheidet, bei größeren Betrieben, wenn möglich, die gesamte Absaugungsanlage in zwei oder mehrere Gruppen einzuteilen. Die eine der Gruppen wird solche Maschinen umfassen, die nur Späne und gröbere Staubarten entwickeln, während die zweite so zusammengestellt wird, daß nur feinster Staub zur Abscheidung gelangt. Wenn man dann die erste Gruppe an einen Fliehkraftabscheider, die zweite an Stoffilter, die zweckmäßig als automatische zu wählen sind, wie z. B. das Bethfilter (vgl. Abschn. VI), anschließt, so erreicht man auf diese Weise auch in solchen Fällen eine sehr weitgehende Entstaubung (vgl. Fig. 176). In anderen Fällen wird man den aus dem Abscheider entweichenden Luftstrom durch ein Elektrofilter schicken, und dadurch bei geringstem zusätzlichen Widerstand eine fast restlose Entstaubung erzielen.

C. Verlegungsart.

Bei Entstaubungsanlagen kann das Rohrnetz oberirdisch oder unterirdisch verlegt werden. Vom Schönheitsstandpunkt aus wird im allgemeinen die Verlegung unter dem Fußboden oder der Erde bevorzugt werden. Die oftmals besonders bei großen Anlagen sehr viel Platz beanspruchenden Rohre stehen außerdem bei unterirdischer Verlegung der Aufstellung von Maschinen nicht im Wege, nehmen nicht Licht weg und behindern auch nicht die Führung von Kränen und sonstigen an der Decke zu montierenden Hebezeugen.

Man benutzt bei unterirdischer Verlegung entweder Betonkanäle, in welche man Blechrohre einlegt (Fig. 177), und die man alsdann durch Deckplatten aus Holz, Eisen oder Beton so verschließt, daß man sie leicht öffnen kann. Außerdem sind etwa alle 10 m Reinigungsöffnungen vorzusehen, und zwar sowohl in der Deckplatte als auch in den darunter befindlichen Rohren.

Eine zweite Verlegungsmöglichkeit unter der Erde ist die Einstampfung verzinkter Blech-Rohre in Beton. Hier müssen jedoch die Reinigungsöffnungen häufiger, etwa alle 5 Meter, und vor und hinter jedem Krümmer vorgesehen werden.

Die Einstampfung in Beton hat zwar vor der Verlegung in Betonkanälen den Vorzug, daß Undichtigkeitsverluste nur in geringstem Maße auftreten können, jedoch den Nachteil der Schwierigkeit bei etwaigen Veränderungen des Rohrnetzes.

Bei der Verlegung unter dem Fußboden wird die Rohrleitung meist unter der Decke des darunter befindlichen Stockwerks angehängt werden. Für die anzuschließenden Maschinen muß dann durch senkrechte Stutzen, welche die Decke durchbrechen, die Verbindung mit dem Rohrnetz hergestellt werden.

Da die Rohrverbindung von einem Stockwerk zum anderen aus Gründen der Feuergefährlichkeit jedoch vermieden werden muß, be-

Fig. 177. Unterirdische Verlegung von Saugrohren einer Späneabsaugeanlage in einer Großtischlerei.

schränkt sich die unterirdische Verlegung fast ausschließlich auf Fabrikräume, die zu ebener Erde liegen.

Allgemein sei empfohlen, eine Asphaltierung oder feste Belegung mit Steinfliesen bei unterirdischer Rohrverlegung unter allen Umständen zu vermeiden, da sonst jede kleinste nachträgliche Umänderung kostspielige und umständliche Erdarbeiten notwendig macht.

Die oberirdische Verlegung hat den großen Vorzug in den meisten Fällen kürzere und einfachere Rohrleitungsführung zu den Maschinen zu ermöglichen. Dazu kommt die bessere und bequemere Reinigungsmöglichkeit bei vorkommenden Verstopfungen und eine einfache Umlegungsmöglichkeit bei Platzwechsel der stauberzeugenden Maschinen, oder bei Hinzunahme neuer Maschinen.

D. Wärmeverluste.

Soweit die vorgeschriebenen Entstaubungsanlagen auf dem Prinzip der Absaugung beruhen, entziehen sie dem Raume die zur Mischung des Staubes benötigte Luft und führen diese ins Freie. Mit dieser Luft aber wird dem Raume auch die in der Raumluft enthaltene Wärme entzogen. Ein Verlust, der sich im Winter höchst unangenehm bemerkbar macht, wenn man nicht einen Ausgleich findet.

Für diesen Ausgleich gibt es nun 3 Möglichkeiten. Entweder muß die örtliche Heizung entsprechend dem Wärmeausfall verstärkt werden. Ein zweites Mittel besteht darin, die abgesaugte Luft nach völliger Staubbefreiung wieder dem Raume zuzuführen, und schließlich kann man in den Raum frische, vorgewärmte Luft wieder einführen.

Durch die Verstärkung der Heizung wird zwar die verloren gehende Wärme in vollem Umfange wieder ersetzt. Es bleibt jedoch durch die Absaugung ein Luftdefizit bestehen, welches sich in einem Unterdruck des Raumes gegenüber der Außenatmosphäre bemerkbar macht. Hierdurch treten Zugerscheinungen auf, indem durch alle Undichtigkeiten, aber auch bei jedesmaligem Öffnen von Türen oder Fenstern kalte Luft von außen einströmt (vgl. Abschn. II 2b).

Die Wiedereinführung der vom Staub befreiten Luft wird sich im allgemeinen auf Entstaubungsanlagen mit geringem Staubanfall beschränken, bei welchen also ölbenetzte Filter oder Stoffilter Anwendung finden können. Bei größeren Staubmengen, bei denen Fliehkraftabscheider notwendig werden, müßten, wie im vorigen Abschnitt auseinandergesetzt, besondere Maßnahmen, die eine wesentliche Verteuerung und Komplizierung der Anlage mit sich bringen, gewählt werden, um die Luft so weit zu reinigen, daß sie wieder in den Raum eintreten kann.

Der dritte Fall, die Einführung frischer vorgewärmter Luft, wird oftmals die einfachste und wirksamste Lösung sein.

Diese kann in der Form erfolgen, daß die Frischluft durch einen Lüfter angesaugt, über einen Lufterhitzer gedrückt und dem Raume durch ein über die Maschinen verteiltes Rohrleitungsnetz zugeführt wird. Es findet hierdurch eine Ausgleichslüftung statt (vgl. Abschn. II 2c), die in ihrer Wirkung um so besser ausfällt, wenn die Frischluft möglichst an den Stellen zur Verfügung steht, wo durch die Entstaubungsanlage eine Absaugung bewirkt wird.

Die gleiche Wirkung kann auch durch Anordnung von einzelnen Luftheizgeräten erzielt werden, die über den ganzen Raum unter dem gleichen Gesichtspunkt wie die zentrale Anlage verteilt werden.

E. Einzelabsaugung.

Während bis jetzt nur von solchen Entstaubungsanlagen die Rede war, bei welchen sämtliche Maschinen eines Raumes an eine zentrale Entstaubungsanlage angeschlossen sind, soll noch kurz darauf hingewiesen werden, daß es auch möglich ist, einzelne Maschinen oder Maschinengruppen an eine Einzelabsaugung anzuschließen, welche ebenfalls die gereinigte Luft wieder dem Raume zuführt. In Fig. 178

wird z. B. ein Staubsauggerät dargestellt, das an eine Flächenschleifmaschine angebaut werden kann. Die Staubluft wird durch ein kleines Gebläse abgesaugt und in dem unmittelbar am Druckstutzen befindlichen Filtersack zur Abscheidung gebracht. Statt des Filtersacks kann auch ein Ringgutfilter Verwendung finden (vgl. Fig. 179). Die

Fig. 178. Einzel-Staubsauggerät für Schleifscheiben. (Siemens-Schuckertwerke, Berlin-Siemensstadt.)

Luft tritt gereinigt in den Raum zurück. Eine ähnliche Rückführung für eine Gruppe gleichartiger Maschinen zeigte Fig. 176. Hier wurden einige Bandschleifmaschinen und eine Teller-Schleifmaschine zusammengefaßt und an ein bewegliches Stoffilter angeschlossen. Die abgesaugte Luft tritt auch hier gereinigt wieder in den Raum zurück. Da es sich hier immerhin um verbrauchte Luft handelt, wird man durch eine Umschaltklappe im Sommer die Luft ins Freie drücken und nur im Winter zwecks Wärmeersparnis dem Raume wieder zuführen.

Fig. 179. Einzelabsaugung mit Ringgutfilter. (Deutsche Luftfilter-Baugesellschaft, Berlin-Halensee.)

2. Berechnungsart.

Als Grundlage für die Berechnung von Entstaubungsanlagen kann die für die jeweilige Staubart nötige Schwebegeschwindigkeit und das Mischungsverhältnis mit dem Träger des Staubes, der Luft dienen.

Eine genaue Rechnung läßt sich allerdings in der Praxis sehr schwer durchführen. Der Staubanfall ist auch bei einfachen Anlagen mengenmäßig derartig verschieden und schwer feststellbar, daß schon die wichtigste Zahl für die Aufstellung des Mischungsverhältnisses auf Annahmen beruhen müßte.

Aus diesen Gründen geht man in der Praxis so vor, daß man zunächst die Rohrabmessungen nach gewissen Erfahrungswerten festlegt und für diese die nötigen Ansaug- und Rohrgeschwindigkeiten wählt, wie man sie von Versuchen her kennt. Hieraus ermittelt man die nötigen Luftmengen.

Die Ansaugegeschwindigkeit, also diejenige Geschwindigkeit, welche zur Erfassung des Staubes in dem Sauganschluß nötig ist, braucht nicht identisch zu sein mit der Geschwindigkeit, welche das Staubluftgemisch in den Rohren besitzen muß. Diese letztere Geschwindigkeit hängt nämlich ausschließlich von der erwähnten Schwebegeschwindigkeit ab, das ist diejenige Geschwindigkeit, die gerade noch notwendig ist, damit die Luft den bereits angesaugten Staub auf dem ganzen Wege durch das Rohrnetz mit sich führt, ohne daß ein Liegenbleiben oder Absetzen von Staub im Rohre eintritt.

Aus dieser Schwebegeschwindigkeit, die also gerade noch ausreicht für die Staubförderung, haben sich nun in der Praxis gewisse Rohrgeschwindigkeiten gebildet, die etwas höher liegen und daher eine sichere Förderung im Betriebe gewährleisten. Für die Ansaugegeschwindigkeit w_1 und Rohrgeschwindigkeit w_2 können etwa die Werte der nachstehenden Tabelle 13 gelten.

Tabelle 13.

Geschwindigkeiten in Entstaubungsanlagen.

	w_1 m/s	w_2 m/s
Feinster Metallstaub	9—12	10—14
Grobe Metallspäne	16—18	18—20
Feinster Sand	11—12	12—14
Gröberer Sand	12—14	14—16
Feinster Holzstaub	8—10	12—16
Holzspäne	15—17	17—19
Besonders große Holzspäne	25	25—30
Woll- und Baumwollfasern	6—8	8—10
Papierschnitzel und -Streifen	8—10	10—12

Es lassen sich leicht ähnliche Staubarten in eine der Reihen der Tabelle 13 eingliedern, so daß die entsprechenden Geschwindigkeiten gewählt werden können. Wie ersichtlich sind für die einzelnen Geschwindigkeiten gewisse größere Bereiche angegeben, innerhalb deren nach der besonderen Eigenart der jeweiligen Staubsorte zu wählen ist.

Für Luftsaugehauben (vgl. Abschn. XI, 1 A, c), die oberhalb der stauberzeugenden Maschinen angebracht werden, soll die Ansaugegeschwindigkeit auf den größten Haubenquerschnitt bezogen, möglichst nicht unter 1,5 bis 2 m/s, die im Anschlußrohr nach obiger Tabelle gewählt werden.

Bei größeren Hauben der erwähnten Art, die einen größten Ansaugquerschnitt von über 1 m² haben, müssen mehrere Sauganschlußrohre angeordnet werden (vgl. Fig. 169). Der Rohrdurchmesser je m² Ansaugfläche soll nach Möglichkeit 200 mm ∅ nicht unterschreiten.

Für einige häufig vorkommende Maschinenarten der Holz- und Metallindustrie sind die in der Praxis üblichen Rohrdurchmesser an dem Sauganschluß der Werkzeugmaschine in nachfolgender Tabelle 8 und 9 zusammengestellt:

Tabelle 14.
Sauganschlüsse bei Späneabsaugungsanlagen.

Maschinenart	Sauganschluß ∅ mm
Tischkreissäge bis 400 mm ∅	100
Besäum „	120 bis 140
Kantholz „	140 „ 160
Latten „	160 „ 200
Pendel „	120
Bandsägen	140
Blockbandsägen	180 bis 200
Horizontalgatter	1 bis 2 Kehrlöcher
Vertikalgatter n. Größe	180—200—225—250
Fräsen	120
Kettenfräse	120
Abrichte	120 über 400 br. 140
Abrichte schnellfd.	180 bis 200
Dickenhobel	140 über 400 br. 160
Dickenhobel schnellfd.	180 bis 200
Nut u. Spundm.	140
Zapfenschneidem.	2×140 bis 2×160
Schlitzmesser	1×120 bis 1×140
Amerik. Schlitzmasch.	6×180
Kehlmaschine	2×120 bis 2×140
vierseitig Hobelm.	4×140 bis 4×160
Spundköpfe	120—180
Fügemaschine	140—140—120—120
Tellerschleifm.	140—160
Bandschleifm. horiz.	2×140
Bandschleifm. vert.	2×120
Kehrloch	140

Es ergibt sich dann die für eine Maschine benötigte Luftmenge

$$V = \frac{\pi d^2}{4} \cdot w_1 \text{ in m}^3/\text{s, wenn } d \text{ in m.}$$

Die Summe der Luftmengen der einzelnen Maschinen ergibt die gesamte für den zentral angeordneten Lüfter erforderliche Luftmenge.

Aus den angegebenen Rohrgeschwindigkeiten wird das weitere Rohrnetz in seinen Abmessungen bestimmt, wobei die jedesmal von einer Maschine neu hinzukommende Luftmenge berücksichtigt werden muß.

Tabelle 15. Sauganschlüsse bei Schleifscheiben.

Scheiben Ø mm	Anschluß ca. Ø mm
bis 120	50
120–180	80
180–250	120
250–300	140
300–500	160

Handelt es sich um große Anlagen, bei welchen auch eine große Differenz in den größten und kleinsten Rohrdurchmessern sich ergibt, dann wählt man zweckmäßig für die großen Durchmesser etwas größere und für die kleinen Durchmesser etwas kleinere Rohrgeschwindigkeiten. Dies geschieht aus dem Grunde, da erfahrungsgemäß der Geschwindigkeitsabfall über dem Querschnitt zwischen Mitte und Wandung beim großen Durchmesser größer, als im kleinen Rohr ist, so daß der Staub bei gleicher Geschwindigkeit im größeren Rohr leichter liegen bleibt als im kleineren Rohr. Hierdurch erreicht man gleichzeitig einen kleineren Gesamtwiderstand, da die Druckverluste im engen Rohr bei gleicher Geschwindigkeit größer, als im weiten Rohr sind.

Bei der Aufstellung des Rohrnetzes ist möglichst die Verlegung eines Hauptkanals anzustreben, der etwa durch die Mitte der gesamt anzuschließenden Maschinen verläuft. Die Abzweige von diesem Hauptkanal sind nach Möglichkeit nicht zu lang zu halten.

Hat man auf diese Weise das gesamte Rohrnetz festgelegt, so beginnt die Widerstandsrechnung. Diese erfolgt in ähnlicher Weise wie in Abschnitt II für Luftleitungen, und zwar ebenfalls unter Benutzung der Reibungstafel und der Einzelwiderstände nach Abschnitt I, 4 b.

Hierbei ist jedoch zu beachten, daß für Rohrleitungen und Kanäle die aus der Tafel und der Tabelle sich ergebenden Werte um ca. 20 % zu erhöhen sind, als Zuschlag für höhere Reibung des in der Luft enthaltenen Materials.

Um kurz zu wiederholen: Man bestimme die Rohr Ø bei gleichem w_1; man suche dann den statischen Druck im Hauptkanal und den des anschließenden Abzweigs von größtem Widerstand. Alsdann ermittle man die Widerstandszahlen an den Knotenpunkten und verändere die Abmessungen der übrigen Abzweige, bis der gewünschte Ausgleich der statischen Drücke am Knotenpunkt erzielt ist.

Will man eine gewisse Ansauggeschwindigkeit einhalten, so kann man den Ansaugequerschnitt, den man anfangs gewählt hat, beibehalten und erst kurz hinter diesem, etwa 0,5—1 m, durch Verengung oder Erweiterung des Abzweigrohres größere oder kleinere Widerstände erzielen.

3. Anwendungsgebiete.

a) Holzbearbeitung.

In der Holzbearbeitungs-Industrie kommen Entstaubungsanlagen hauptsächlich in den Sägewerken und in den Tischlereiwerkstätten vor.

Die Vor- und Nachteile der unterirdischen oder oberirdischen Verlegung der Rohrleitung sind bereits in Abschn. XI, 1 ausführlich behandelt.

Der Lüfter wird zweckmäßig in gleicher Höhe wie das Hauptsammelrohr aufgestellt, also bei unterirdischer Verlegung ebenfalls unter dem Fußboden und bei oberirdischer auf einer Konsole an der Wand. An den Druckstutzen des Lüfters schließt sich möglichst gradlinig die Druckleitung an, die dann in den Fliehkraftabscheider tangential einmündet.

An sämtlichen Sauganschlüssen ist ein Absperrschieber vorzusehen, der bei Außerbetriebsetzung der betreffenden Maschinen zu schließen ist. Drosselklappen, deren Achsen innerhalb des Saugrohres liegen,

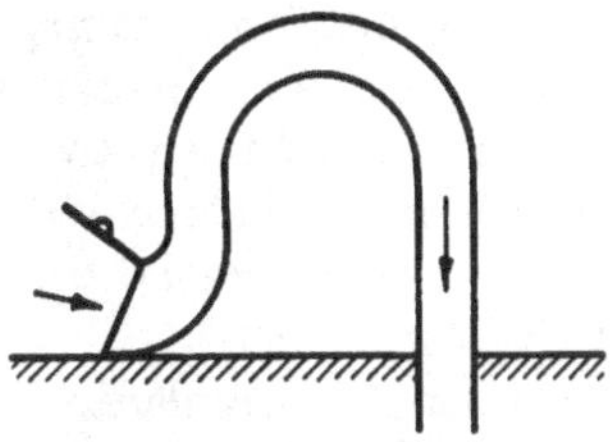

Fig. 180. Kehrloch bei unterirdischer Rohrverlegung.

sind zu vermeiden, da sie leicht zu Verstopfungen Anlaß geben und großen Widerstand bieten.

Automatisch wirkende Absperrvorrichtungen, die erst beim Einschalten oder bei Betreten des Arbeitsplatzes den Sauganschluß öffnen, sind empfehlenswert, da das Verschließen von Hand häufig nicht befolgt wird.

Bei unterirdischer Verlegung sind die Kehrlöcher so anzuordnen, daß hinter der Ansaugöffnung dieser Löcher ein ansteigendes Rohrstück anschließt (Fig. 180). Hierdurch soll verhindert werden, daß größere Holzstücke oder andere sperrige Teile aus Versehen, oder wie es auch vorkommt, durch Spielerei der Arbeiter in die Rohrleitung gelangen und sich dort festsetzen.

Aus gleichem Grunde ist kurz vor dem Lüfter ein sogenannter Stückenabscheider (vgl. Fig. 181) einzubauen. Dieser besteht aus einer kastenförmigen Erweiterung des Rohres, an deren unterem Ende sich ein durch Gegengewichte ausbalancierter Verschluß befindet. Dieser öffnet sich bei einem gewissen Übergewicht im Kasten und auch

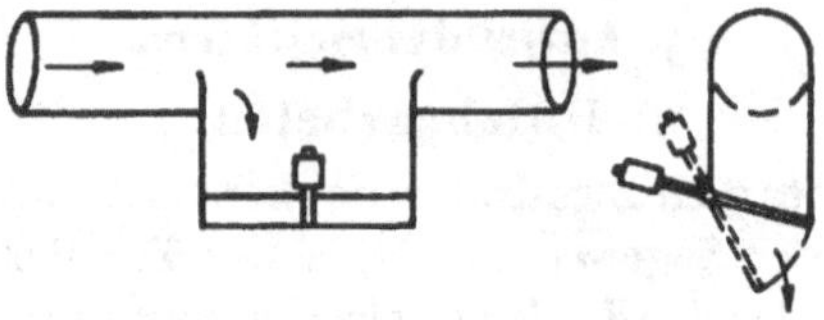

Fig. 181. Stückenabscheider.

beim Stillstand des Lüfters, so daß er die dort angesammelten sperrigen Stücke hinauswirft. Bei Inbetriebsetzung der Absaugungsanlage schließt sich der Stückenabscheider ebenfalls selbsttätig.

Sollen die im Fänger angesammelten Späne gleich zur Feuerung unter einem Dampfkessel verwertet werden, so kann die Druckleitung der Entstaubungsanlage, wenn das Kesselhaus dicht neben der Tischlerei liegt, unmittelbar in einen Fänger oberhalb des Kesselraumes geleitet werden. Der Kessel selbst muß jedoch in diesem Falle mit einer Vorfeuerung ausgerüstet sein, die durch eine automatisch wirkende schleusenartige Drehklappe ein Herausdrücken oder Rückschlagen der Flamme in Richtung zum Spänefänger unmöglich macht.

Bei größerer Entfernung des Kesselhauses von dem Aufstellungspunkt des Lüfters empfiehlt es sich, einen Zwischenfänger anzuordnen und die Späne aus diesem Fänger einem zweiten Förderlüfter zufallen zu lassen, der sie durch eine besondere Förderleitung zu dem Cyclon im Kesselhause drückt (vgl. Fig. 182).

Die Einschaltung solcher Förderanlagen, die in Abschnitt XII näher beschrieben werden, ergibt in den meisten Fällen Kraftersparnis

Fig. 182. Späneabsaugungsanlage mit vier parallelgeschalteten Sauglüftern und besonderer gemeinsamer Förderanlage. (Siemens-Schuckertwerke, Berlin-Siemensstadt.)

und Verringerung der Anlagekosten. Dies hat seinen Grund darin, daß der größere Teil der Ansaugeluft dem ersten Fänger entweicht und in der Förderanlage mit einer wesentlich geringeren Menge Mischluft gearbeitet werden kann, als bei der eigentlichen Absaugeanlage.

Die Rohrgeschwindigkeit bei Späneabsaugungsanlagen muß um so größer sein, je sperriger und zäher die Späne der zur Verarbeitung gelangenden Holzarten sind. So muß z. B. bei Spänen von lang-

Fig. 183. Absaugung an einer kombinierten Abricht-, Dickten- und Hobelmaschine. (Danneberg & Quandt, Berlin-Lichtenberg.)

splittrigen Elsenhölzern oder von eichenen Eisenbahnschwellen mit größten Rohrgeschwindigkeiten gerechnet werden, da sonst häufige Verstopfungen unvermeidlich sind.

Das Gleiche ist zu beachten bei geölten Hölzern, wie sie häufig zu Verpackungszwecken benutzt werden. Hier sind die Reinigungsöffnungen so zahlreich wie möglich über das ganze Rohrnetz zu verteilen, und ebenfalls größere Rohrgeschwindigkeiten zu wählen, da durch die Neigung dieser Holzspäne zum Backen leicht Verkrustungen eintreten, die schon in der Nähe der Ansaugstellen Verstopfungen im Gefolge haben.

Eine besondere Behandlung verlangen ferner die modernen hoch-

Fig. 184. Rohrführung einer Späneabsaugungsanlage bei oberirdischer Verlegung. (Danneberg & Quandt, Berlin-Lichtenberg.)

tourigen Hobel- und Dickenmaschinen (ca. 8000 U/min.). In diesen Fällen werden durch die hohen Walzengeschwindigkeiten in der Maschine selbst sehr hohe Luftgeschwindigkeiten erzielt, deren Richtung häufig der Ansaugewirkung der Entstaubungsanlage entgegengesetzt liegt. Man muß daher entweder die Absaugehaube um 180° drehen, oder wenn das nicht möglich ist, die höchste Ansauggeschwindigkeit wählen, gleichzeitig aber auch den Querschnitt des Ansaugrohres und damit die Luftmenge gegenüber den normalen Maschinen gleicher Art vergrößern (vgl. Tabelle 14).

Die Fig. 183—185 stellen Einzelheiten von Spänabsaugeanlagen dar.

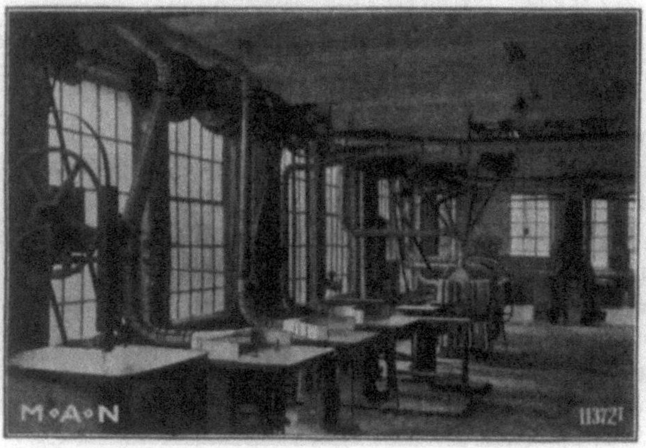

Fig. 185. Absaugung an Holzfräßmaschinen. (Maschinenfabrik Augsburg-Nürnberg.)

Fig. 186. Absaugungsanlage an Schuhmaschinen. (Maschinenfabrik Augsburg-Nürnberg.)

b) Schuhindustrie.

Die schuhverarbeitenden Maschinen sind in der Regel, soweit sie einer Absaugung bedürfen, mit gußeisernen Ständern zusammengebaut deren Hohlraum gleichzeitig zu einem fest angebauten Sauganschluß führt. Es handelt sich bei diesen Maschinen daher nur um den Anschluß an eine Sammelleitung, die so zu verlegen ist, daß die Anschlußabzweige möglichst kurz ausfallen.

Da es sich hauptsächlich um Sohlenfräs- und Bimsmaschinen handelt, ist der abfallende Staub sehr fein.

Es kommt also hier auf besonders gute Abdichtung der Rohrleitungsnähte und Stöße in der Druckleitung an. Auch der Abscheider selbst muß gut gedichtet sein und ist genügend groß zu wählen, um den Entstaubungsgrad zu verbessern. Das Abluftrohr ist möglichst hoch zu führen (vgl. Fig. 186 u. 187).

Fig. 187. Staubabscheider für Lederstaub. (Maschinenfabrik Augsburg-Nürnberg.)

c) Gießereien.

In der Gießerei und der dazugehörigen Formerei und Aufbereitung gibt es eine große Reihe verschiedenartigster Maschinen, die Staub erzeugen. Zu ihnen gehören in erster Linie diejenigen in der Formsandaufbereitung. Hier sind es die

Schüttelsieb-Vorrichtungen, die Schleuder- und Mischtrommeln und bei Bandbetrieb die Förderbänder, bei welchen ein Teil des Formsandes sich in feinsten Teilchen als Staub bemerkbar macht.

Die Schüttelsiebvorrichtung kann man in der Regel nur mit einer darüber anzubauenden Luftsaughaube versehen. Wie schon in Abschn. XI, 1 A c erwähnt, ist es zweckmäßig, diese Haube so tief wie möglich anzusetzen, da sonst die Saugwirkung versagt. Auf je 1 m² größten Ansaugquerschnitt soll etwa ein Saugrohr von 200 mm Durchmesser kommen.

Die Schleuder-Mischtrommeln, denen der Sand meist durch ein schräge Schurre zufällt, sind in der Regel schon völlig eingekapselt.

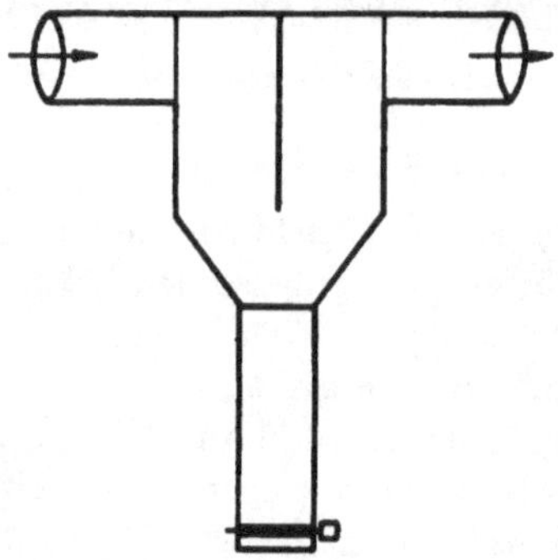

Fig. 188. Schema eines Vorabscheiders für Sandereien und Putzereien.

Diese Kapselung besitzt nur 2 Öffnungen, eine, in die der Sand einfällt und die zweite, durch die er weiter gefördert wird. Um die Staubbildung an diesen Öffnungen einzuschränken kann man die Haube unter einen gewissen Unterdruck setzen, sodaß an den Öffnungen frei schwebender Staub nicht mehr heraustreten kann.

Die nötige Luftmenge kann man hier aus dem Querschnitt der beiden erwähnten Öffnungen und einer Durchtrittsgeschwindigkeit von etwa 8 bis 10 m/s ermitteln.

Der in der Gußputzerei und in der Sandstrahlerei anfallende Staub kann meist durch umschließende Hauben erfaßt werden. Auch können mit Vorteil Lederabstreifer Verwendung finden (vgl. Fig. 165). Bei der Fortleitung des Staubes durch das zum Lüfter führende Saugrohr wird zweckmäßig vor dem Lüfter ein Vorabscheider (vgl. Bild 188) eingeschaltet. Dieser besteht aus einer mit Prallflächen und Luftumlenkungen versehenen kastenförmigen Erweiterung der Rohrleitung. Der Staub sammelt sich hier in einem darunter befindlichen Trichter, an, dessen unterem Ende man einen Schieber oder für kontinuierliche Entleerung eine Schleuse vorsetzen kann. Als Abscheider für den restlichen Staub, der dann sehr feiner Art ist, wird vorteilhaft ein Stofffilter mit selbstreinigender Wirkung (vgl. Abschn. VI 2 d. u. e.) vorgesehen.

Der in der Formerei entstandene Staub läßt sich in der Regel örtlich schwer erfassen. Man kann gegebenenfalls ein horizontales Rohrnetz verlegen und durch Anordnung senkrechter Abzweige in der Nähe der größten Stauberzeugung eine möglichst schnelle Beseitigung des Staubes erzielen. Meistens scheitern doch derartige Anlagen an der Schwierigkeit der Verlegung im Raume durch im Wege befindliche Kräne, laufende Bänder oder dergleichen.

Wenn man daher die Rohrführung nicht unterirdisch vorsehen kann, so bleibt meist nichts anderes übrig, als eine Raumentlüftung vorzunehmen, der dann gleichzeitig die Aufgabe der Entstaubung zufällt. Man kann zu diesem Zweck vorteilhaft Schraubenlüfter mit großer Ansauggeschwindigkeit in die Seitenwände der Räume einbauen und über die ganze Länge gut verteilen. Über Abführung der Gase in der Gießerei vgl. Abschn. XII, über Lufterwärmung, bzw. warme Ersatzluft vgl. Abschn. III.

d) Konverter-Entstaubung.

Bei der Konverter-Entstaubung in der Stahlgießerei wird heiße Luft mit Staub gemischt zur Absaugung gebracht. Diese läßt sich meist durch eine Anschlußhaube erfassen. Da es sich aber in der Regel um sehr große Staubmengen handelt, ist eine besonders kräftige Ausbildung des Lüfters vorzusehen. Häufig wird man statt eines schmiedeeisernen einen gußeisernen Lüfter wählen. Die Lager müssen wegen der hohen Temperatur, die 300° und mehr erreicht, Wasserkühlung erhalten.

Da nach jeder Charge kalte Luft eintritt, muß ein möglichst automatisch wirkender Klappenverschluß in die Saugleitung eingebaut werden, da sonst der Antriebsmotor bei Förderung kalter Luft überlastet wird.

e) Gummifabriken.

In den Gummifabriken entsteht bei der Bearbeitung der Rohgummiplatten unter beheizten Walzen ein Abfall von feinsten Talkum-Teilchen gemischt mit feuchter Luft. Hier ist es meist nur möglich durch Hauben, die oberhalb der Walzen angebracht werden, die Staubluft zu erfassen. Man bildet diese Luftsaughauben zweckmäßig als Doppelhauben aus, wie sie in Abschn. XI, 1 A beschrieben sind.

Die Luftgeschwindigkeit im größten Haubenquerschnitt kann 3 m/s erreichen, um eine gute Saugwirkung zu erzielen.

Die Sammlung des Staubes erfolgt am besten in Fliehkraftabscheidern, die mit Koksfiltern ausgerüstet sind (vgl. Abschn. XI, 1 B c).

f) Schleifereien u. Polierwerkstätten.

In Schleifereien und Polierwerkstätten sind die Entstaubungsanlagen unter ähnlichen Gesichtspunkten wie in der Tischlerei zu verlegen. Für gute Ausbildung der Saughauben ist zu sorgen, indem der Sauganschluß stets tangential zum Schleifscheiben-Durchmesser in die Haube

Fig. 189. Absaugung an Stirn- und Backenschleifscheiben. (Siemens-Schuckertwerke, Berlin-Siemensstadt.)

einmünden muß (vgl. Fig. 166). Die Haube selbst muß die Schleifscheibe allseitig soweit umfassen, als es der Arbeitsvorgang an der Maschine zuläßt (vgl. Fig. 189 u. 190).

Bei Schwabbelscheiben ist zu berücksichtigen, daß ein großer Teil der Schwabbelscheibe selbst durch Abnutzung zur Absaugung gelangt. Diese mehr oder weniger großen lappenartigen Teile bieten immer leicht Verstopfungsgefahr, sind aber andererseits nach Passieren des Lüfters, falls sie sich nicht in diesem ansammeln, so zerteilt, daß eine Abscheidung in genügend großen Fliehkraftabscheidern möglich ist.

Fig. 190. Absaugungsanlage an Schleifmaschinen. (Maschinenfabrik Augsburg-Nürnberg.)

Reinigungsöffnungen sind unmittelbar hinter der Saughaube in der Rohrleitung und im Lüfter anzubringen.

Die Abscheidung des Schleifstaubes kann auch in besonderen Stoffilterkästen erfolgen, aus denen die Abluft dem Raume wieder zutritt (vgl. Fig. 191).

g) Diskusschleifmaschinen.

Bei Diskus-Schleifmaschinen ist der Anfall von feinstem Eisenstaub sehr groß. Die Erfassung des Staubes durch Saughauben macht keine Schwierigkeiten, aber auf die Abscheidung muß besonderer Wert ge-

Fig. 191. Schleifstaubabsaugung und Abscheidung mit Rückführung der Abluft. (Franz Winterfeldt, Berlin-Tempelhof, Berliner-Str. 42/45.)

legt werden, da der etwa aus dem Fänger austretende Eisenstaub sich an Häusern und auf Dächern durch seinen baldigen Übergang in Rost an der freien Luft sehr störend bemerkbar macht. Man sieht daher auch zweckmäßig ein bewegliches Stoffilter als Abscheideorgan vor, wenn auch die Abnutzung des Stoffes eine häufige Erneuerung notwendig macht. In diesem Falle müssen die Stoffilter gegen Feuergefährlichkeit infolge Funkenfanges flammensicher getränkt und in einsernen Gehäusen eingekapselt sein. Es hat sich in der Praxis gezeigt, daß ein normaler Fliehkraftabscheider auch unter Einschaltung eines Koksfilters nur unvollkommen wirkt.

h) Kohlenindustrie.

Sowohl in Steinkohlenzechen wie in der Braunkohlenindustrie entstehen naturgemäß während des ganzen Prozesses der Aufbereitung und der Verarbeitung große Staubmengen. In den Steinkohlenbetrieben sind es hauptsächlich die Siebereien, in der Braunkohlenfabrikation, die sogenannte Innenentstaubung, die Pressenentstaubung und die Brüdenentstaubung. Ein näheres Eingehen auf die gesamte Entstaubung dieser Betriebe verbietet der Umfang dieses Buches, da die Erfassung an den verschiedensten Stellen des Arbeitsvorganges je nach Art der Einrichtungen von Fall zu Fall verschieden ausfällt.

Allgemein muß bei allen diesen Anlagen auf die Entzündungsgefahr des Kohlenstaubes, insbesondere des Braunkohlenstaubes Rücksicht genommen werden.

Vermieden oder wenigstens sehr weit eingeschränkt kann diese Gefahr werden durch eine derartige Ausbildung der Rohrleitung, daß eine Staubablagerung nicht stattfindet. Diese Staubablagerung kann eintreten an Krümmern und Umlenkungen und in den Nähten und Schüssen. Die ersteren Stellen müssen daher durch scharfe spitzwinklige Knie auch auf Kosten des Widerstandes gebildet werden. Ferner sind statt der sonst gefalzten Längsnähte geschweißte oder verlötete Nähte vorzusehen. Die Schüsse müssen durch besonders gedichtete Flanschverbindungen hergestellt werden.

Eine weitere Vorbeugung gegen die Fortpflanzung der Entflammung bietet die Einhaltung einer Mindestgeschwindigkeit in den Rohrleitungen, die bei Braunkohle etwa 15—17 m/s nicht unterschreiten soll.

Schließlich ist es noch empfehlenswert, an geeigneten Stellen Explosionsklappen, die ins Freie führen, vorzusehen und diese gegebenenfalls elektrisch, oder falls es möglich ist, mechanisch mit dem Lüfter so zu kuppeln, daß bei Öffnen der Klappe auch der Lüfter außer Betrieb gesetzt wird.

Die Abscheidung des Kohlenstaubes erfolgt entweder durch Hindurchsaugen der Staubluft durch wasserberieselte Raschigringe oder durch Elektrofilter. Die Anordnung der Elektrofilter in der Braunkohlenindustrie zeigt schematisch Fig. 192.

i) Textilindustrie.

Ein Teil der in der Textilindustrie benutzten Maschinen, besonders diejenigen, die z. B. in der Baumwoll-Industrie zur Vorbereitung für das eigentliche Spinnen, das Mischen und Öffnen, dienen, sind schon gleich mit Lüftern zusammengebaut. Diese haben entweder die Aufgabe, das zur Verarbeitung kommende Material zu fördern, wie z. B. im Voröffner und im Crightonöffner oder auch Staubluft zu Zwecken der Reinigung

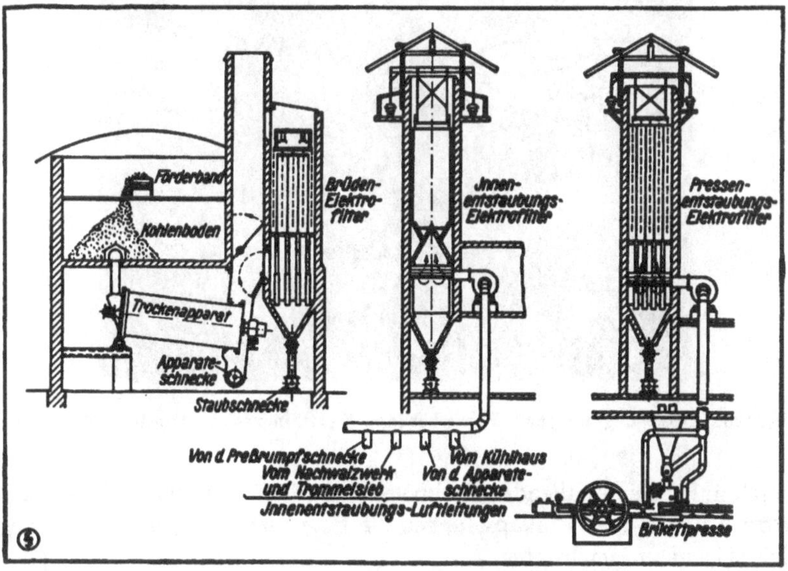

Fig. 192. Elektrofilter in der Braunkohlenindustrie.

abzusaugen, wie z. B. in einigen Systemen von Ballenbrechern und im Exhaustöffner, der neben einem Förderlüfter oftmals auch einen Entstaubungslüfter besitzt.

Die direkte Materialförderung, wie sie hier zum Teil vorliegt, wird in Abschn. XIII noch eingehend behandelt.

Die Entstaubungsfrage kann nur durch Studium der betreffenden Textilmaschinen selbst gelöst werden, wobei an Hand der im Abschnitt XI, 1 dargelegten Erfassungsmöglichkeiten meist irgendeine günstige Lösung gefunden werden kann.

Größere Schwierigkeiten bereitet schon die Erfassung des Staubes an den Karden der Krempel. Eine Absaugungsanlage für Flachskarden zeigt Fig. 193. Man kommt hier häufig mit der Saugfähigkeit der

Lüfter nicht mehr aus und bedient sich bei der Absaugung der Vakuumpumpen.

In neuerer Zeit wendet man der Entstaubung der Spul- und Zettelmaschinen größeres Augenmerk zu, da man erkannt hat, daß durch Verminderung des Staubanfalles die Knotenbildung und der Fadenbruch vermindert und damit die Arbeitsleistung und die Güte der Ware verbessert wird.

Bisher war es allerdings nicht möglich, bei diesen Maschinen den Grundsatz der Staubbeseitigung zu wahren, und man hat sich darauf

Fig. 193. Absaugungsanlage für Flachskarden. (Maschinenfabrik Augsburg-Nürnberg.)

beschränkt, den anfallenden Staub von den Fäden fortzublasen, da Saugvorrichtungen oder Einkapselungen die Beaufsichtigung und Bedienung der Maschinen erschweren.

Fig. 194 u. 195 zeigt eine Einrichtung an einer Zettel- oder Schärmaschine. Hier sind an jeder Seite des Schärrahmens, von dem die Fäden zum Riet geführt werden, zwei oszillierende Fächer angebracht, welche durch den nach beiden Seiten erfolgenden Ausschlag von etwa 90° sich beide zu einer völligen Bestreichung aller in Frage kommenden Fäden ergänzen. Auf diese Weise wird der in der Luft befindliche Faserstaub von den Fäden ferngehalten, so daß eine Knotenbildung nicht eintritt und auch der Fadenbruch verringert wird.

Am Riet selbst kann man einen Fliehkraftlüfter vorsehen, der ebenfalls durch Löcher oder einen Spalt Luft gegen die Fäden bläst.

In ähnlicher Weise versucht man auch an der Spulmaschine durch Abblasen des Staubes die Fäden sauber zu halten. Häufig verbindet man mit derartigen Einrichtungen auch den Zweck die Fäden auseinanderzuhalten und gegebenenfalls auch unmittelbar zu befeuchten.

Fig. 194. Staubfernhaltung von Schärrahmen durch oscillierende Staubfächer. (Siemens-Schuckertwerke, Berlin-Siemensstadt.)

Im ganzen betrachtet ist in fast allen Räumen der Textilfabrikation die Luft stark mit Staub durchsetzt. Man muß daher vielfach zu einer Raumentstaubung schreiten. Diese erzielt man dadurch, daß man

Fig. 195. Oscillierender Staubfächer für Schärmaschinen. (Siemens-Schuckertwerke, Berlin-Siemensstadt.)

ähnlich wie in Gießereien die Staubluft durch ein über den ganzen Raum verteiltes Rohrnetz, von welchem senkrechte Abzweige nach unten führen, mit Hilfe eines Lüfters ansaugt und hinausdrückt. Um Wärmeverluste, besonders im Winter, zu vermeiden, kann man die Luft in einem Stoffilter (vgl. Abschn. VI) vom Staube befreien und durch ein zweites Rohrnetz wieder dem Raume zuführen. Man wird in diesen Fällen einen 10-—15-fachen Luftwechsel zulassen.

k) Entstaubung beim Ausblasen elektrischer Maschinen.

Die Entstaubung von großen elektrischen Maschinen, Generatoren, Umformern, Motoren u. dgl. wird im allgemeinen durch Ausblasen

Fig. 196. Fahrbarer Luftreiniger bei der Staubabsaugung während der Reinigung eines Generators. (Siemens-Schuckertwerke, Berlin-Siemensstadt.)

mittels Preßluft vollzogen, da eine bloße Absaugung den in den Wicklungen und auf den Kollektoren festhaftenden Staub nicht erfassen würde. Der durch die Preßluft abgeblasene Staub setzt sich jedoch auf anderen Maschinenteilen und Apparaten nieder. Man umgibt daher zweckmäßig beim Ausblasen der erwähnten Maschinen diese mit einem Zelt, um die nachherige Erfassung des Staubes zu erleichtern.

Fig. 196 zeigt eine solche Entstaubung, bei welcher das Absaugegerät in Form eines fahrbaren Luftreinigers an das Zelt herangeschoben ist. Die Staubluft wird durch einen im Mittelteil des Luftreinigers eingebauten Schraubenlüfter angesaugt und in den als Filter ausgebildeten Wänden des Kastenwagens vom Staube befreit. Die Luft tritt gereinigt in den Raum zurück. Die Filterplatten können dann außerhalb des Maschinenraumes von Zeit zu Zeit durch Einlegen in Öl gereinigt werden.

Abschnitt XII.

Absaugeanlagen von Dämpfen und Gasen.

1. Wirkungsweise und Ausführungsformen.

Die Absaugung von Dämpfen und Gasen unterscheidet sich von der im vorigen Abschnitt beschriebenen Staubabsaugung häufig durch die Art der Erfassung, fast immer jedoch durch die Art der Niederschlagung. Die Absaugung von Wasserdampf ist, soweit es sich um Entnebelungsanlagen oder Küchendämpfe handelt, bereits in Abschnitt II und VII beschrieben.

Hier sollen lediglich solche Anlagen behandelt werden, bei welchen durch die Eigenart des jeweiligen Betriebes Dämpfe oder auch Gase entwickelt werden, die den in den Räumen arbeitenden Menschen unzuträglich sind, und deshalb so schnell wie möglich entfernt werden müssen. Es handelt sich daher in erster Linie um Rauch und solche Gase oder Dämpfe, die aus der Verdampfung von Säuren aller Art entstehen.

Bei fast allen derartigen Absaugeanlagen erfolgt nicht eine Absaugung der reinen Gase, sondern einer Mischung von Luft und diesen Gasen.

A. Erfassung.

Soweit die abzusaugenden Gase hohe Temperaturen besitzen, ist ihre Erfassung durch den Auftrieb gegenüber der Raumluft nicht allzu schwierig. Man kann sie in Hauben auffangen, die oberhalb der Entstehungsstelle angebracht werden. Jedoch braucht infolge des vorhandenen Auftriebs der Mindestabstand von der Entstehungsstelle bis zur Haube nicht so klein zu sein, wie bei Entstaubungsanlagen, sodaß eine Behinderung selten eintritt. Man kann die Gase dann durch einen Lüfter in einen Schornstein oder unmittelbar über Dach ins Freie befördern.

Schwieriger schon ist die Erfassung von Säuregasen, die keine erhöhte Temperatur gegenüber der Raumluft besitzen, und deren spezifisches Gewicht gleich oder größer als das der Raumluft ist.

Hier wird man keine Hauben vorsehen, sondern die Gase durch dicht an der Entstehungsstelle angebrachte seitliche Sauganschlüsse und durch kräftige Saugwirkung so schnell wie möglich abführen.

Bei schweren Gasen, die sich bereits im Raum befinden, bei denen also eine frühere Erfassung nicht möglich war, muß die Absaugung an der tiefsten Stelle des Raumes erfolgen, da sonst die Luft darüber hinweg, aber nicht das Gas selbst erfaßt wird.

Sind außer den schweren Gasen auch leichte Gase im Raum vorhanden, wie z. B. in Batterieräumen so muß unten und oben eine Absaugung erfolgen.

Für das Nachströmen der Luft muß in allen Fällen Sorge getragen werden, und die Durchströmung des Raumes ist nach Möglichkeit so einzurichten, daß tote Ecken und Winkel, gewissermaßen als Nester für schwere Gase, vermieden werden.

Sind mehrere Arten von Gasen zur Absaugung zu bringen, so muß auf etwaige explosible Gemische Rücksicht genommen werden durch Anordnung mehrerer Lüfter und getrennter Kanäle.

Als Lüftungssystem kommt nur das Saugsystem (vgl. Abschn. II) in Frage, da stets ein Überströmen der schädlichen Gase in andere Räume vermieden werden muß.

Die Absaugeanlage selbst besteht ähnlich wie die Entstaubungsanlage aus der Ansaugevorrichtung, der Saugleitung, dem Lüfter und der Druckleitung und den je nach Art der Gase und dem verlangten Abscheidegrad zu wählenden Abscheideorganen.

B. Abscheidung.

Wenn es nicht angängig ist, diese Abgase unmittelbar ins Freie zu befördern, so kommen für die Abscheidung bei diesen Anlagen entweder besondere Säureabscheider, wie sie in Abschn. VI beschrieben sind, oder Berieselung mittels Wasserdüsen in Frage. Stoff- oder Prallfilter reichen für eine wirksame Abscheidung nicht aus. Dagegen kommen für eine große Reihe von säurehaltigen Gasen, besonders in der chemischen Industrie und auch von Rauchgasen, Elektrofilteranlagen (vgl. Abschn. VI, 2 i) in Betracht.

2. Berechnungsart.

Die Berechnung der Absaugeanlagen ist lediglich nach Erfahrungsgrundsätzen möglich, da die zur Absaugung gelangende Gasmenge bis auf wenige Ausnahmefälle einwandfrei kaum zu ermitteln ist.

In den Fällen, in denen die Gasmenge wirklich feststeht und eine unmittelbare Erfassung möglich ist, andererseits eine allzu große Anfressung der Rohrleitung und des Lüfters durch die Berührung mit dem konzentrierten Gase nicht eintritt, kann der Berechnung des Lüfters diese Gasmenge zugrunde gelegt werden. In allen anderen Fällen muß von der Mindestansauggeschwindigkeit ausgegangen werden. Diese kann für heiße Gase bei Verwendung von darüber anzuordnenden Hauben mit 0,5 bis 1 m/s im größten Querschnitt angenommen werden.

Bei schweren Gasen soll die Ansauggeschwindigkeit im größten Ansaugequerschnitt auch bei seitlichen Sauganschlüssen nicht unter 1,5 m/s betragen und in ungünstigen Fällen bis etwa 3 m/s gesteigert werden.

Tabelle 16.
Spez. Gewichte von Gasen und Dämpfen.

Gasart	Chem. Form	Spez. Gew. γ bez. a. Luft = 1	Widerstandsfähiges Material	Anstrich auf Schwarzbl.
Sauerstoff	O	1,10	Aluminium verzinktes Eisen	Asphalt
Stickstoff	N	0,97	Schwarzblech	—
Wasserstoff	H	0,07	Schwarblech	—
Schweflige Säure	SO_2	2,21	verbleites Eisen Blei	Asphalt Bakelit
Schwefelsäure	SO_3	2,15	,, ,,	Asphalt Bakelit
Schwefelwasserstoff	H_2S	1,19	Aluminium	Asphalt Bakelit
Chlor	Cl	2,49	Steinzeug	—
Chlorwasserstoff [1]	HCl	1,27	Steinzeug	—
Fluorwasserstoff [2]	HF	0,71	verbleites Eisen	Asphalt
Kohlenoxyd	CO	0,97	Schwarzblech	—
Kohlensäure	CO_2	1,53	Aluminium verzinktes Eisen	Bakelit
Benzoldämpfe	C_6H_6	2,69	} Aluminium	—
Benzindämpfe	—	2,69	} Schwarzblech	—
Spiritusdämpfe	C_2H_5OH	1,6	Schwarzblech	
Schwefelkohlenstoff	CS_2	2,61	Aluminium	
Azetylen	C_2H_2	0,9	Schwarzblech	Asphalt
Methan	CH_4	0,55	,,	—
Stickoxyd [3]	NO	1,04	Aluminium Steinzeug, Holz	—
Stickstoffdioxyd [3]	NO_2	1,5	Aluminium Steinzeug, Holz	—
Leuchtgas	—	0,43	Schwarzblech	—
Ammoniak	NH_3	0,60	,,	—
Quecksilberdampf	Hg	6,98	,,	—
Zinndämpfe	Sn_2	~ 1,96	,,	—
Zinkdämpfe	Zn	2,25	,,	—
Wasserdampf	—	—	verzinktes Eisen	—

Die Abmessungen der Ansaugequerschnitte richten sich im allgemeinen nach der Größe der Gasentwicklungsquellen. Hierbei ist zu beachten, daß es immer zweckmäßiger ist, eine große Ansaugegeschwindigkeit bei kleinem Querschnitt als einen großen Querschnitt und kleine Ansaugegeschwindigkeit zu wählen. An folgendem Beispiel soll eine Berechnung erläutert werden:

[1] Bekannt als Salzsäure.
[2] Bekannt als Flußsäure.
[3] Entsteht durch Einwirkung von Salpetersäure auf Kupfer und Messing.

Eine Beizwanne, in welcher Salpetersäure verdampft, soll mit einer Absaugung versehen werden. Die Abmessungen dieser Wanne seien $1{,}5 \times 3$ m bei einer Höhe von 0,8 m. Die Wanne wird oben ringsherum mit einem Ringkanal umgeben, der an einer oder mehreren Stellen mit dem Ansaugkanal, der zu dem Lüfter führt, verbunden ist. Die Ansaugung geschieht durch einen umlaufenden Schlitz, der nun so klein wie möglich gehalten werden kann. Man wähle etwa 30 mm Höhe, aber eine Ansaugegeschwindigkeit $w = 2{,}5$ m/s. Von den aus baulichen Gründen notwendigen Zwischenstegen abgesehen, ergibt sich alsdann

als Luftmenge $V = (2 \cdot 1{,}5 + 2 \cdot 3) \cdot 0{,}03 \cdot 2{,}5 = 0{,}68$ m³/s.

Da für die Anordnung der Lufteintrittsstellen das spezifische Gewicht der Gase berücksichtigt werden muß, sind in nachfolgender Tabelle 16 für die hauptsächlich vorkommenden Gase und Dämpfe diese Gewichte angegeben.

In obiger Tabelle ist gleichzeitig das Material bezw. der Anstrich angegeben, welcher durch die betreffende Säure nicht oder nur wenig angegriffen wird. Hiernach richtet sich dann die Ausführung der Rohrleitung und nötigenfalls auch die des Lüfters, da sonst seine Lebensdauer so gering ausfallen würde, daß die Wirtschaftlichkeit der Anlage in Frage gestellt wird. Hierbei sei erwähnt, daß erfahrungsgemäß das Lüfterrad der Abnutzung ganz besonders ausgesetzt ist.

Im übrigen sei auf die Ausführung der Rohrleitungen in Abschn. XVI hingewiesen.

3. Anwendungsgebiete.

a) Beizereien.

Eine große Bedeutung gewinnen die Absaugeanlagen in Beizereien, in denen z. B. Gußteile aus Gelb- oder Weißmetall durch Eintauchen in Säureflüssigkeiten gebeizt werden. Die Säureflüssigkeit z. B. Salpeter- oder Schwefelsäure wird in einzelnen meist nebeneinander stehenden Wannen aufbewahrt, die Arbeiter beugen sich beim Ein- und Austauchen der zu beizenden Teile über den Rand der Wannen und sind auf diese Weise dauernd der Einatmung der aus den Bädern sich entwickelnden Gase ausgesetzt.

Fig. 197 zeigt einen derartigen Beizereiraum, in welchem sechs Wannen zu je drei nebeneinander aufgestellt sind.

Für die Absaugung kann nun unterhalb der Wannen ein Kanal derart verlegt werden, daß als freier Durchgangsquerschnitt nach oben nur die schraffierte Fläche übrig bleibt, dadurch, daß die Wannen den übrigen Teil verdecken. Der Kanal selbst fällt nach einem tiefsten Punkte ab, von welchem nach Zwischenschaltung eines Säuregully mit Kalkfilterung die sich etwa absetzende Säureflüssigkeit nach einer

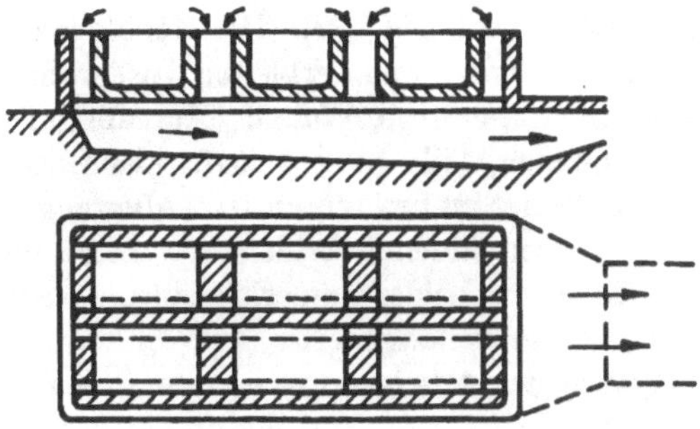

Fig. 197. Schema der Absaugung von Beizdämpfen.

gewünschten Stelle abfließen kann. Über den Wannen empfiehlt sich schräg aufklappbare Abdeckungen vorzusehen (Fig. 198). Der Lüfter wird zweckmäßig in einem Nebenraum untergebracht, damit der Antriebsmotor nicht unter der Säure leidet. Der Lüfter selbst ist entsprechend der Tabelle 16 aus Holz, Steinzeug oder verbleitem Eisen herzustellen. Die Abnutzung ist bei Wahl des letzten Materials am größten, so daß es gut ist, für diesen Fall ein Reserveflügelrad bereit zu halten, um keine Unterbrechung des Betriebes zu erleiden. Für größere Betriebe

Fig. 198. Abgedeckte Beizbottiche mit Absaugung. (Deutsche Ton- u. Steinzeugwerke, Berlin-Charlottenburg 2.)

ist Steinzeug zu wählen (vgl. Fig. 199). Die Kanäle sind am besten aus Steinzeug wenn nicht anders aus verbleiten Eisenrohren zu erstellen. Man kann zwischen Lüfter und Wanne Säureabschneider (vgl. Abschnitt VI, 2 f.) einbauen, falls beim Austritt der Gase ins Freie eine Belästigung der Anwohner zu befürchten ist. Allerdings wird hierdurch der vom Lüfter zu überwindende Widerstand nicht unerheblich vergrößert, da diese Säureabscheider immerhin einen Druck bis zu 30 mm und mehr für sich allein benötigen.

Ein anderer Weg der Abscheidung besteht in einer Unterkühlung

Fig. 199. Fliehkraftlüfter aus Steinzeug. (Deutsche Ton- u. Steinzeug-Werke, Berlin-Charlottenburg 2.)

der Abgase, bei der die Säureteile durch Unterschreitung des Taupunktes niederschlagen (vgl. Kondensationstürme Abschn. VI, 2f.).

Für die Berechnung der Lüfterleistung kommt als Luftvolumen das Produkt der schraffierten Fläche und einer Ansaugegeschwindigkeit, die im vorliegenden Fall nicht unter w = 2 m/s angenommen werden kann, in Betracht.

Die Berechnung der vom Lüfter zu überwindenden Drücke ergibt sich aus den Kanal-Reibungs-Widerständen und den durch die Krümmer und Gasfilter gebildeten Einzelwiderständen.

Eine andere Art der Erfassung der Säuregase ist schon in Abschnitt XII 1 A erwähnt: bei dieser erfolgt die Absaugung durch Schlitze, die in einem rings um die Wanne laufenden Kanal vorgesehen sind. Fig. 198 zeigt die Wannen in einer großen Beizerei mit Abdeckung und hinterer Absaugung.

b). Rauchabsaugung in Lokomotivschuppen.

Die beim Abstellen der Maschinen in Lokomotivschuppen sich bildenden Rauchgase werden bei modernen Anlagen meist durch besondere Rauchabsaugeanlagen ins Freie befördert.

Diese bestehen in einem Rohrnetz, welches über die in Frage kommenden Geleise verlegt wird, und zu einem Lüfter führt, der die Rauchgase durch einen kurzen Schlot ins Freie befördert. Über dem Aufstellungspunkt jeder Lokomotive sind senkrechte Abzweige angeordnet, die in ihrem unteren Teil eine besonders konstruierte Rauchfanghaube besitzen (vgl. Fig. 200).

Diese Haube muß nacheinander drei Bedingungen erfüllen. Es muß durch sie der Rauch beim Anheizen abgesaugt und hierbei gleichzeitig

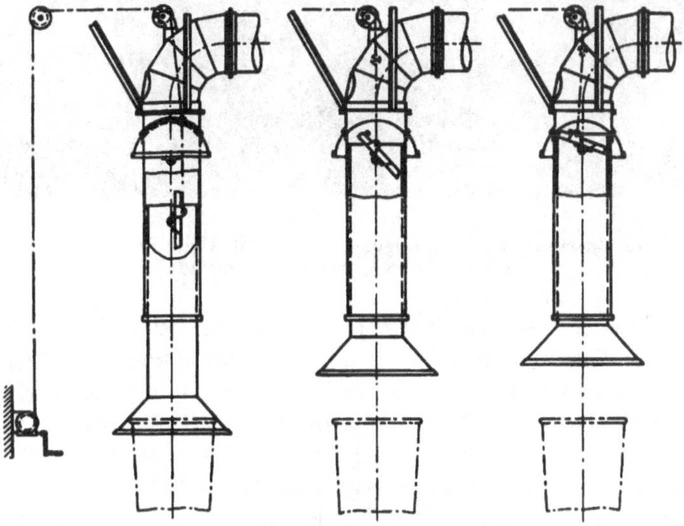

Fig. 200. Schema der Rauchabsaugung in Lokomotiv-Schuppen. (Siemens-Schuckertwerke, Berlin-Siemensstadt.)

ein erhöhter Zug für die Lokomotive erzielt werden. Dann muß sie nach dem Anheizen den Rauch unter verminderter Saugwirkung absaugen und schließlich muß die Haube, falls die Lokomotive außer Betrieb oder ausgefahren ist, verschlossen werden. Zur Erzielung der ersten Bedingung wird die Haube auf den Schornstein der Lokomotive herabgesenkt. Die zweite Bedingung, die Absaugung bei verminderter Saugwirkung, wird durch Anheben der Haube unter gleichzeitigem teilweise erfolgenden Verschluß einer in der Haube eingebauten Klappe erreicht. Wird die Haube in die höchste Stellung gebracht, dann verschließt die erwähnte Klappe automatisch den ganzen Querschnitt des Abzugrohres.

Fig. 201. Anheiz- und Rauchabsaugungs-Anlage mit Abgas-Reinigung. (Siemens-Schuckertwerke, Berlin-Siemensstadt.)

Um ferner eine Beschädigung der Haube beim Ein- und Ausfahren der Maschine zu vermeiden, ist die Haube mit einer Schwenkvorrichtung versehen, durch welche der untere Teil in Schienenrichtung ausweichen kann. Auf diese Weise ist eine gewisse Sicherheit für den Betrieb gewährleistet, da durch irgendeinen Zufall das Hochziehen der Haube vergessen werden kann (vgl. Fig. 201 u. 202).

Die Bemessung des Lüfters hat je nach der in Frage kommenden Lokomotivgröße zu erfolgen. Im allgemeinen kommen Luftmengen von ca. 1—1,5 m^3/s je Lokomotive in Frage. Als maximaler Unterdruck beim Anheizen sind etwa 10 mm WS notwendig, zu welchen der Rohrleitungs-Widerstand hinzutritt.

Da es sich im allgemeinen um Rauchgase mit einer Temperatur unter 100^0 handelt, kann eine normale Lüfterausführung gewählt werden. In besonderen Fällen kann eine Filterung und Reinigung der Abgase erfolgen (Fig. 201).

c) Akkumulatorenräume.

In Akkumulatorenräumen wird in seltenen Fällen eine Erfassung der Gase unmittelbar an den Akkumulatoren möglich sein. Infolgedessen kommt in der Regel die Absaugung der ganzen Raumluft in Frage.

Fig. 202. Anheiz- und Rauchabsaugungsanlage in einem runden Lokomotiv-Schuppen. (Siemens-Schuckertwerke, Berlin-Siemensstadt.)

Diese hat, wie in Abschnitt II ausführlich beschrieben, nach dem Saugsystem zu erfolgen, wobei zu berücksichtigen ist, daß infolge der verschiedenen spezifischen Gewichte der aus den Batterien sich entwickelnden Gase (Schwefelsäure und Wasserstoff) die Raumentlüftung sowohl im unteren Teil als auch unterhalb der Decke erfolgen muß. Bei der Wahl des Lüfters ist auf die Säuregase Rücksicht zu nehmen: Material verbleites Eisenblech, Aufstellung des Lüfters außerhalb des Akku-Raumes (vgl. Abschn. II 4 h).

d) Laboratorien.

In Laboratorien wird die Erfassung der Gase der verschiedensten Art dadurch erleichtert, daß die chemischen und physikalischen Untersuchungen, soweit sie stark riechende, gesundheitsschädliche Gase betreffen, meist innerhalb von sogenannten Digestorien vorgenommen werden. Dies sind durch Glas abgeschlossene Kästen, die vorn ein hochschiebbares Fenster besitzen und oberhalb eines Experimentiertisches angeordnet sind. Ihr Rauminhalt schwankt zwischen 2 und 5 m^3. Da die Digestorien meist an der Wand stehen, werden für die Absaugung in dieser sowohl unten etwa 50 mm oberhalb des Tisches als auch oben dicht unterhalb der Glasdecke Abzugsöffnungen vorgesehen, die mit tönernen Deckeln verschließbar sind. Bei kleineren Digestorien genügt je 1 Abzug, bei größeren sind in jeder Höhenlage mehrere anzubringen (vgl. Fig. 203).

Für die nachströmende Luft wird das Schiebefenster kurz vor seiner

Fig. 203. Absaugung der Säuregase aus einem Digestorium. (Siemens-Schuckertwerke, Berlin-Siemensstadt.)

tiefsten Lage durch eine Sperrung festgehalten, so daß immer eine kleine Spalte offen bleibt.

Die an die Abzugsöffnungen anschließenden Kanäle aus Steinzeug werden zum Dachboden geleitet und dort durch horizontale Sammelstränge zu mehreren Sauglüftern geführt. Man lege die Gruppen nur so weit zusammen, daß die in den Kanälen geförderten Gase keine explosiblen Gemische bilden können. Für die Bemessung der Lüfter rechnet man in den Digestorien im Durchschnitt mit einem 150 fachen Luftwechsel.

Die Lüfter sind aus verbleitem Eisenblech herzustellen, auf Schwingungsdämpfer zu setzen (vgl. Abschn. XVII) und durch Ledermanschetten mit den Kanälen zu verbinden.

e) Entqualmungsanlagen in Schalthäusern.

Um im Falle eines Brandes in den großen Schalthäusern der Elektrizitätswerke eine möglichst schnelle Wiederaufnahme des Betriebes der gesamten Anlage zu ermöglichen, werden vielfach schon von vornherein sogenannte Entqualmungsanlagen eingebaut.

In Fig. 204 ist ein solches Schalthaus mit einer Reihe von Zellen dargestellt, in welchen sich die Ölschalter befinden. Die Anordnung der Entqualmungsanlage ist hier z. B. so getroffen, daß durch die Zellen an jeder Seite ein Kanal gelegt ist, der mit der Außenluft in Verbindung steht. Der Kanal besitzt innerhalb jeder Zelle verschließbare Öffnungen.

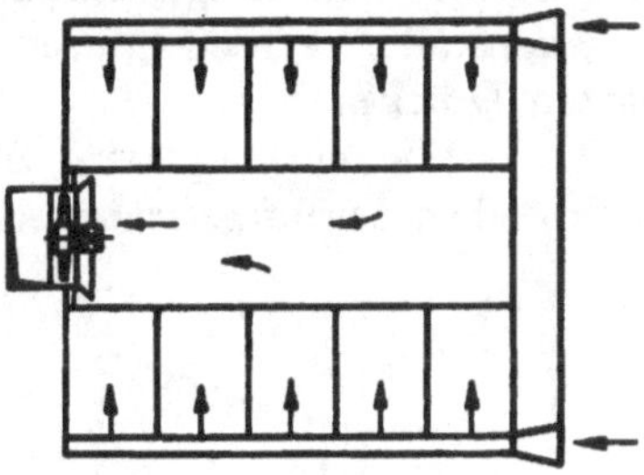

Fig. 204. Schema einer Entqualmungsanlage.

Die Verschlußschieber sind gegebenenfalls durch eine mechanische Betätigung von einer entfernter liegenden Stelle aus, die möglichst vor einem etwaigen Feuer gesichert ist, zu bedienen. Tritt nun durch den Brand einer Zelle eine Verqualmuug ein, so schließt man die Schieber der übrigen Zellen, setzt den am Ende befindlichen Sauglüfter in Tätigkeit, so daß die Brandstelle selbst durch die nachströmende Frischluft vom Qualme befreit wird, und eine Wiederherstellung des betreffenden Ölschalters erfolgen kann. Die für die Bemessung der Lüfter zu wählende Luftmenge ergibt sich aus dem Volumen des ganzen Schalthauses, wobei eine Entqualmungszeit von etwa 1—2 Minuten zugrunde gelegt wird. Dies bedeutet also etwa einen 30—60-fachen Luftwechsel in der Stunde.

f) Farbspritzanlagen.

Auf dem Gebiete der Absaugung der beim Farbspritzen entstehenden Nebel sind in den letzten Jahren eine große Reihe von Versuchen angestellt worden, ohne daß bisher eine wirklich allgemein verwendbare und befriedigende Lösung gefunden worden wäre. Es wird hier auf die von Wenzel im Auftrage des technischen Ausschusses der Deutschen Gesellschaft für Gewerbehygiene herausgegebene Schrift: die Beseitigung der beim Tauch- und Spritzlackieren entstehenden Dämpfe [1]) hingewiesen.

[1]) Verlag J. Springer Bln. 1927.

Gerade die Beseitigung der erwähnten Nebel, die meist aus einem Gemisch von Wasser, Öl oder Nitrofarben mit Spiritus oder Benzin bestehen, ist für die Gesundheit der mit der Spritzarbeit beschäftigten Arbeiter dringend notwendig. Es sollen daher diejenigen Methoden angegeben werden, welche zurzeit vorwiegend verwendet werden und immerhin eine Linderung der Gefahren mit sich bringen.

Hierbei muß vorweg bemerkt werden, daß beim Spritzen mit Preßluft höheren Druckes 3—4 atü meist größere Nebelmengen entstehen, als bei denjenigen Spritzmethoden, die das Mittel- oder Niederdruckverfahren (0,5—1,5 atü) anwenden. Es werden daher auch die Absaugungsvorrichtungen bei dem erstgenannten Verfahren nötiger sein und wirksamer ausgestaltet werden müssen, als bei den Spritzverfahren mit geringeren Drücken.

Handelt es sich um kleine nicht sperrige Stücke, die gespritzt werden, so muß das Bestreben darauf gerichtet sein, den ganzen Vor-

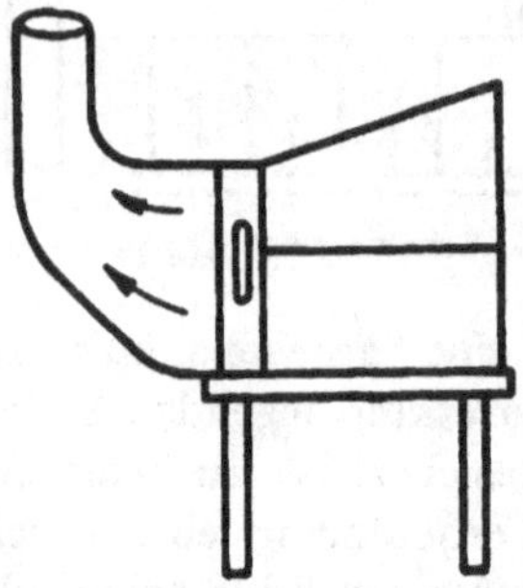

Fig. 205. Farbnebelabsaugung mit Holzwollefilter.

gang des Spritzens mit dem zu spritzenden Gegenstand zusammen auf einen möglichst allseitig geschlossenen Kasten zu konzentrieren, so daß der Farbnebel gar nicht erst in den Arbeitsraum eintritt. Grundsätzlich gestaltet sich dann die Absaugung wie Fig. 205 u. 205 a zeigt.

Auf einem Tisch ist eine nach vorn offene Haube angebracht, an deren Hinterwand sich die Saugleitung eines Lüfters anschließt. Der bedienende Arbeiter hält die Spritzpistole durch die Öffnung vor den in der Haube liegenden zu spritzenden Gegenstand. Die entstehenden Nebel bleiben im Bereich der Haube und werden jetzt von der durch den Lüfter erzeugten Saugwirkung in der bereits eingeschlagenen Richtung zur Absaugung gebracht.

Da man vermeiden muß, daß die Nebel in der Rohrleitung und dem Lüfter allzu große Verunreinigung verursachen, sucht man diese schon beim Eintritt in das Saugrohr nach Möglichkeit abzuscheiden. Gut bewährt hat sich in dieser Hinsicht ein Holzwollefilter, das man direkt in die Hinterwand der Haube einschiebt, wie dies Bild 205 zeigt.

Fig. 205 a. Farbnebelabsaugung von Spritztischen. (Siemens-Schuckertwerke, Berlin-Siemensstadt.)

Die tropfenförmigen Teile des Nebels setzen sich in der Holzwolle fest, sodaß nur noch die feineren Nebelreste mit der Luft durch die Rohrleitung zum Lüfter gelangen. Ist das Holzwollefilter allzu verschmutzt, sodaß die Saugleistung nachläßt, so nimmt man es heraus und brennt die Holzwolle ab, um sie durch neue zu ersetzen.

Vielfach wird statt dessen auch ein einfaches durchlochtes Blech oder mit Luftspalten versehene rotierende Scheiben oder Prallbleche (vgl. Fig. 206) verwendet. Ebenfalls haben sich Filterkästen, die mit Raschigringen gefüllt werden, bewährt. Die Reinigung dieser Ringe kann von Zeit zu Zeit durch Ausblasen mit Dampf erfolgen.

Wenn es sich bei den Spritzgegenständen um Massenfabrikation handelt, kann die Einrichtung so getroffen werden, daß die Pistolen in der ganz geschlossenen Haube fest montiert werden und nur das Arbeitsstück sich von Hand oder automatisch dreht oder auf einem Bande vorwärts bewegt wird. Die Absaugung kann dann an der gleichen Stelle erfolgen, während auf der gegenüberliegenden Seite nur eine

Luftöffnung zum Nachströmen der Luft vorgesehen werden braucht. Der bedienende Arbeiter kann in diesem Falle ganz außerhalb des Luftstromes stehen. Er hat nur das Ein- und Ausschalten der Spritzpistole zu besorgen und gegebenenfalls die Auswechselung des Gegenstandes zu bedienen oder zu überwachen.

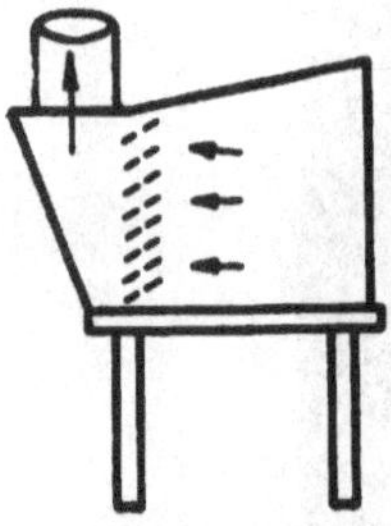

Fig. 206. Spritztisch mit Absaugung und Prallblechen.

Für die Berechnung der erwähnten Absaugeanlagen kann auf 1 m^3 Kastenraum 20—30 m^3 abzusaugende Luftmenge je Minute gerechnet werden. Die Ansaugegeschwindigkeit im Saugrohr kann mit 10—15 m/s gewählt werden. Die Haube muß jedoch bei der ersterwähnten Art in ihrer vorderen Öffnung so gehalten sein, daß die Luft nur mit einer maximalen Geschwindigkeit von etwa 0,5—1 m/s hindurchtritt, damit die Belästigung für den im Zuge stehenden Arbeiter nicht zu groß wird.

Wesentlich schwieriger wird die Lösung der Absaugungsfrage beim Spritzen großer sperriger Stücke wie Automobile, Kraftomnibusse und Eisenbahnwaggons.

Bei Automobilen hilft man sich vielfach bis jetzt so, daß man den ganzen Wagen (vgl. Fig. 207) auf einem drehbaren Gestell in einen geschlossenen Raum stellt, in dem gerade noch der bedienende Arbeiter Platz hat. An den Raum selbst schließt man dann den Sauglüfter an. Gegenüber der Ansaugestelle muß wiederum eine Öffnung für das Nachströmen der Luft vorgesehen werden. Durch das erwähnte Drehgestell kann der Arbeiter den Wagen von allen Seiten bearbeiten und sich

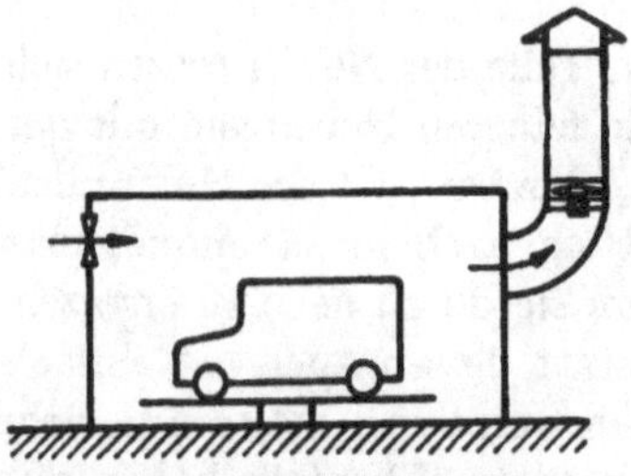

Fig. 207. Schema der Absaugung beim Spritzen von Automobilen.

immer möglichst eine Stellung suchen, bei welcher er nicht allzu stark von dem durchstreichenden Luftstrom getroffen wird. Der Luftwechsel in einem solchen Raum muß allerdings mindestens 25fach in der Stunde sein, um eine genügende Absaugung zu erzielen.

Bei diesem und dem vorerwähnten Absaugeverfahren muß man dafür sorgen, daß im Winter die nachströmende Luft vorgewärmt wird, da sonst zu starke Zugbelästigungen auftreten (vgl. Abschn. III).

Für Eisenbahnwagen ist eine ganze Reihe von Vorschlägen ausgearbeitet und auch zum Teil versucht worden. Diese bestehen meist darin, daß der bedienende Arbeiter auf einem Wagen steht, dessen begrenzende Seitenwände Absaugekästen enthalten, die entweder an

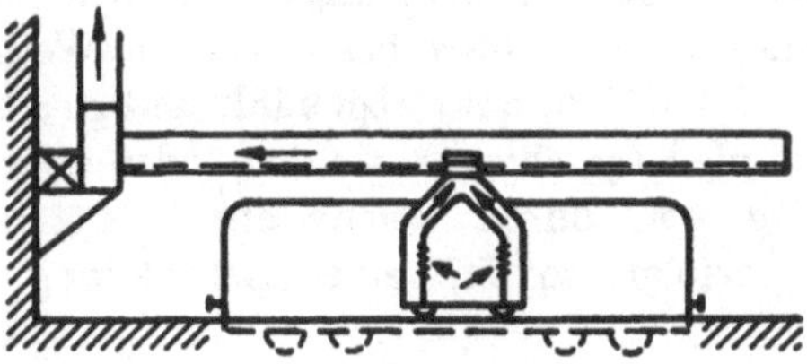

Fig. 208. Schema der Absaugung beim Spritzen von Eisenbahnwagen.

ein festverlegtes Hauptsaugerohr anschließen oder zu einem Lüfter auf dem Wagen selbst führen, dessen Druckrohr durch einen Schlitz ins Freie geführt wird (vgl. Fig. 208).

Eine andere Einrichtung scheint, wenn sie sich praktisch durchführen läßt, einen brauchbaren Weg zu weisen. Die Spritzpistole selbst wird mit einem Trichter umgeben, dessen Oberteil durchsichtig ist. An den Trichter schließt unten ein bewegliches Saugrohr an, das zu einem Lüfter führt. Das ganze System einschließlich der Pistole ist an der Decke aufgehängt, sodaß es von dem bedienenden Arbeiter durch

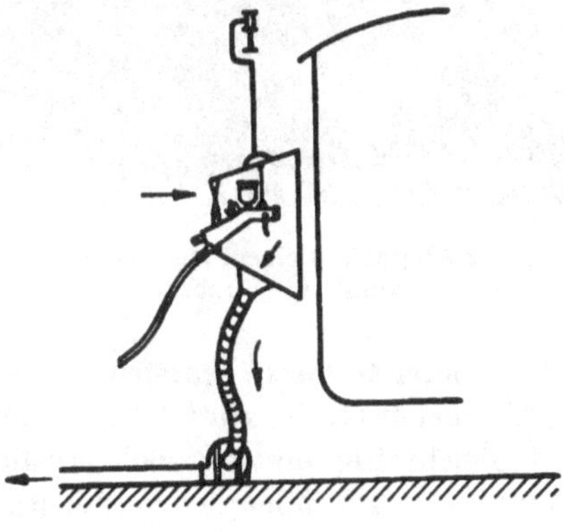

Fig. 209. Bewegliche Absaugevorrichtung beim Spritzen großer Flächen.

eine leichte Bewegung gewissermaßen gesteuert werden kann. Der Arbeiter selbst steht bei dieser Einrichtung ganz außerhalb des Nebel- und Luftstromes (vgl. Fig. 209).

Alle diese Einrichtungen zum Absaugen der Farbnebel beim Spritzen großer Stücke sind jedoch kostspielig und noch nicht soweit durchgebildet, daß sie eine einwandfreie Absaugung gewährleisten.

Aus diesem Grunde ist man gezwungen, häufig ganz von ihrer Beschaffung abzusehen und entschließt sich nur zu einer allgemeinen Raumentlüftung, bei welcher man die abgesaugte mit Farbnebel geschwängerte Luft direkt ins Freie befördert. Ist eine Beförderung ins Freie wegen Belästigung von Anwohnern nicht angängig, auch nicht nach vorhergehender Filterung in der früher beschriebenen Weise, so müssen die Gase entweder auf den Taupunkt abgekühlt und gleichzeitig durch eine Prallvorrichtung niedergeschlagen werden, oder aber man sieht eine Wasserberieselung vor, durch welche ebenfalls schon eine gewisse Niederschlagung erfolgt, so daß einer Beförderung ins Freie nichts entgegensteht.

g) Garagen.

Die Abgase, die in der Garage beim Anfahren, Abstellen und Aus-

Fig. 210. Absaugung der Abgase auf einem Motorenprüfstand. (Maschinenfabrik Augsburg-Nürnberg.)

probieren der Automobil-Motoren entstehen, sind infolge ihres Kohlensäure- und Kohlenoxyd-Gehaltes lebensgefährlich und müssen beseitigt werden. Gleichzeitig müssen auch etwaige Benzingase, die aus den Behältern und beim Einfüllen sich verflüchtigen, aus dem Raum entfernt werden. Man kann hierzu eine Raumentlüftung oder auch eine direkte Absaugung der Gase vornehmen. Bei der Raumentlüftung muß ein mindest 15facher Luftwechsel vorgesehen werden. Die Anordnung der Saugöffnungen ist unten und oben wegen der verschiedenen spezifischen Gewichte vorzunehmen.

Bei der direkten Absaugung der Abgase wird zweckmäßig ein horizontaler Rohrstrang in der Mitte der Wand verlegt und von diesem werden bewegliche Metallschläuche von etwa $1^1/_2$ m Länge nach unten geleitet, die jeder einzeln an die Auspuffrohre der Automobile angeschlossen werden können. Neben dieser Anordnung ist jedoch eine Raumentlüftung auch noch zu empfehlen.

In allen Fällen muß der Lüfter außerhalb der Garage angeordnet und zur Vermeidung der Funkenbildung, das Flügelrad aus nicht funkendem Material, Aluminium oder Bronze hergestellt werden. In

Fig. 211. Absaugung der Rauchgase von Gußtiegeln. (Siemens-Schuckertwerke, Berlin-Siemensstadt.)

ähnlicher Weise sind auch Motorenprüfstände zu behandeln, Fig. 210 zeigt die unmittelbare Absaugung an Verbrennungsmotoren.

h) Gießereien.

Dämpfe und Gase entstehen in den Gießereien außer bei den zugehörigen Beizereien an allen den Stellen, an welchen Öfen, Tiegel oder Gußpfannen sich befinden. Die Absaugung an den Öfen geschieht je nach der Bauart in der Weise, daß die entstehenden Rauchgase durch fest anschließende Hauben mittels eines Lüfters ähnlich wie die Saugzuganlagen (vgl. Abschn. X) zum Schornstein geführt werden.

Schwieriger schon ist die Beseitigung der beim Gießen aufsteigenden

Dämpfe. Hier haben sich bewegliche, trichterförmige Hauben, z. B. über Gußtiegeln, wie Fig. 211 zeigt, bewährt. Die anschließenden Saugrohre schieben sich teleskopartig ineinander und müssen mit dem Trichter gut ausbalanciert werden, damit die Arbeiter durch eine leichte Bedienungsmöglichkeit dazu angehalten werden, den Tiegel verschlossen zu halten. In dem Trichter selbst ist eine verschließbare Öffnung vorzusehen, durch welche der Arbeiter das Gußmaterial ohne Heben der ganzen Haube beobachten kann. Die Saugrohre der einzelnen Tiegel werden dann zu einem Sammelrohr geführt, und mittels eines Lüfters ins Freie befördert. Die Bemessung der Trichter und Saugrohre richtet sich nach der Größe der Gußbehälter. Für die Absaugung im Rohre kann eine Geschwindigkeit von 10—15 m/s gewählt werden.

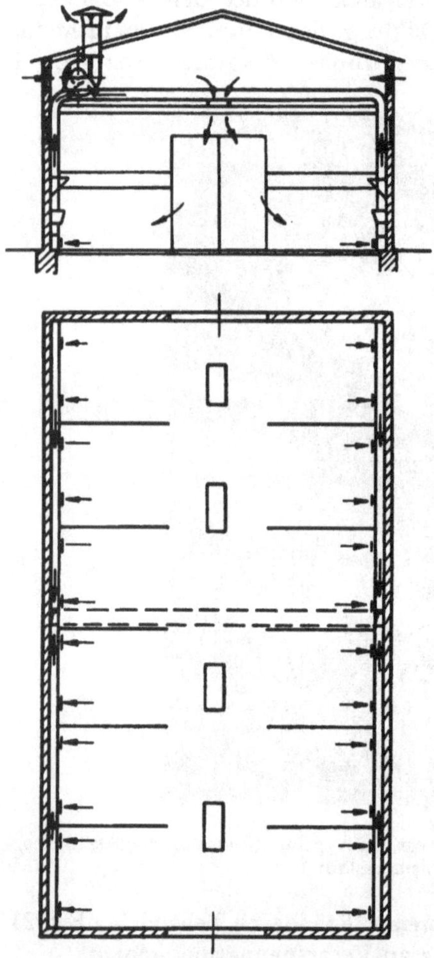

Fig. 212. Schema einer Absaugeanlage in einer Gießerei.

Ist die Anbringung derartiger Verschlüsse an großen Öfen nicht möglich, so legt man zweckmäßig in die Nähe der gaserzeugenden Stellen senkrechte Rohre, die von einem horizontalen Saugrohr abzweigen, um die abziehenden Dämpfe möglichst schnell zu erfassen. Fig. 212. Auch offene Hauben können verwendet werden, da es sich in der Regel um heiße Dämpfe handelt, die an sich schon einen gewissen Auftrieb besitzen. In diesen Fällen genügt eine Ansauggeschwindigkeit von 0,1 bis 0,5 m/s im größten Ansaugquerschnitt der Haube. Größere Geschwindigkeiten ergeben bei großen derartigen Anlagen, so wünschenswert sie sind, meist zu große Lüfter-Dimensionen.

i) Kanalentgasung.

Eine ganz neuartige Anwendung erfährt der Lüfter durch die immer mehr in den Vordergrund tretende Notwendigkeit, die Kanäle und unterirdischen Bauwerke der Kanalisation von schädlichen Gasen zu befreien.

Gerade in den letzten Jahren haben sich verschiedene schwere Unglücksfälle ereignet, die auf Explosionen und Gasvergiftungen dieser Art zurückzuführen waren. Durch die fortschreitende Industrialisierung und die Zunahme des Automobilverkehrs, besonders in den großen Städten, gelangen die verschiedensten, gasentwickelnden Flüssigkeiten in die Abwässer-Kanäle. Es entstehen auf diese Weise in den

Fig. 213. Kanalentgaser im Betriebe. (Siemens-Schuckertwerke, Berlin-Siemensstadt.)

Kanälen Kohlensäure, Chlorgase und Stickoxyde, sowie Benzol- und Kohlenoxydgase. Die letzten entweichen infolge ihres geringen spezifischen Gewichtes durch die meist vorhandenen Luftlöcher verhältnismäßig schnell und von selbst. Die schweren Gase, vgl. Tabelle 16, dagegen senken sich und setzen sich an den tiefsten Stellen fest. Für diese letztbeschriebenen ist vorzugsweise der Kanalentgaser entwickelt (vgl. Fig. 213). Er besteht aus einem Lüfter, dessen Flügelrad durch besonderes Material einen funkenfreien Gang gewährt und dem Saugteil, dessen Ende als Schwimmer ausgebildet und mit einer großen Anzahl von Lufteintrittsöffnungen dicht oberhalb des Schwimmers versehen ist.

Wird nun die Saugvorrichtung in den senkrechten Schacht der Kanalisation oder in einen Sammelbrunnen eingeführt, so saugt der Lüfter insbesondere die schweren Gase, die sich dicht über der Oberfläche des Wasserspiegels in den Kanälen ansammeln ab, und drückt sie durch einen kurzen Schlot ins Freie.

Die Saugleistung dieses fahrbaren Gerätes ist so bemessen, daß nach eingehenden Versuchen die schweren Gase aus etwa vier nebeneinanderliegenden Wasserhaltungen durch Absaugen an einer Stelle innerhalb kürzester Zeit entfernt werden können.

Es ist zweckmäßig, die Absaugung mit diesem Gerät an einem mittleren Schacht vorzunehmen und nach beiden Seiten hin wirken zu lassen, um eine möglichst gleichmäßige Absaugung über die ganze Länge zu erzielen.

Es gibt auch Kanalentgasungs-Einrichtungen, die nach dem Drucksystem arbeiten, die also die Gase durch die eingelassene Luft vor sich herschieben und zu dem nächsten geöffneten Schacht herausdrücken. Bei diesem System muß allerdings im Gegensatz zu dem vorher beschriebenen Kanalentgaser durch geeignete Maßnahmen dafür gesorgt werden, daß die schädlichen Gase nicht in die Anschlüsse der Häuser gelangen. Es darf mithin der vom Lüfter zu überwindende statische Druck bis zu der nächsten Schachtöffnung nicht größer sein, als derjenige durch den Hausanschluß ins Freie.

Abschnitt XIII.

Pneumatische Förderanlagen.

1. Wirkungsweise.

Die pneumatische Förderung von Leichtgut, das ist von solchen Gütern, die leichter als Wasser sind, beruht auf dem Prinzip der Benutzung der Luft als Träger des zu fördernden Materials. Die pneumatische Förderung ähnelt in dieser Beziehung den in Abschnitt XI beschriebenen Entstaubungsanlagen. Sie unterscheidet sich jedoch wesentlich von ihnen durch ihr weit größeres Mischungsverhältnis zwischen Material und Luft. Bei den Entstaubungsanlagen liegt das Mischungsverhältnis, d. i. das Verhältnis des zu fördernden Material-Volumens zum Luft-Volumen, überhaupt nicht fest, da je nach Benutzung der Maschinen und nach Art des Arbeits-Vorganges der Staubanfall verschieden groß und schwer meßbar ist.

Bei den Förderanlagen dagegen wird in der Regel eine bestimmte Menge Material aufgegeben, so daß der Bemessung der Mischluft die maximal zu fördernde Materialmenge zugrunde gelegt werden kann.

2. Ausführungsformen.

Man unterscheidet zwei in ihrer Art verschiedene Ausführungsformen von pneumatischen Förderanlagen, soweit sie durch einen Lüfter betrieben werden, die direkte und die indirekte Förderung.

a) Direkte Förderung.

Bei der direkten Förderung wird das gesamte Material einem auf der Saugseite des Lüfters angebrachten Trichter zugeführt und durch

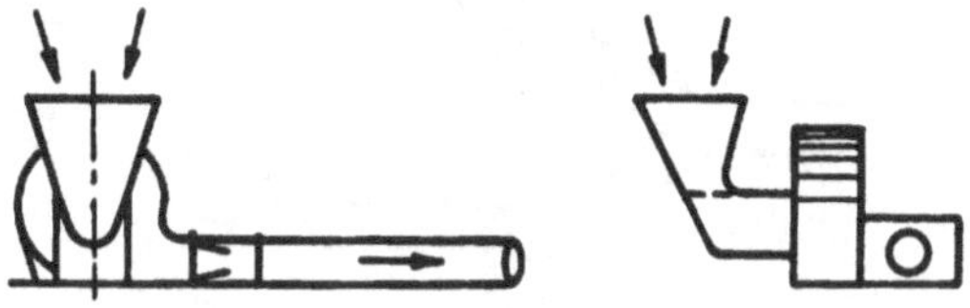

Fig. 214. Schema der direkten Förderung.

den Lüfter hindurch in die anschließende Druckleitung nach der gewünschten Stelle befördert (vgl. Fig. 214).

b) Indirekte Förderung.

Bei der indirekten Förderung passiert das Material den Lüfter überhaupt nicht. Der Lüfter fördert lediglich Luft und drückt diese durch eine sogenannte Einschüttdüse (auch Schleuse genannt), in welcher die Luftgeschwindigkeit ein Maximum erreicht (vgl. Fig. 215).

Durch Injektorwirkuung wird das in den erweiterten Teil der Düse aufgegebene Material mitgerissen und nun mit der Luft durch die Druckleitung zu dem gewünschten Punkte gefördert. Die indirekte

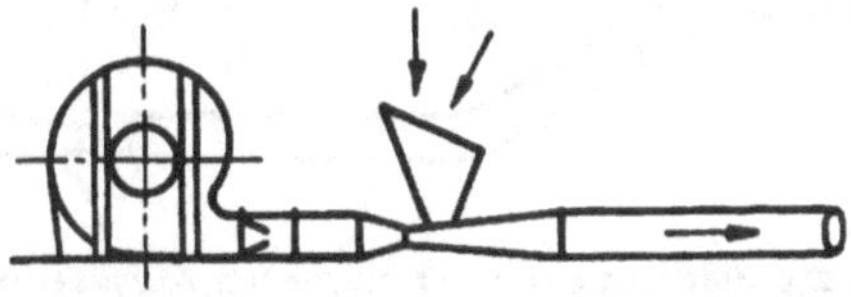

Fig. 215. Schema der indirekten Förderung.

Förderung benötigt gegenüber der direkten im allgemeinen eine größere Antriebsenergie. Sie ist jedoch unentbehrlich für alle diejenigen Fälle, in denen ein Passieren des Gutes durch den Lüfter nicht angängig ist.

Wenn nämlich das Material bei der direkten Förderung durch den Lüfter hindurchgeht, kann durch die gleichsam schlagende Wirkung der Lüfterschaufeln eine Beschädigung des Fördermaterials eintreten, die oftmals nicht erwünscht ist. Dann kann nur eine indirekte Anlage in Frage kommen, bei welcher das Material lediglich die Rohrleitung durchläuft.

c) Allgemeine Ausführung.

Durch diese Verschiedenheit der Förderart ist auch die Ausführungsform der Lüfter selbst bedingt. Bei direkter Förderung muß ebenso wie bei den Entstaubungsanlagen der Lüfter selbst besonders kräftig

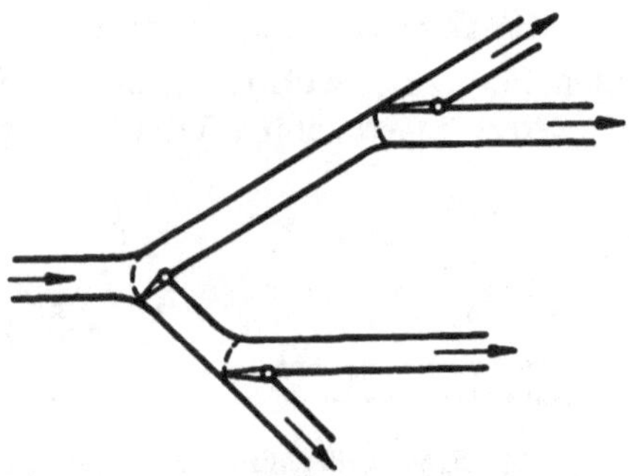

Fig. 216. Direkte Förderung mit verschiedenen Zielpunkten.

ausgeführt werden. Er wird im allgemeinen nur eine Saugöffnung besitzen, das Flügelrad darf keine scharf gebogenen Schaufeln, und auch möglichst keine Zwischenschaufeln und keine äußere Geife aufweisen, damit keine Verstopfungen eintreten. Das Gehäuse ist zweckmäßig mit einer Wandstärke von nicht unter 3 mm herzustellen. An der Schnecke des Gehäuses ist eine Reinigungsklappe für etwa zurück-

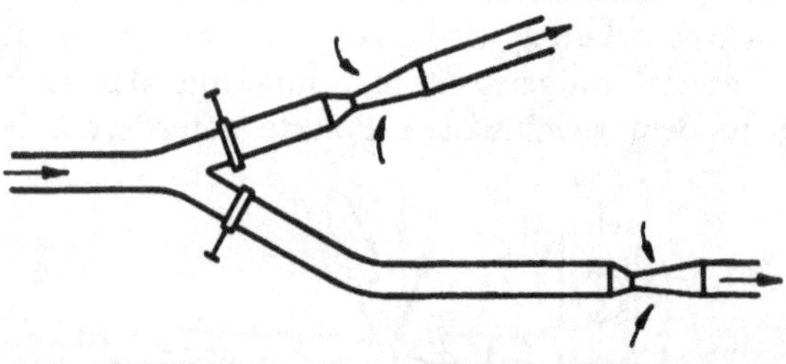

Fig. 217. Indirekte Förderung mit verschiedenen Aufgabe- und Zielpunkten.

bleibendes Material vorzusehen. Bei indirekter Förderung braucht eine besondere Rücksicht auf die Bauart des Lüfters nicht genommen zu werden, da der Lüfter lediglich Luft fördert. Er kann mithin auch zweiseitig saugend ausgebildet werden.

Der Förderweg, der bei der pneumatischen Förderung eingehalten werden kann, ist beliebig, d. h. er kann horizontal, schräg nach oben, senkrecht nach oben und auch schräg nach unten gewählt werden. Der Weg senkrecht nach unten ist im allgemeinen zu vermeiden, um ein plötzliches Fallen des Materiales und dadurch leicht eintretende Verstopfungen auszuschließen.

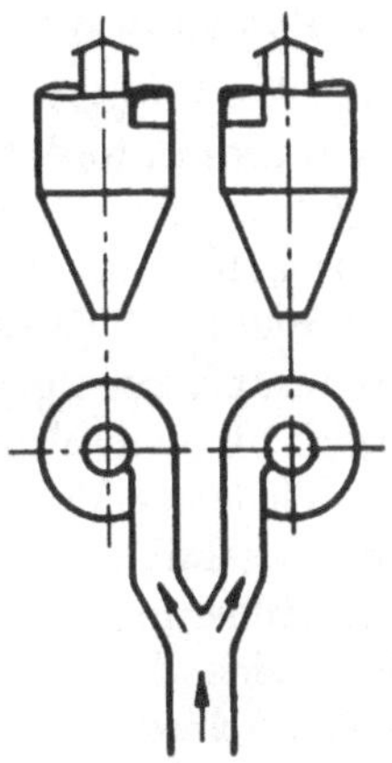

Fig. 218. Schema der Parallelschaltung von zwei Fliehkraftabscheidern.

Über die Verzweigung des Förderweges bzw. über die Förderung nach verschiedenen Punkten geben die Fig. 216 u. 217 Aufschluß. Die gleichzeitige Förderung nach verschiedenen Endpunkten wird im allgemeinen zu vermeiden sein. Trotzdem ist eine Parallel-Schaltung zweier Fänger, wie Fig. 218 u. 219 zeigt, schon mit gutem Erfolge durchgeführt worden.

Fig. 219. Parallelgeschaltete Fliehkraftabscheider in einer Holzbearbeitungswerkstatt. (Siemens-Schuckertwerke, Berlin-Siemensstadt.)

3. Berechnungsart.

Für die Ermittlung der Leistungsdaten des Förder-Lüfters muß die in einem bestimmten Zeitraum zu fördernde Menge des Fördergutes und sein Schüttgewicht gegeben sein. Unter Schüttgewicht versteht man das Gewicht des Fördergutes, das sich bei loser Schüttung des Materials in einen Behälter von 1 m^3 Fassungsvermögen ergibt. Das Material darf also weder gestampft noch gepreßt sein.

Es ist nun nicht möglich, irgendwelche feststehenden Werte für das Schüttgewicht der verschiedenen Materialien aufzustellen, da der Begriff lose Schüttung weiten Spielraum läßt. Hinzu kommt bei hygroskopischen Schüttgütern die Änderung des Gewichts durch Feuchtigkeitszunahme. Es empfiehlt sich daher erst auf Grund einer Probe des jeweiligen Förderguts das Schüttgewicht zu ermitteln.

a) Mischungsverhältnis.

Das Mischungsverhältnis wird meist auf das Volumen bezogen. Es wird in der Regel bei schwerem Material eine größere Menge Mischluft zugesetzt werden müssen, als bei leichtem und bei sperrigem mehr als bei kleinkörnigem Fördergut.

Ist μ_v das Mischungsverhältnis,
V_m das Schüttvolumen des Materials,
V_L das Volumen der Mischluft,

dann ist $\mu_v = \frac{V_m}{V_L} = \frac{1}{250} \div \frac{1}{1500}$

Man könnte wohl theoretisch in vielen Fällen noch größere Werte für μ_v zulassen, d. h. mit einer kleineren Menge Mischluft auskommen. Da aber einmal die Rohrleitungswiderstände mit wachsendem μ_v steigen, und zwar nach Gasterstädt linear, dann aber die Gefahr der Verstopfung auch zunimmt, dürfte es sich allgemein empfehlen, die kleineren Werte einzusetzen, also in der Regel nicht über $\frac{1}{500}$ zu wählen und bei schwererem oder sperrigem Gut auf $\frac{1}{1500}$ herunterzugehen.

Aus $\mu_v = \frac{V_m}{V_L}$ ergibt sich dann die Luftmenge $V_L = \frac{V_m}{\mu_v}$.

b) Direkte Förderung.

Der Rohrdurchmesser ist nunmehr aus der Luftmenge und einer Rohrgeschwindigkeit w_2 zu berechnen, welch letztere nach Tabelle 13 für das entsprechende Fördergut zu entnehmen ist. Dies geschieht nach der Gleichung:

$$V_L = F \cdot w_2$$

$$F = \frac{\pi d^2}{4} = \frac{V_L}{w_2}.$$

Handelt es sich um lange Förderwege und ist mit Undichtigkeiten dabei zu rechnen, so müssen die Werte w_2 allerdings je nach dem Undichtigkeitsgrad um 10 bis 20 % reichlicher gewählt werden, da sonst durch die sich verringernde Luftmenge die Schwebegeschwindigkeit unterschritten werden kann und das Material sich festsetzt.

Um dies zu vermeiden, wird es schon aus betriebstechnischen Gründen empfehlenswert sein, die Förderleitung, wenn sie oberirdisch verlegt wird, mindestens in ihren Längsnähten zu schweißen oder zu verlöten und an den Stößen durch eingelegte Hanf- oder Leinenstreifen gut abzudichten. Bei Verlegung unter der Erde kann stattdessen ein Einstampfen in Beton erfolgen.

In beiden Fällen muß auf besondere Dichtheit der stets vorzusehenden Reinigungsklappen geachtet werden.

c) Indirekte Förderung.

Bei indirekten Förderanlagen wird das Gut hinter dem Lüfter

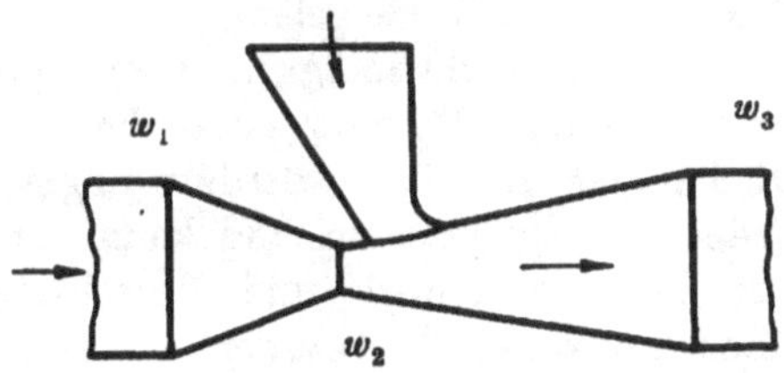

Fig. 220. Einschüttdüse für indirekte Förderung.

in eine Düse eingebracht und durch die Geschwindigkeit des durch die Düse tretenden Luftstroms mitfortbewegt.

Die ideale Form einer solchen Düse entspricht der Figur 220. Sie besteht aus einer Verengung und einer Erweiterung. An der engsten Stelle wird diejenige Geschwindigkeit erzeugt, die für die Fortbewegung notwendig ist. Alsdann vermindert sich die Geschwindigkeit in der diffusorartigen Erweiterung bis auf die Fördergeschwindigkeit, am größten Querschnitt der Erweiterung, an welche sich die Druckleitung anschließt.

Am Anfang, in der Mitte und am Ende der Förderdüse seien die Geschwindigkeiten w_1, w_2 und w_3. Dann muß sein

1. $w_1 < w_2 > w_3$.
2. Der verfügbare Gesamtdruck bei w_3 muß groß genug sein, um den gesamten Rohrreibungswiderstand und etwaige Einzelwiderstände, mithin p_{st} der nachfolgenden Druckleitung unter Berücksichtigung der Materialförderung und p_d, die zur Aufrechterhaltung der Fördergeschwindigkeit nötige Geschwindigkeitshöhe, aufbringen zu können.

Die Geschwindigkeit w_3 muß mindestens der durch die Schwebegeschwindigkeit des Materials bedingten Fördergeschwindigkeit entsprechen. Der Rohrdurchmesser an dieser Stelle, d. i. der Rohrdurchmesser der Druckleitung, ist entsprechend der Stückgröße des zu fördernden Gutes bzw. dem Mischungsverhältnis anzunehmen. Er liegt bei den hauptsächlich vorkommenden Fördergütern zwischen 150 und 600 mm. Aus den so gewählten Werten ergibt sich aus der Länge der Druckleitung und der Einzelwiderstände der Widerstandswert p_{st} und die Druckhöhe p_{d3}.

Die Geschwindigkeit w_1 entspricht der Ausblasgeschwindigkeit des Lüfters, der im allgemeinen dicht an der Düse anzuordnen ist.

Das vom Lüfter zu fördernde Luftvolumen ist mithin

$$V_L = F_3 \cdot w_3 = \frac{Vm}{\mu v}.$$

Für die Ermittlung des Düsenquerschnitts an der engsten Stelle und der dort einzuhaltenden Geschwindigkeit w_2 diene folgendes:

Würde die Luft bei w_2 ins Freie gelangen, dann würde die gesamte zur Erzeugung der Düsengeschwindigkeit vom Lüfter aufgebrachte Druckenergie verloren sein. Dadurch, daß die Rohrleitung mittels des Diffusors unmittelbar an die Förderdüse angeschlossen ist, wird dieser Druck wieder nutzbar gemacht und kann auf diese Weise zur Überwindung der Reibungsverluste und Einzelwiderstände in der anschließenden Leitung verwendet werden.

Nach Abschnitt I wird jedoch durch einen Diffusor, in welchem Geschwindigkeit in Druck umgesetzt wird, der Druck nicht restlos wiedergewonnen. Es muß vielmehr ein gewisser Diffusorverlust in Abzug gebracht werden. Dieser wird hier um so größer sein, als durch das Einschütten des Fördergutes in den erweiterten Teil der Düse, die gradlinige Strömung beeinflußt wird, und zusätzliche Wirbelverluste eintreten.

Daraus ergibt sich, da der statische Druck in der Düse gleich 0 sein soll:

Düsendruck = Diffusorverlust + Gesamtdruck

mithin $p_{d2} = (p_{d2} - p_{d3}) \cdot \varepsilon + (p_{st} + p_{d3})$

Beiwert $\varepsilon = 0{,}5$ (angenommen) (vgl. Abschn. I, 4 c)

$$p_{d2} = p_{d3} + 2p_{st}.$$

Da p_{d3} und p_{st} aus den gegebenen Werten ermittelt werden kann, ergibt sich p_{d2} als der vom Lüfter aufzubringende Gesamtdruck.

Aus $p_{d2} = \frac{w_2^2}{2g} \cdot \gamma$ ist dann die Düsengeschwindigkeit und mit V_L der Düsenquerschnitt leicht zu errechnen.

Der Beiwert ε richtet sich nach der Düsenkonstruktion und muß für jede Düse durch Versuche festgelegt werden.

Die Düsengeschwindigkeit liegt in der Regel zwischen 25 und 50 m/s.

4. Anwendungsgebiete.

a) Förderanlagen für Holzspäne und Sägemehl.

Bei Förderanlagen in der Holzindustrie für abfallendes Gut von den Bearbeitungsmaschinen wird fast ausschließlich die direkte Förderung angewendet. In den meisten Fällen wird die Förderanlage in unmittelbarem Anschluß an die Absaugeanlage errichtet. Die Späne, welche durch die Absaugeanlage in einem Fänger gesammelt werden, fallen von diesem dem Saugrohr des Lüfters, der zur Förderung dient, zu (vgl. Fig. 221).

Da die Luft bei richtig wirkenden Fliehkraftabscheidern ganz oder fast ausschließlich aus dem oberen Luftrohr entweichen muß

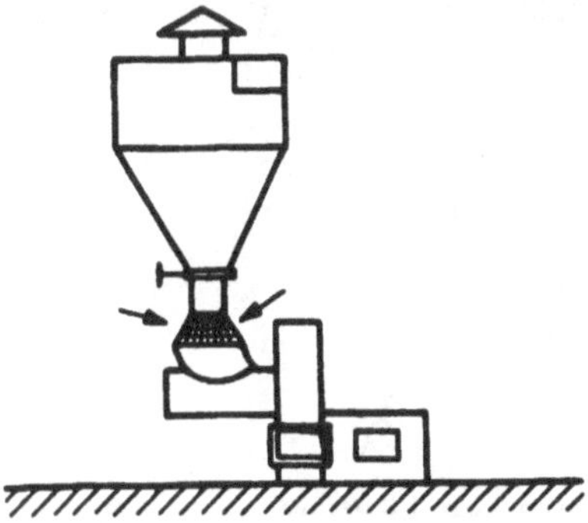

Fig. 221. Übergang vom Fänger zum Förderlüfter. Mischluftzutritt von oben.

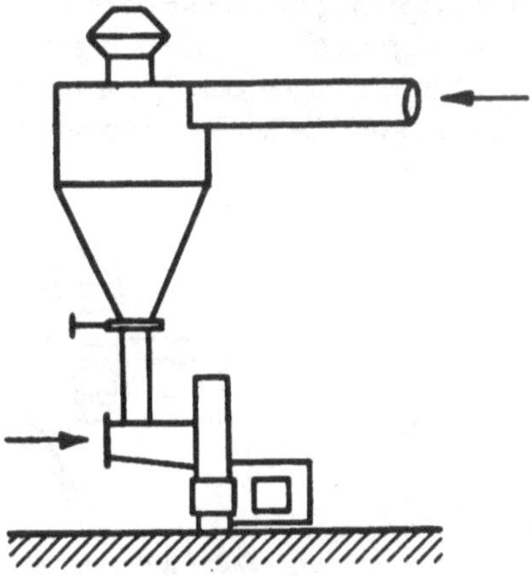

Fig. 222. Übergang zum Förderlüfter. Mischluftzutritt von hinten.

und im unteren Teil des Fängers Luft entweder gar nicht oder nur in geringstem Maße austritt, so darf die Verbindung zwischen dem Fänger und dem Saugrohr des Förderlüfters nicht ein geschlossenes System darstellen. Die Luft muß vielmehr mit dem herausfallenden Spänematerial von allen Seiten frei eintreten, um durch innige Vermischung die Ansaugung zu erleichtern und Verstopfungen zu vermeiden.

Man kann diesen Luftzutritt natürlich auch dadurch erreichen, daß die Verbindung zwischen Fänger und Saugrohr unmittelbar zwar geschlossen, aber das hintere Ende des Saugrohres geöffnet ist (vgl. Fig. 222). Würde man etwa den oberen Luftaustritt des Fliehkraftabscheiders schließen und somit die Luft zwingen, mit dem abfallenden Spänen, dem Förderlüfter zuzuströmen, so würde hierdurch einmal die durch die Konstruktion des Abscheiders bedingte Wirkung durchkreuzt und dann eine viel zu große Luftmenge für den Förderlüfter zur Verfügung stehen. Wie bereits in Abschnitt XIII, 1 dargelegt, unterscheidet sich gerade die Förderanlage von der Absaugeanlage durch das Mischungsverhältnis.

Am Ende der Förderleitung kann das geförderte Material entweder unmittelbar in einen Stapelraum ausgestoßen werden, in dem sich ein Luftaustritt befindet. Besser ist es, auch an dieser Stelle ähnlich wie bei der Absaugeanlage einen Fliehkraftabscheider vorzusehen. Das von diesem nach unten entweichende Spänematerial kann unmittelbar der Vorfeuerung eines Kessels zugeführt werden.

Bei anderen Anlagen muß das Spänematerial dem Förderlüfter von Hand oder durch eine mechanische Einrichtung zugeleitet werden. Bei der Förderung vom Wagen müssen die Holzspäne entweder in den Saugtrichter geschaufelt oder ihm durch entsprechende tiefere Anordnung zugeschoben werden (vgl. Fig. 223).

Ein Ansaugen der Späne mittels eines an die Saugseite des Förderlüfters anschließenden Saugmundstückes, ähnlich wie es bei dem

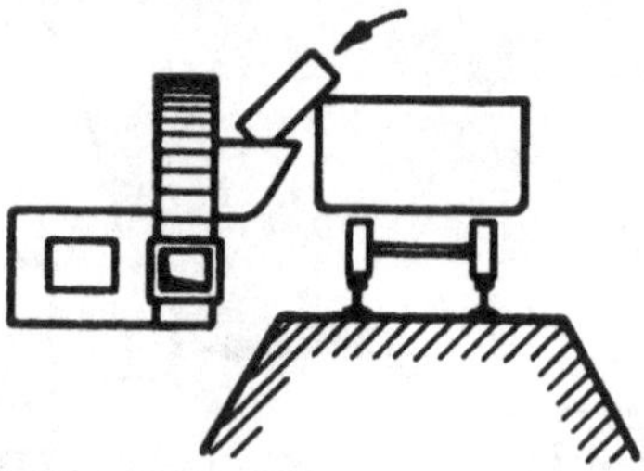

Fig. 223. Aufgabe vom Wagen zum Förderlüfter.

heutzutage viel gebrauchten Staubsauger der Fall ist, läßt sich nur für kleine Fördermengen bei Lüfterbetrieb durchführen. Die Abmessungen des Mundstückes würden bei größeren Fördermengen so unhandlich werden, daß eine bequeme Bedienung und damit die Wirtschaftlichkeit in Frage gestellt wird.

Als Mischungsverhältnis für Späne-Förderanlagen kann etwa 1 : 1000 auf das Volumen bezogen angenommen werden. Bei Sägemehl kann bei gleichmäßiger Beschickung das Mischungsverhältnis bis etwa 1 : 500 vergrößert werden.

Die Rohrleitungsdurchmesser für Späne und Sägemehl-Förderanlagen schwanken zwischen 300 und 400 mm je nach der Fördermenge.

b) Baumwolle und Kapok.

Baumwolle und Kapok wird in der Regel nach dem indirekten System, also mit Förderdüse gefördert. Das Material wird meist von Hand aufgegeben und in einem Sammelraum oder Behälter aufgefangen. Bei direkter Förderung würde das Material für die Weiterverarbeitung leicht unbrauchbar werden. Außerdem wäre ein Verfangen in den Schaufeln und damit eine Verstopfung des Lüfters kaum vermeidbar. Trotzdem arbeiten diejenigen Anlagen, die bei der Baumwollfabrikation hintereinander geschaltet sind, auf kurze Düsenstrecken häufig nach dem direkten System, wobei die Flügel der Lüfter besonders ausgebildet sind, um eine Beschädigung zu vermeiden.

Bei der indirekten Förderung, also auf lange Förderstrecken, ist für eine besonders gute Ausbildung der Förderdüse, insbesondere für eine richtige Lage des Einwurftrichters und möglichst große Düsengeschwindigkeit zu sorgen, da das Material verhältnismäßig leicht und faserförmig ist, so daß bei dem geringsten Versagen der Düse das Gut an der Einwurfstelle herausgeschleudert wird und in weitem Umkreis den Aufgabeplatz bedeckt.

Man kann, falls die Fördergeschwindigkeit an der Düse die gewünschte Wirkung nicht aufweist (vgl. Fig. 224) ein bewegliches Ab-

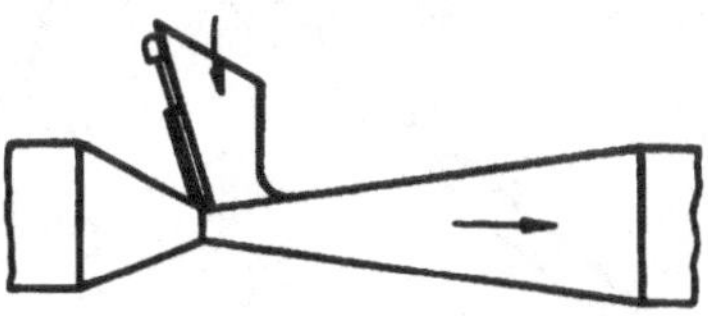

Fig. 224. Düse mit Regelschieber.

schlußorgan vorsehen, durch welches sowohl die Düsengeschwindigkeit als auch die Wirkung des Einwurftrichters verbessert werden kann.

Die Saugöffnung oder auch bei zweiseitiger Ausführung beide Saugöffnungen des Lüfters sind von der Einwurfstelle entweder durch eine Zwischenwand oder durch ein 2—3 m langes Zwischenstück zwischen Lüfter und Düse zu schützen, um einem direkten Ansaugen von Fördergut besonders bei Windanfall vorzubeugen.

Bei Förderung von Kapok, so wie er aus der Frucht kommt, sind scharfe Kanten und Umlenkungen zu vermeiden. Vor dem Ende der Leitung bzw. vor dem Abscheideraum ist zweckmäßig ein auf einer Prallwirkung beruhender Abscheider vorzusehen, um die mit dem Gut geförderten Fruchtkörner noch vor der Sammlung zur Abscheidung zu bringen. Der Abscheider muß jedoch so konstruiert sein, daß ein Zerplatzen der Körner nicht eintritt, da sonst, falls zerplatzte Teile des Fruchtkorns mit den Kapokdaunen in den Sammelraum gelangen, der Wert des Fördergutes herabgemindert wird.

c) Zuckerrohr.

Zuckerrohr kann nach dem direkten System gefördert werden. Der Förderlüfter muß jedoch selbst sehr stabil gebaut sein, da die mitgeförderten holzartigen Teile ein leicht gebautes Flügelrad sehr bald unbrauchbar machen. Man wählt am besten ein Flügelrad mit Stahlgußnabe und geraden, kräftigen Stahlblechschaufeln. Auch die Wandstärke des Gehäuses darf nicht unter 5 mm betragen.

d) Lumpen und Altpapier.

Die Förderung von Lumpen und Altpapier kann ohne weiteres direkt erfolgen, wenn das Material, wie es bei der Pappenfabrikation meist der Fall ist, bereits den Reißwolf passiert hat.

Der Förderlüfter wird mit seinem Saugrohr zweckmäßig so tief aufgestellt, daß das zerrissene Material dem Lüfter zufällt (vgl. Fig. 225).

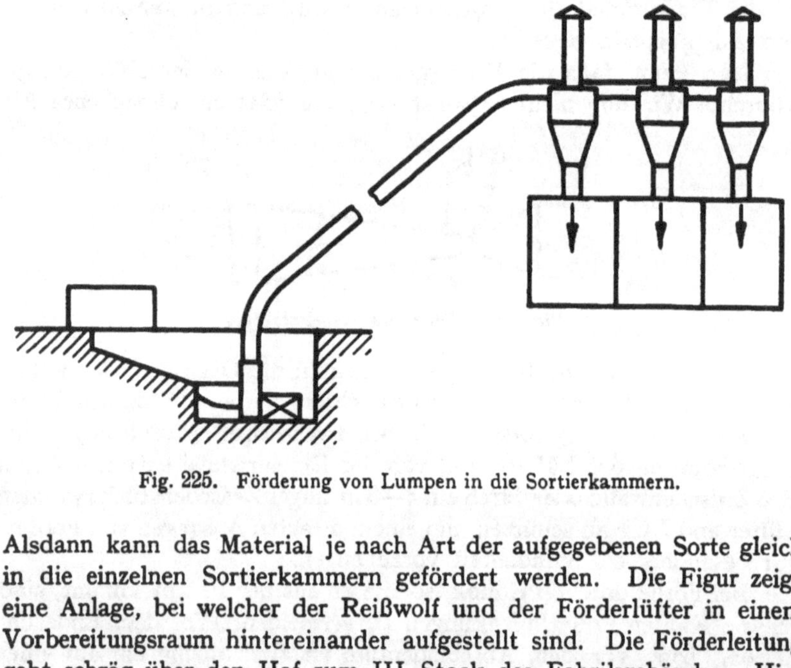

Fig. 225. Förderung von Lumpen in die Sortierkammern.

Alsdann kann das Material je nach Art der aufgegebenen Sorte gleich in die einzelnen Sortierkammern gefördert werden. Die Figur zeigt eine Anlage, bei welcher der Reißwolf und der Förderlüfter in einem Vorbereitungsraum hintereinander aufgestellt sind. Die Förderleitung geht schräg über den Hof zum III. Stock des Fabrikgebäudes. Hier sind drei Sortierkammern, über welchen sich je ein Fliehkraftabscheider befindet. Durch Umschalten der in der Förderleitung vorhandenen und vor jedem Fänger angeordneten Klappen kann die Förderung auf eine der drei Kammern eingestellt werden.

Bei diesen Anlagen, die direkt im Anschluß an den Reißwolf arbeiten, muß die Schluckfähigkeit, d. i. die Fördermenge des Förderlüfters, natürlich mit der Leistungsfähigkeit des Reißwolfes vollkommen abgestimmt sein, da sonst der ganze Betrieb durch störende Unterbrechungen unwirtschaftlich arbeitet. Die genaue Bestimmung der bei gleichmäßiger Beschickung des Reißwolfes im Saugrohr des Lüfters anfallenden Fördergutmenge ist daher nötig, um hiernach die Größe des Förderlüfters festzulegen. Die Rohrquerschnitte derartiger Anlagen schwanken zwischen 250 und 350 mm.

e) Spreu und Häcksel.

Spreu und Häcksel werden nach dem direkten System gefördert. Da das Material bereits kurzfaserig ist, tritt eine Beschädigung bei der Förderung durch den Lüfter nicht mehr ein. Die üblichen Rohr-

Fig. 226. Heu- und Strohgebläse mit Förderband (direkte Förderung). (E. A. Klinger, Altstadt-Stolpen Sa.)

durchmesser liegen zwischen 130 und 500 mm. Die Förderleistungen dieser für landwirtschaftliche Zwecke meist fahrbar eingerichteten Anlagen liegen zwischen 10 und 150 Zentner je Stunde bei einer Förderlänge von 20—200 m.

Oftmals werden diese Förderanlagen in Verbindung mit Förderbändern und Schneidvorrichtungen gebracht. Figur 226 zeigt eine solche Einrichtung mit Förderband für Häcksel, Druschstroh und auch Wiesenheu.

f) Wiesenheu und Kleeheu.

Während man Wiesenheu ohne weiteres in derselben Weise wie die im vorigen Abschnitt beschriebenen Futterarten direkt fördern kann, läßt sich das Kleeheu, das eine Beschädigung nicht verträgt, nur nach dem indirekten System fördern. Man sieht daher für Kleeheu eine Düse vor, die in der Landwirtschaft auch Schleuse genannt wird. In Figur 227 ist eine solche Förderdüse dargestellt. Das Gerät besteht meist aus einem zweiseitig saugenden Lüfter, der mit Riemen angetrieben wird, der Schleuse mit einem geräumigen Einwurftrichter und einem Anschlußrohr von 450 oder 500 mm Durchmesser. Das ganze Gerät ist auf Kufen gesetzt, um den Aufstellungsort leicht verändern zu können.

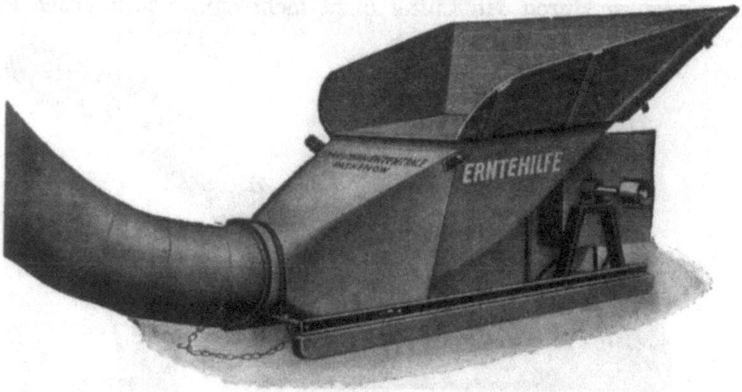

Fig. 227. Heu- und Strohgebläse für indirekte Förderung. (Maschinenzentrale Landmaschinenfabrik Rathenow.)

Die Leistung der Förderanlage beträgt etwa 150 Zentner Heu je Stunde, bei einem Kraftbedarf von etwa 20 PS. Das Gerät eignet sich auch zur Strohförderung.

g) Stroh.

Die Förderung von Strohgarben kann naturgemäß nur nach dem indirekten System erfolgen, wobei der Rohrdurchmesser mindestens 450 bis 500 mm betragen muß. Eine solche Fördereinrichtung ist in Fig. 228 dargestellt. Die mit der langgestreckten Einschüttvorrichrichtung versehene Düse besitzt eine automatisch wirkende Rückschlagklappe, die bei eintretender Verstopfung geschlossen wird und damit die Förderung unterbricht. Die Leistung dieser Gebläseart liegt zwischen 600 und 2000 Garben je Stunde.

Die meisten unter e—g beschriebenen Förderanlagen sind so eingerichtet, daß sie sich durch kleine Umschaltungen im Betriebe für alle Futterarten verwenden lassen.

h) Rohrpostanlagen.

Jede Rohrpostanlage besteht aus dem Gebläse, der Luftleitung, dem Fahrrohr, dem Empfänger mit Empfangsmulde und dem Sender

Fig. 228. Garbenförderer. (Modell 1927 der Maschinenfabrik Wilhelm Lanvermeyer, Melle i. Hann.)

(Topf- oder Zwischensender). Als Gebläse dient ein elektrisch angetriebener Fliehkraftlüfter oder ein Kreiskolbengebläse für lange Strecken.

Die Luftleitung verbindet das Gebläse mit dem Fahrrohr. Dieses ist das eigentliche Förderrohr, das zur unmittelbaren Beförderung der Briefe (Zettel) oder besonderer Büchsen (Patronen), in welche die Briefe eingelegt werden, dient.

Der Empfänger ist schwanenhalsförmig ausgebildet; aus ihm fällt die Büchse oder der Zettel in eine Drahtmulde. Als Sender kann ein offener oder geschlossener Topfsender dienen, ja nachdem die Luft durch ihn selbst oder durch eine besondere Öffnung nachströmt. Der sogenannte Zwischensender ist durch Schleusenausbildung nur für den Einschub der Büchse vorgesehen und als geschlossener Sender zu betrachten.

Man unterscheidet nun, abgesehen von gebläselosen Fallrohranlagen drei Hauptsysteme: das Drucksystem, das kombinierte System (Saug- und Druckwirkung) und das Saugsystem.

Bei reinen Druckluftanlagen steht das Fahrrohr nur unter Überdruck. Demzufolge müssen von der Zentrale soviele Fahrrohre parallel verlegt werden, wie Stationen zu bedienen sind. Es kann nur in einer Richtung gefördert werden. Für Rückfahrt ist besondere Anlage erforderlich. Dieses System ist daher wenig gebräuchlich.

Beim kombinierten System unterscheidet man das Einrohrsystem von dem Linienwählersystem. Beim Einrohrsystem Fig. 229 ist je eine Luftleitung an die Saug- und Drucköffnung des Gebläses angeschlossen. Beide Luftleitungen treffen sich in einer Umschaltstelle, an der sich Station I befindet. Von hier führt ein Fahrrohr zur Station II. Je nach gewünschter Fahrrichtung wird das Fahrrohr von der Um-

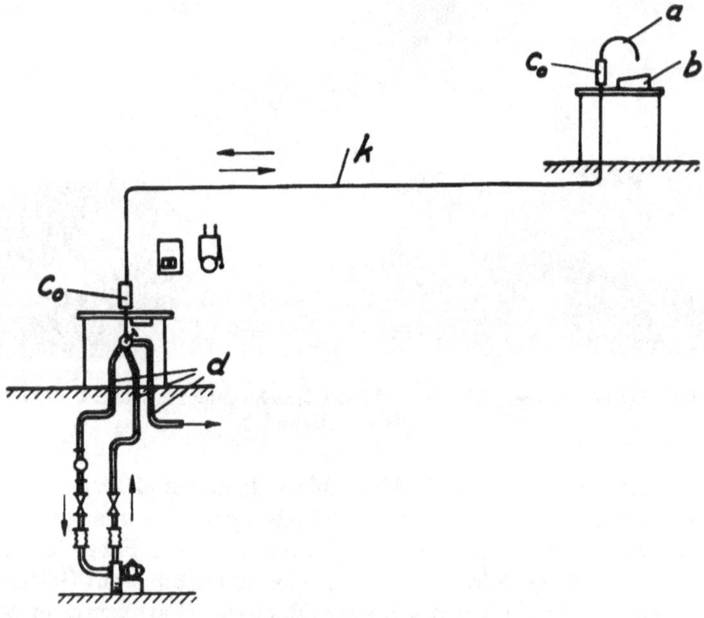

Fig. 229. Rohrpostanlage für 2 Stationen. Kombiniertes Einrohrsystem.

Bezeichnungen für Fig. 229—233.

a	Empfänger	f	Absperrventil
a_0	Weichen-Empfänger	g	Elastische Verbindung
b	Empfangsmulde	h	Gebläse oder Lüfter
c	Topfsender	i	Elektromotor
c_0	Zwischensender	k	Fahrrohr
d d_1 d_2	Luftleitungen	l	Schleusenkasten
e	Luftfilter		

schaltstelle unter Saug- oder Druckluft gesetzt. Die Umschaltstelle wird durch eine Weckeranlage benachrichtigt.

Beim Linienwählersystem Fig. 230 sind eine Reihe von Stationen druckseitig parallel an einen Linienwähler in der Zentrale angeschlossen. Saugseitig ist jede Station durch Topfsender für Rückfahrt auf besonderem Fahrrohr mit der Zentrale verbunden. Je nach der Einstellung am Linienwähler kann eine bestimmte Station senden oder empfangen. Fig, 231 u. 232 zeigen Rohrpostanlagen nach dem reinen Saugsystem. Die Bedienung der einzelnen Stationen erfolgt hier entweder durch

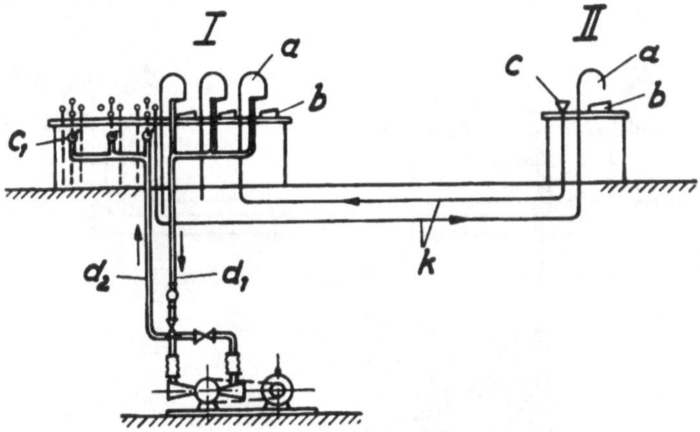

Fig. 230. Rohrpostanlage für mehrere Stationen. Kombiniertes Linienwählersystem.

Umschaltung zweier Topfsender mittels Wendeklappe oder durch Benutzung verschiedener selbständiger Topfsender.

Durch Einführung des Weichensystems ist es gelungen, die Sauganlagen zu voll automatischen Rohrpostanlagen auszugestalten. Figur 233 zeigt das Schema einer solchen Anlage. Jede Station ist mit einem Weichenempfänger nach Figur 204 b c und einem Topfsender ausgestattet. Durch Druckknopfsteuerung kann man von jeder Station mit einer beliebigen anderen Station verkehren (senden oder empfangen). Der Weichenempfänger ist durch Überfahrbogen für Durchfahrt einstellbar. Die Freigabe der gewünschten Station und die Sperrung

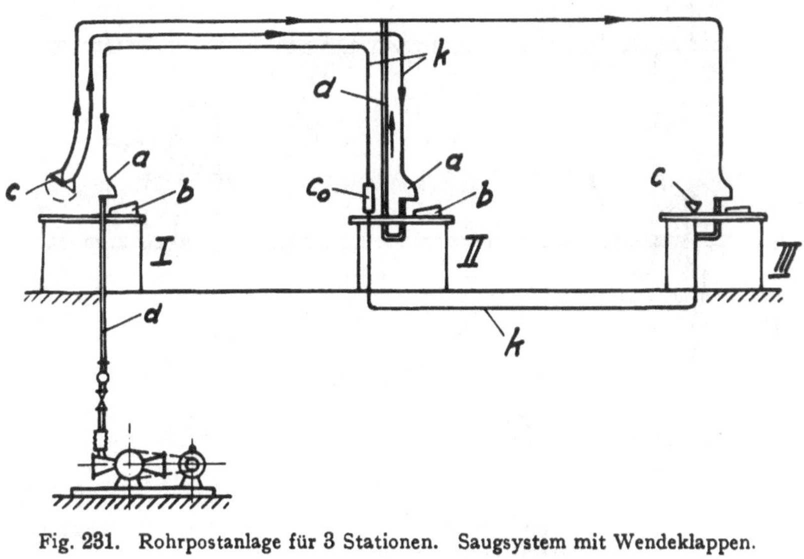

Fig. 231. Rohrpostanlage für 3 Stationen. Saugsystem mit Wendeklappen.

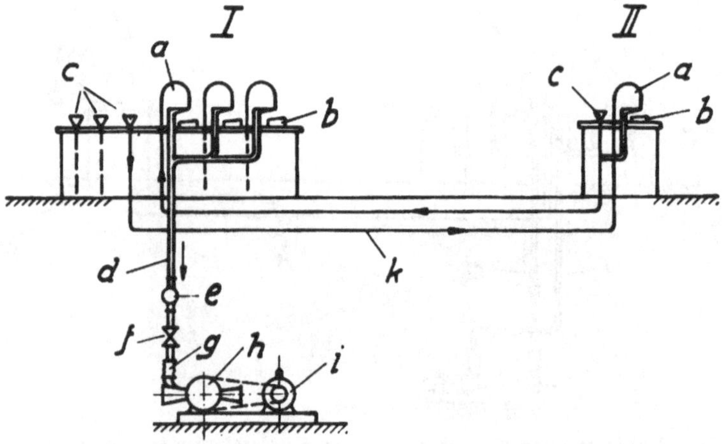

Fig. 232. Rohrpostanlage für viele Stationen. Saugsystem mit Hin- und Rückleitung.

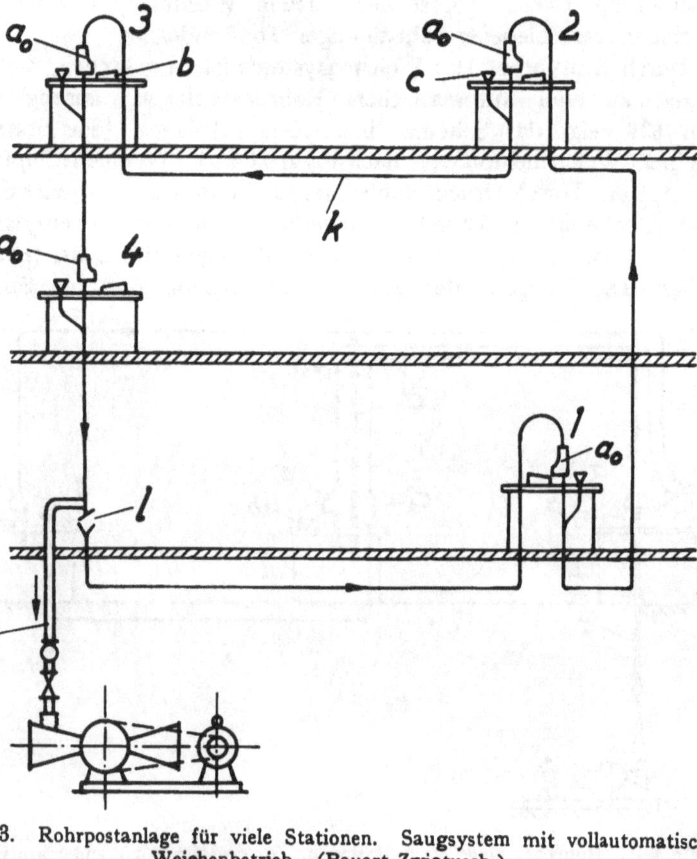

Fig. 233. Rohrpostanlage für viele Stationen. Saugsystem mit vollautomatischen Weichenbetrieb. (Bauart Zwietusch.)

Fig. 234. Zentrale einer automatischen Weichenrohrpostanlage mit sechs Ringen. (E. Zwietusch & Co., Charlottenburg.)

Fig. 235. Rohrpost-Ventilatoraggregate in einem Postscheckamt. (Siemens-Schuckertwerke, Berlin-Siemensstadt.)

der zu durchfahrenden Stationen erfolgt durch Relais-Neuerung automatisch durch Betätigung der angegebenen Druckknopfsteuerung. Anordnung bis zu 20 Stationen in einem Ring (vgl. Fig. 234).

Die Fahrrohre der meisten Systeme haben einen Durchmesser von 50—75 mm, während die Luftleitung je nach Örtlichkeit größer gewählt wird. Da die Rohrreibung bei diesen kleinen Durchmessern

Fig. 236. Aufbau eines Rohrpost-Ventilators. (Siemens-Schuckertwerke, Berlin-Siemensstadt.)

beträchtlich ist, arbeiten derartige Rohrpostanlagen je nach Leitungslänge mit Drücken von 200—1000 mm WS, bei besonders großen Anlagen bis etwa 1500 mm WS. Die Luftgeschwindigkeit beträgt im Mittel etwa 15 m/s. Die Luftmengen schwanken je nach Art und Größe der Anlage (Undichtigkeitsverluste) etwa zwischen 0,1 und 1,2 m^3/s. Die Anordnung und Aufstellungsart der Gebläse zeigen die Figuren 235 u. 236. Die ganzen Aggregate ruhen auf Schwingungsdämpfern, die Luftleitungen sind durch Leder-Schlauchkuppelung elastisch mit den Lüftern verbunden. Ein siebartiges Luftfilter ist vorgeschaltet.

Abschnitt XIV.

Lüfter-Ausführungsarten.

1. Fliehkraftlüfter.

a) Dreh- und Blasrichtung.

Die Fliehkraftlüfter besitzen, wie bereits in der Einführung auseinandergesetzt, in der Mitte der Schnecke die Saugöffnung und am Umfang die Ausblasöffnung. Man stellt nun nach Möglichkeit die Lüfter so her, daß sie sich bequem, d. h. ohne energieverbrauchende Umlenkungen in das Rohrsystem einschalten lassen. Hiernach kann der Ausblas entweder unten horizontal oder oben horizontal oder senkrecht

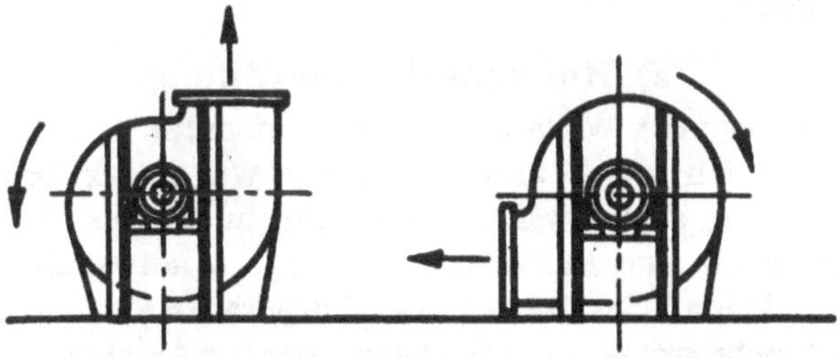

Fig. 237.

linke Drehrichtung senkrecht nach oben — rechte Drehrichtung unten horizontal

nach unten oder senkrecht nach oben gewählt werden. Hierzu kommt noch die Variation, je nachdem ob der Ausblas auf der linken Seite oder auf der rechten Seite liegt. Ferner werden auch noch Zwischenformen (Schräglagen) ausgeführt. Die Bestimmung der Drehrichtung wird immer von der Antriebsmaschine bzw. der Riemenscheibe aus festgelegt (vgl. Fig. 237).

b) Einseitig saugend.

Bei Fliehkraftlüftern kann nun das Flügelrad und Gehäuse so ausgebildet werden, daß die Ansaugung von einer Seite oder auch von zwei Seiten gleichzeitig erfolgen kann. Man wird die einseitig saugende Ausführung (vgl. Fig. 1, S. 2) in allen den Fällen wählen, bei welchen ein Rohranschluß auf der Saugseite erforderlich ist.

c) Zweiseitig saugend.

Die zweiseitig saugende Ausführung kann immer dann gewählt werden, wenn ein Rohranschluß auf der Saugseite nicht vorliegt oder aber, wenn die Größe der Fördermenge den Einbau eines einseitig saugenden Lüfters infolge seiner größeren Dimension verbietet. In diesem Falle müssen, falls ein Sauganschluß erforderlich wird, an jeder Seite Saugkästen vorgesehen werden, wobei die Flügelradwelle die beiden Saugkästen durchdringt und in je einem Lager an der Außenseite der Saugkästen gelagert ist (vgl. Fig. 2 S. 2).

2. Schraubenlüfter.

Schraubenlüfter saugen die Luft axial an und drücken sie in derselben Richtung weiter. Die normale Ausführung derartiger Schraubenlüfter ist so, daß der Antriebsmotor auf einem mit dem umschließenden Wandring verbundenen Konsol ruht, und auf seinem Wellenstumpf das Flügelrad trägt (vgl. Fig. 7 b S. 5). Daneben gehören zu den Schraubenlüftern die Tisch- und Deckenfächer in ihren bekannten Ausführungsarten.

a) Horizontale Anordnung.

Hierbei liegt die Welle des Motors horizontal. Etwaige Rohrleitungen lassen sich sowohl an der Saugseite wie an der Druckseite unmittelbar an dem eben erwähnten Wandring anbringen. In Ausnahmefällen kann auch eine Ausführung mit Lagern notwendig werden für den Fall z. B., daß das Gewicht des Flügelrades von der Motorwelle selbst nicht mehr getragen werden kann. oder der Axialdruck zu groß ist.

Bei einigen Schraubenlüftern wird statt des Konsols ein Kreuz vorgesehen, an dem ein Flanschmotor befestigt wird (vgl. Fig. 3 S. 3).

b) Vertikale Anordnung.

Außer der eben erwähnten horizontalen Lage der Welle kann die Anordnung von Schraubenlüftern auch so getroffen werden, daß der Lüfter horizontal liegt und die Welle senkrecht steht. Dieser Einbau empfiehlt sich in all den Fällen, in welchen der Schraubenlüfter in einem senkrechten Rohr oder in der Decke untergebracht wird. Es muß bei dieser Anordnung jedoch die Antriebsmaschine in der Lage sein, das Gewicht des Flügelrades und unter Umständen auch den Axialdruck aufzunehmen.

Abschnitt XV.

Lüfter-Antriebe.

1. Bemessung der Antriebsmaschine.

a) Leistung.

Die Wahl der Antriebsmaschine eines Lüfters richtet sich in erster Linie nach dem Kraftbedarf des Lüfters. Wird der Lüfter von der

Antriebsmaschine direkt angetrieben, also ohne Zwischenschaltung einer Riemenscheibe oder eines Vorgeleges, so wird zweckmäßig die Leistung der Antriebsmaschine nur in denjenigen Fällen genau dem Kraftbedarf des Lüfters entsprechen dürfen, in welchen eine Überlastung der Maschine nicht in Frage kommt.

Die Überlastung der Antriebsmaschine kann in mehreren Fällen eintreten. Ist der vom Lüfter zu überwindende Widerstand im voraus nicht hinreichend genau bestimmbar, so wird bei Fliehkraftlüftern in allen Fällen, in welchen der Widerstand sich tatsächlich geringer einstellt, als er ursprünglich angenommen wurde, eine Zunahme der Luftmenge eintreten, die einen erhöhten Kraftbedarf des Fliehkraftlüfters mit sich bringt. Bei Fliehkraftlüftern mit rückwärts gekrümmten Schaufeln ist im allgemeinen der Unterschied des Kraftbedarfes bei verschiedener äußerer Belastung so gering, daß eine besondere Berücksichtigung in diesen Fällen nicht stattfinden braucht. Bei allen anderen Fliehkraft-Lüftern kann der Kraftbedarf jedoch wesentlich zunehmen, so daß eine starke Überlastung der Antriebsmaschine eintritt. In diesen Fällen wird man also die Leistung der Antriebsmaschine etwa um 10—20 % reichlicher wählen, als der errechnete Kraftbedarf des Lüfters ergibt.

Ein anderer Fall der Überlastung der Antriebsmaschine ist gegeben, wenn das spezifische Gewicht der zu fördernden Luft sich gegenüber demjenigen der Berechnung erhöht. Wie in der Einführung Abschnitt I auseinandergesetzt, erhöht sich der Kraftbedarf eines Lüfters proportional mit dem spezifischen Gewichte des geförderten Gases. Wird z. B. eine Saugzuganlage, die für eine Temperatur von 250^0 bemessen ist, aus irgend einem Grunde mit kälteren Gasen von 180^0 betrieben, so ist der Kraftbedarf des Lüfters um 16 % größer, so daß die Antriebsmaschine, wenn sie für den Kraftbedarf bei heißen Rauchgasen ausgewählt wurde, überlastet ist. Aus diesem Grunde wählt man in diesen Fällen die Antriebsmaschine meist um etwa 25 % reichlicher.

Was soeben für Fliehkraftlüfter auseinandergesetzt wurde, gilt in ähnlicher Weise, jedoch im umgekehrten Sinn für Schraubenlüfter. Schraubenlüfter benötigen, wie in Abschnitt I erörtert, bei zunehmendem äußeren Widerstande und zurückgehender Luftmenge bei gleicher Drehzahl einen höheren Kraftbedarf. Aus diesem Grunde muß auch hier die Antriebsmaschine für den Fall, daß der Widerstand größer ausfällt, als in der Rechnung vorgesehen, in ihrer Leistung um etwa 10—20 % größer bemessen werden. Hinsichtlich Gastemperatur gilt das gleiche wie beim Fliehkraftlüfter.

b) Axialdruck.

Für die Bemessung der Lager der Antriebsmaschine bzw., falls diese durch eine Kupplung mit dem Lüfter verbunden ist, für die

Zwischenlager muß noch der vom Lüfter hervorgerufene Axialdruck in Rechnung gezogen werden.

Durch den vom Lüfter erzeugten Gesamtdruck (vgl. Abschnitt I, 4 a) entsteht bei einseitig saugender Ausführung des Lüfters in der Richtung vom Flügelrad zur Einsaugöffnung (vgl. Fig. 238 u. 239) ein Axialdruck, der von dem in der Maschine eingebauten Lager oder dem erwähnten Zwischenlager aufgenommen werden muß. Seine Größenbestimmung ergibt sich aus dem tatsächlichen Gesamtdruck p_{ges} in mm *WS* und der Ansaugefläche, auf welcher der Axialdruck zur Wirkung kommt. Diese Fläche ist gleich der Saugöffnung des Lüfters, mithin

$$p_{ax} = \frac{\pi d^2}{4} \cdot p_{ges} \text{ in kg}$$

wenn d der Durchmesser der Saugöffnung in m ist.

Dieser Axialdruck kann bei Gleitlagern entweder durch einen Bund in der Mitte oder am Ende des Lagers aufgenommen werden,

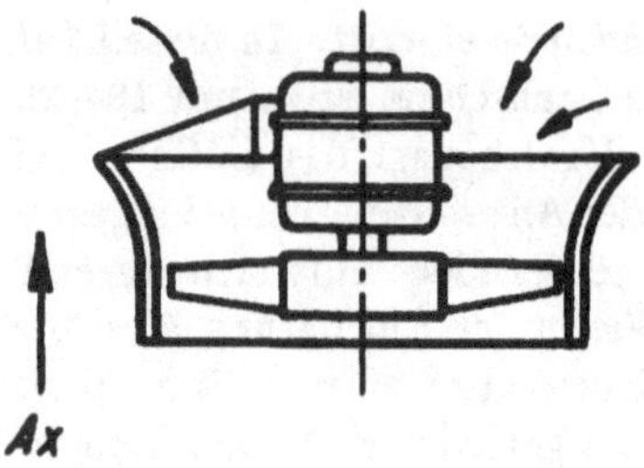

Fig. 238. Richtung des Axialdrucks (Ax) bei einem Schraubenlüfter.

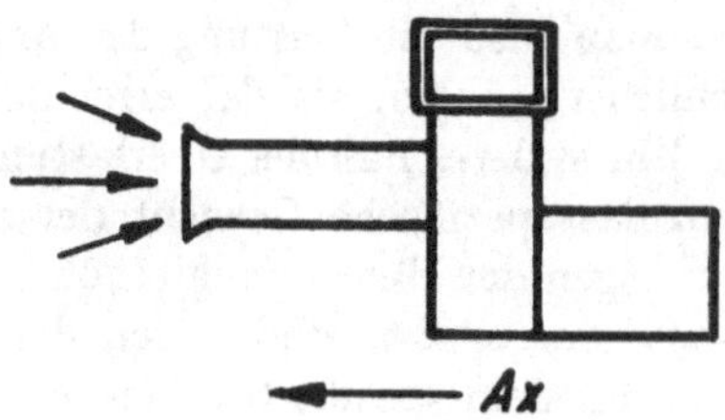

Fig. 239. Richtung des Axialdrucks (Ax) bei einem Fliehkraftlüfter.

oder es muß eine andere besondere Vorkehrung getroffen werden. Sind Kugellager vorhanden, so können diese in der Regel die Drücke, wie sie bei Niederdrucklüftern auftreten, aufnehmen. Bei besonders hohen Drücken müssen auch hier gegebenenfalls durch Wahl von hochschultrigen Kugellagern besondere Vorkehrungen getroffen werden.

Bei zweiseitig saugender Ausführung des Lüfters heben sich die Axialdrücke gegeneinander auf. Immerhin sind, besonders bei zweiseitig saugenden Hochdrucklüftern, die im Dauerbetrieb arbeiten, besondere Maßnahmen zu treffen, da infolge der nicht immer ganz gleichen Belastung der beiden Saugseiten eine Hin- und Herbewegung in Richtung der Welle eintritt, durch welche die Lager einem erhöhten Druck ausgesetzt werden.

Um bei elektromotorischem Antrieb diese Axialbewegung auf ein Mindestmaß zu beschränken, muß der Motor mit geringstem axialem Wellenspiel ausgeführt werden.

Bei zweiseitig saugenden Lüftern, bei welchen in der Regel die beiderseitigen Lager sehr dicht in der Saugöffnung stehen, ist häufig die Saugwirkung so groß, daß das Öl aus dem Lager abgesaugt wird. Dies kann dadurch verhindert werden, daß man an der Welle zwischen Lüfter und Lagern eine rotierende Scheibe vorsieht, deren Durchmesser größer, als der gesamte Lagerdurchmesser ist. Bei Kugellagern fällt diese Gefahr fort, da sie mit Fett geschmiert werden, das nicht von der Saugwirkung erfaßt wird.

c) Radialdruck.

Der Radialdruck bei Lüftern ist derjenige Druck auf die Welle oder das Wellenende, welcher durch das Gewicht des Flügelrades in radialer Richtung ausgeübt wird. Man hat hierauf besonders bei unmittelbarem Antrieb zu achten. Bei Flügelrädern großen Durchmessers und damit großen Gewichtes, reicht häufig die normale Abmessung des Wellenstumpfes der Antriebsmaschine nicht aus. Statt einer Verstärkung dieses Wellenstumpfes sieht man dann zweckmäßig lieber eine Drei- oder Vierlager-Ausführung vor (vgl. Abschn. XV, 2).

d) Drehmoment.

Bei Beginn der Drehbewegung von Lüftern wächst das Drehmoment von 0 beginnend mit der zweiten Potenz der Drehzahl.

$$\frac{M_d}{M_{d_1}} = \frac{n^2}{n_1^2}.$$

Im Ruhezustand ist eine Belastung durch Druck- oder Saugwirkung nicht vorhanden. Um das Lüfterrad in den Zustand der Bewegung zu bringen, ist daher nur die Beschleunigung der Masse des Flügelrades aufzubringen. Um diese auf einem möglichst geringen Wert zu erhalten, ist es nötig, außer der Sorge für eine gute Lagerung, das Flügelrad statisch gut auszuwuchten. Zu diesem Zweck sind in vorgesehenen Tariernuten oder an anderen geeigneten Stellen der Nabe oder der Schaufeln Ausgleichsstücke anzubringen, durch welche ein Gleichgewicht in jeder Lage hergestellt, und ein leichter Anlauf erzielt wird,

Das Flügelrad eines Lüfters soll aber nicht nur leicht anlaufen, es soll auch in der Bewegung einen erschütterungsfreien Gang besitzen. Aus diesem Grunde muß es auch in der Bewegung und nach Möglichkeit mit der Drehzahl, für welche es im Betriebe verwendet wird, ausbalanziert werden. Man nennt dies die dynamische Tarierung. Sie geschieht auf einer besonderen Auswucht-Maschine.

2. Direkte Antriebsarten.

Die direkten Antriebsarten von Lüftern zerfallen in solche, bei denen der Lüfter unmittelbar mit der Antriebsmaschine zusammengebaut ist und in andere, bei welchen eine Kupplung und ein oder mehrere Lager zwischen Lüfter und Antriebsmaschine liegen.

a) Fliegende Anordnung.

Der unmittelbare Zusammenbau mit fliegendem Flügelrad (Fig. 240) ist die bei weitem am meisten vorkommende Anordnung. Bei dieser ist das Lüfterrad unmittelbar auf dem Wellenstumpf der Antriebsmaschine aufgekeilt, und gegebenenfalls durch eine Scheibe oder durch eine Schraube gesichert. Hierdurch ergibt sich eine sehr kurze und gedrängte Bauart, die den Einbau des Aggregats auf kleinstem Platz ermöglicht. Sie kann durchgeführt werden für Lüfter mit einer Breite bis zu etwa 1000 mm. Im übrigen muß gerade bei dieser Anordnung auf den Axialdruck und Radialdruck hinsichtlich der Ausführung der Lager der Antriebsmaschine (vgl. Abschn. XV, 1) geachtet werden. Diese fliegende Anordnung des Lüfterrades verbietet sich infolge des engen Zusammenbaues zwischen Gehäuse und Antriebsmaschine in allen den Fällen, in welchen heiße Gase von 100° und darüber gefördert werden, da hierbei die Antriebsmaschine durch die Strahlung des erhitzten Gehäuses zu stark erwärmt werden würde und Schaden litte. Man wählt in diesem Falle ebenso wie bei Lüftern größerer Breite die Ausführung mit drei oder vier Lagern.

Fig. 240. Fliehkraftlüfter, Flügelrad fliegend auf Wellenstumpf des Motors. (Danneberg & Quandt, Berlin-Lichtenberg.)

b) Dreilager-Ausführung.

Die Dreilagerausführung, 2 Lager am Motor und 1 Lager am Lüfter, zeigt Fig. 241. Sie bedingt in der Regel eine feste Kupplung und Aufbau auf einem gemeinsamen Unterbau. Die Montage eines

Fig. 241. Fliehkraftlüfter Dreilagerausführung mit fester Kupplung. (Benno Schilde, Hersfeld H.-N.)

solchen Aggregats muß sehr sorgfältig erfolgen, da bei geringster Verlagerung der Welle ein Schleifen des Lüfterrades oder des Antriebsmotors und in weiterer Folge ein Bruch eintreten kann. Man wählt daher diese Ausführung möglichst nur für kleinere Aggregate, wo es auf größte Platzausnutzung ankommt.

c) Vierlager-Ausführung.

Wenn die fliegende Anordnung nicht gewählt werden kann, so ist meistens die Vierlager-Ausführung (vgl. Fig. 242) zu empfehlen.

Fig. 242. Niederdruck-Lüfter für direkten Motorantrieb in Vierlagerausführung. (Benno Schilde, Hersfeld H.-N.)

Hier liegt zwischen Lüfter und Antriebsmaschine eine elastische Kupplung. Dadurch wird eine etwaige Ungleichheit in der Ausrichtung der beiden Wellen oder sonstige von außen her auftretende Störungen ausgeglichen. Diese Ausführung kann daher als die für rauhe Betriebe sicherste angesehen werden. Die Gesamtanordnung kann mit gemeinsamen Unterbau für Lüfter und Antriebsmaschine oder für besonderen Aufbau des Antriebsorgans auf gemauertem Fundament ausgeführt werden.

Bei zweiseitig saugendem Lüfter liegen die Lager in der Regel zu

Fig. 243. Einseitig saugender Fliehlüfter mit Riemenantrieb. (Benno Schilde, Hersfeld H.-N.)

beiden Seiten des Gehäuses oder mit nach beiden Seiten verlängerter Welle zu beiden Seiten der Saugkästen.

Bei Förderung heißer Gase muß mindestens das dem Lüfter nächstgelegene Lager mit Wasserkühlung versehen werden.

3. Riemenantrieb.

Bei Riemenantrieb wählt man in der Regel Zweilagerausführung, wobei die beiden Lagerböcke vereinigt sind und die Riemenscheibe zwischen ihnen liegt (Fig. 243). Verlängert man die Welle über das Außenlager, so kann man auf dieser noch eine Kupplung vorsehen, um gegebenenfalls direkten Antrieb wählen zu können.

Bei zweiseitig saugendem Lüfter wird bei kleineren Ausführungen die Riemenscheibe fliegend, bei größeren vor einem dritten Außenlager angeordnet (vgl. Fig. 244).

Fig. 244. Zweiseitig saugender Fliehkraftlüfter mit Riemenantrieb. (Benno Schilde, Hersfeld H.-N.)

4. Antriebsmaschinen.

a) Elektromotor.

1. Gleichstrom.

Von den Antriebsmaschinen wird am häufigsten der Elektromotor gewählt. Sofern Gleichstrom benutzt werden kann, eignet sich der Gleichstrom-Nebenschluß-Motor ganz besonders für den direkten Lüfterantrieb. Dieser Motor kann bekanntlich durch Feldschwächung fast verlustlos aufwärts geregelt werden. Er läßt sich also besonders da gut verwenden, wo eine wechselnde Leistung vom Lüfter verlangt wird und der Lüfter normal mit geringer Drehzahl und zur Erzielung der maximalen Leistung mit hoher Drehzahl laufen muß. Bei Verwendung dieses Nebenschluß-Motors ist es dann nicht nötig, die in Abschnitt XV, I a angegebene Leistungsreserve in den Motor zu legen. Er kann mit seiner maximalen Drehzahl und Leistung genau dem maximalen Kraftbedarf des Lüfters angepaßt und gegebenenfalls verlustlos geregelt werden.

Bei der Wahl des regelbaren Nebenschluß-Motors ist jedoch zu beachten, daß die Type festgelegt werden muß durch die höchste Antriebsleistung und die niedrigste Drehzahl, bei welcher er mit vollem Felde laufen soll. Um daher nicht allzu große Modelle zu erhalten, legt man die normale Leistung des Lüfters in die des Motors mit vollem Felde. Die Spitzenleistung wird dann mit Feldschwächung erreicht, während die nicht zu häufig vorkommende Verringerung der Leistung durch Schlupfregelung im Hauptstrom erzielt wird.

Beispiel: Ein Lüfter benötigt normal bei 720 U/min 10 KW. Der Regelbereich soll etwa 40 % betragen. Man wählt dann z. B. eine Aufwärtsregelung durch Feldschwächung von 15 %, also von 720 auf 830 U/min, für einen maximalen Kraftbedarf (mit der dritten Potenz steigend) von 15,2 KW. Ferner sieht man eine Abwärtsregelung im Hauptstrom von 720 auf 600 U/min vor. Die Nebenschlußmotortype wird dann durch die Leistung von 15,2 KW bei 720 U/min bestimmt. Dieser Motor ist regelbar im Nebenschluß um 15 % aufwärts, also auf 830 U/min, und im Hauptstrom abwärts um 17 %, d. h. mit einem gesamten Regelbereich von ca. 40 %.

2. Drehstrom.

Steht Drehstrom zur Verfügung, so ist in der Hauptsache die Wahl zwischen drei verschiedenen Motorarten möglich, dem Kurzschluß-Motor, dem asynchronen-Schleifring-Motor und dem regelbaren Kommutator-Motor.

Für kleine Leistungen bis etwa 3 KW wird sich fast immer die Wahl des Kurzschluß-Motors empfehlen. Dieser läßt sich zwar in seiner Drehzahl nicht regeln, abgesehen von einer nicht zuverlässigen Spannungsregelung auf kleinem Bereich. Die Ersparnisse, die durch elektrische Regelung sich ergeben, sind bei diesen kleinen Leistungen absolut genommen so gering, daß man eine Regelung der Luftmenge, falls sie überhaupt in Betracht kommt, durch Drosselung mittels einer Klappe erzielen kann. Kommen 2 Hauptbelastungspunkte in Frage, welche im Abstand der synchronen Drehzahlen liegen, so lassen sich auch polumschaltbare Motoren verwenden, die neuerdings auch für kleine Leistungen durchgebildet sind.

Bei größeren Leistungen wird oft die Frage der Regelung eine wesentliche Rolle spielen. Bei größeren Lüftungsanlagen, die je nach der Erwärmung der Räume eine größere oder kleinere Luftmenge erzielen sollen, bei Unterwind und Saugzuganlagen, die sich der Belastung der Kessel in ihrer Förderleistung anpassen müssen, wird der Vorzug elektrischer Regelung durch Drehzahlveränderung aus wirtschaftlichen Gründen und auch infolge einfacher Handhabung der Drosselregelung vorzuziehen sein. Es bleibt somit die Wahl zwischen dem asynchronen Drehstrom-Motor und dem Kommutator-Motor, da ein Kurzschlußmotor mit Polumschaltung nicht immer ausreichen wird.

Der as. Schleifring-Motor läßt sich durch Widerstands-Vorschaltung in dem Läuferkreis nur abwärts regeln. Es findet mithin eine Vernichtung von Energie ganz entsprechend der erwähnten Hauptstromregelung der Nebenschluß-Motoren statt. Man kann sie jedoch dort eher in Kauf nehmen, weil sie nur einen Teil, und zwar den weniger häufig verwendeten Teil des Regelbereiches umfaßt. Beim as. Drehstrom-Motor muß jedoch der ganze Regelbereich durch Energievernichtung erzielt werden. Allerdings ist diese Regelung immer noch derjenigen durch Drosselung mittels Klappenverstellung vorzuziehen. Stellt man vergleichsweise den Wirkungsgrad in mehreren Kurven nebeneinander dar, wie er sich bei

Fig. 245. Drehstrom-Reihenschlußmotor als Lüfterantrieb. (Siemens-Schuckertwerke, Berlin-Siemensstadt.)

Fig. 246. Drehstrom-Reihenschlußmotor mit Fremdbelüftung. (Siemens-Schuckertwerke, Berlin-Siemensstadt.)

Verwendung einer Drosselklappe (c), bei Verwendung eines as. Drehstrom-Motors (b) und bei Verwendung von regelbaren Nebenschluß-Motoren bzw. Kommutator-Motoren (a) ergibt, so sieht man daraus, daß die Klappendrosselung den ungünstigsten Fall darstellt, sodaß man in allen Fällen des Drehstroms mindestens eine Schlupfregelung durch Verwendung des as. Schleifring-Motors vorsehen sollte (Fig. 246 a).

In den Fällen, bei welchen es sich um große Leistungen handelt, und der Unterschied zwischen Spitzenleistungen und Normallast groß und der Wechsel häufig ist, ist der verlustlos regelbare Drehstrom-

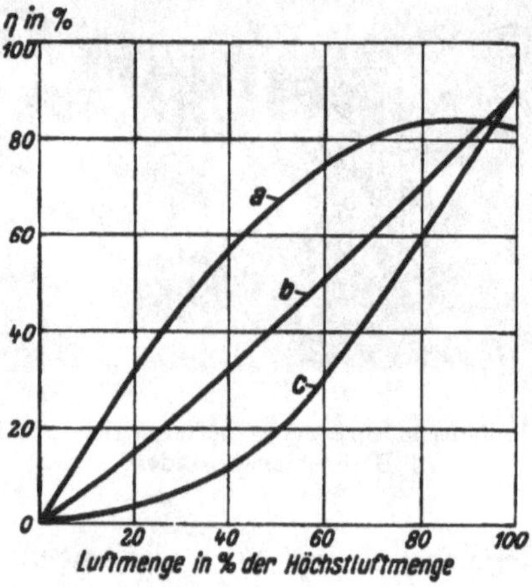

Fig. 246 a. Wirkungsgrade bei verschiedenen Regelarten und Luftmengen.

Motor, der Kommutator-Motor, trotz seines höheren Beschaffungspreises am Platze. Aus dem schon angeführten Diagramm läßt sich erkennen, daß der Gewinn bei Verwendung dieses Motors gegenüber der Drosselung durch Klappe und dem nur abwärts regelbaren Drehstrom-Motor sehr beträchtlich ist.

Ob weiter die Verwendung eines Kommutator-Reihenschluß- oder Nebenschluß-Motors vorzuziehen ist, muß von Fall zu Fall entschieden werden.

Figur 245 zeigt einen Kommutator-Reihenschluß-Motor offener Bauart zum Antrieb eines Unterwind-Gebläses. Figur 246 zeigt einen gleichen Motor in geschützter Bauart ebenfalls als Antrieb für einen Lüfter, wie er für rauhe und staubige Betriebe in Betracht kommt. In diesem Falle kann eine besondere Kühlung des Motors durch Luftzuführung von außen her erfolgen.

Es soll der Vollständigkeit halber noch erwähnt werden, daß für Hauptgrubenbewetterung infolge der stark wechselnden Belastung besondere Regelsätze wie Kaskaden, Leonhard-Aggregate u. a. zur Verwendung gelangen.

b) Dampfturbine.

Dampfturbinen-Antrieb kommt für Lüfter nur in wenigen Fällen in Betracht. Man verwendet ihn häufig im Schiffbau zur Versorgung der Kesselräume mit Unterwind und mit Saugzug, um unabhängig von der elektrischen Anlage zu bleiben.

Weiter findet man die Dampfturbine als Antriebsorgan des Lüfters bei Luftheizgeräten Fig. 247. Die Anwendung hat hier unter Umständen den Vorteil, daß man neben der Dampfleitung, die sowieso für die Erhitzung des Kalorifers notwendig ist, nicht auch noch eine elektrische Zuleitung zu verlegen braucht und den Abdampf in den Kalorifer zur weiteren Wärmeausnutzung leiten kann.

Fig. 247. Luftheizgerät mit Dampfturbinenantrieb. (Netzschkauer Maschinenfabrik, Netzschkau-Sachsen.)

c) Luftturbine.

Luftturbinen als Antriebsturbinen für Lüfter kommen fast ausschließlich im Bergbau in Frage. Sie werden durch Preßluft betrieben und bieten in Schlagwettergruben den Vorteil, daß Funkenbildung nicht eintreten kann und damit die Gefahr von Explosionen oder Bränden von dieser Seite her vermieden wird. (Vgl. Abschn. II, 4 n.)

Abschnitt XVI.

Rohrleitungen.

1. Material.

a) Schwarzblech.

Für Rohrleitungen und Blechkanäle wird in der Ventilatortechnik in normalen Fällen Schwarzblech mit Wandstärken von 0,5 bis 1,5 mm verwendet (vgl. Tab. 17—19). Die Rohre werden meist von den einschlägigen Fabriken bei kleineren Durchmessern bis 200 mm licht D in Abständen von 20 zu 20 mm hergestellt. Bei größeren Rohrdurchmessern erhöht sich der Abstand auf 25 mm. Die üblichen Längen der Rohre betragen 3 bis

Tabelle 17. Gefalzte Rohre.

Rohr-Durchmesser in mm	Blechstärke in mm	Gewicht in kg ca.	Rohr-Durchmesser D in mm	Blechstärke in mm	Gewicht in kg ca.
60	0,62	1,00	525	1,125	14,0
80	„	1,4	550	„	14,6
100	„	1,8	575	„	15,0
120	„	2,0	600	„	16,0
140	„	2,4	625	„	17,5
160	0,75	3,2	650	1,25	21,50
180	„	3,6	675	„	22,3
200	„	4,0	700	„	22,7
225	„	4,6	725	„	23,5
250	„	5,0	750	„	24,6
275	„	5,6	775	„	25,2
300	1,00	8,0	800	1,375	25,8
325	„	8,8	825	„	27,3
350	„	9,3	850	„	28,00
375	„	10,2	875	„	28,60
400	„	10,8	900	1,5	35,10
425	„	11,5	925	„	36,50
450	1,125	12,2	950	„	37,40
475	„	12,7	975	„	38,0
500	„	13,3	1000	„	39,0

Tabelle 18. Krümmer mit kleinem Radius.

Durchmesser D in mm	Innerer Radius R in mm	Blechstärke in mm	Gewicht in kg ca.	Durchmesser D in mm	Innerer Radius R in mm	Blechstärke in mm	Gewicht in kg ca.
200	225	0,75	2,7	625	375	1,25	24,8
225	225	„	3,25	650	375	„	27,3
250	250	0,875	3,6	675	375	„	30,8
275	250	„	4,5	700	425	„	33,7
300	275	1,000	6,3	725	425	„	36,2
375	275	„	7,0	750	425	„	38,7
350	300	„	7,9	775	425	„	41,5
375	300	„	9,0	800	450	1,375	45,3
400	300	„	10,1	825	450	„	48,1
425	325	„	11,3	850	450	„	51,0
450	325	„	12,7	875	500	„	55,2
475	325	„	14,5	900	500	1,5	60,6
500	350	1,125	16,5	925	500	„	64,2
525	350	„	18,3	950	550	„	69,1
550	350	„	20,2	975	550	„	73,7
575	350	„	22,0	1000	550	„	77,0
600	375	„	24,0				

Tabelle 19. Krümmer mit großem Radius.

Durchmesser D in mm	Innerer Radius R in mm	Blechstärke in mm	Gewicht in kg ca.	Durchmesser D in mm	Innerer Radius R in mm	Blechstärke in mm	Gewicht in kg ca.
200	400	0,75	4,7	625	875	1,25	41
225	450	,,	5,6	650	875	,,	43,5
250	500	,,	6,8	675	875	,,	46,3
275	550	,,	8,1	700	900	,,	53,0
300	600	1,00	11,8	725	900	,,	55,1
325	650	,,	12,9	750	900	,,	58,0
350	700	,,	14,2	775	900	,,	61,0
375	700	,,	15,5	800	950	1,375	67,8
400	750	,,	18,1	825	950	,,	71,0
425	750	,,	19,3	850	950	,,	74,2
450	750	,,	21,5	875	900	,,	77,9
475	750	,,	23,4	950	1025	1,5	89,3
500	850	1,125	28,3	925	1025	,,	93,5
525	850	,,	30,7	950	1025	,,	98,5
550	850	,,	33,0	975	1025	,,	104,0
575	850	,,	34,5	1000	1150	,,	113,7
600	850	1,25	38,7				

5 m. Viereckige Blechkanäle werden von Fall zu Fall angefertigt und stellen sich in den weitaus meisten Fällen teurer als Rohrleitungen.

b) Verbleites Blech.

Für besondere Fälle, in denen gewisse säurehaltige oder heiße Gase gefördert werden (vgl. Abschn. XII, 2), verwendet man verbleite Rohrleitungen. Diese werden entweder aus verbleitem Blech hergestellt oder, falls besonderer Wert darauf gelegt wird, daß auch etwaige Niet oder Schraubenverbindungen äußerlich verbleit sind, können auch einzelne Rohrstücke aus Schwarzblech hergestellt und nachträglich im Vollbade verbleit werden.

c) Verzinktes Blech.

Für andere Fälle, z. B. für wasserdampfhaltige Luft (vgl. Abschn. XII, 2) kommen verzinkte Bleche in Betracht. Hier unterscheidet man im Vollbade verzinkte (feuerverzinkt) und galvanisch oder elektrolytisch verzinkte Bleche (Elektroblech). In der Verwendung sind beide Bleche gleichwertig. Das feuerverzinkte Blech soll sich besser löten lassen.

Reines Zinkblech gelangt für die Ventilatortechnik fast nie zur Verarbeitung.

d) Tonrohre.

In Anlagen, bei denen besonders aggressive Säuregase zur Förderung kommen, kann man statt verbleiter Rohre auch Ton- oder

Steinzeugrohre verlegen, welche eine fast unbegrenzte Lebensdauer haben. Diese werden ebenfalls in gängigen Durchmessern, allerdings in größeren Abstufungen lagermäßig hergestellt. Man wird sie meist da verwenden, wo auch als Lüfter ein solcher aus Steinzeug zur Aufstellung kommt.

Die Verlegung dieser Tonrohre erfordert in der Regel mehr Platz als eine solche von Blechrohren. Während bei letzteren die Krümmer und Abzweige mit jedem beliebigen Radius ausgeführt werden, findet man bei Tonrohren schon wegen der größeren Wandstärke meist sperrigere Kniee und Abzweigstücke vor, die vielfach den Förderweg verlängern und damit den Widerstand erhöhen.

2. Ausführung der Rohre.

a) Nähte.

Die Verbindung der Blechrohre in der Längsrichtung, d. i. die Herstellung der Nähte, kann auf verschiedene Weise vorgenommen

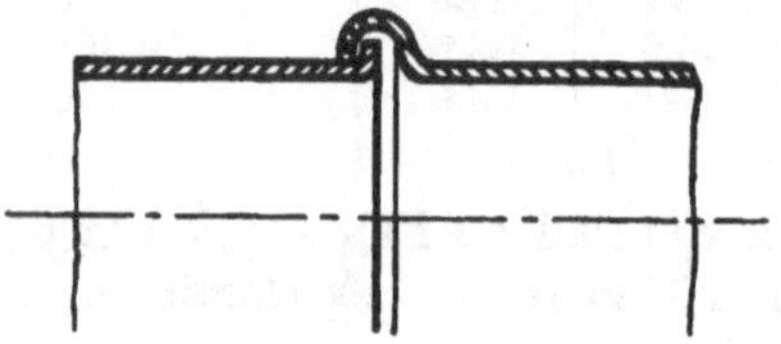

Fig. 248. Gebördelter Stoß.

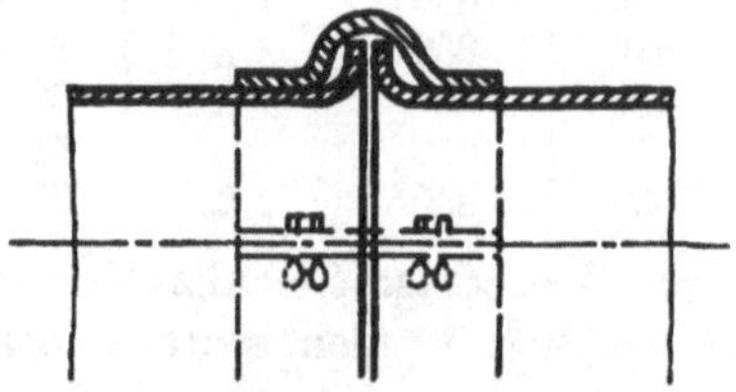

Fig. 249. Stoß mit Sickenspannschelle.

werden. Die einfachste Form ist das Falzen. Dies geschieht auf besonders dafür eingerichteten Falzmaschinen, auf denen die Rohrstücke serienweise hergestellt werden. Derartig gefalzte Rohre kommen für eine große Reihe von Ventilatoranlagen fast ausschließlich in Frage, dagegen sind ineinandergesteckte Rohre, wie man sie häufig bei Ofenrohren vorfindet, nicht für Ventilatoranlagen zu empfehlen.

Für Förderanlagen müssen die gefalzten Nähte durch andere Verbindungen zweckmäßig ersetzt werden, da immerhin nicht unbeträchtliche Luftmengen und feinster Staub durch diese Nähte hindurchdringen. Für solche Anlagen empfiehlt es sich, die Nähte je nach der Blechstärke zu verlöten oder stumpf zu verschweißen. Auch kann eine Nietung der Nähte vorgenommen werden, wenngleich sie teurer und nicht dichter ist.

b) Stöße.

Die einfachste Stoßverbindung ist die Bördelung, wie sie in Figur 248 dargestellt ist. Das eine Rohrende erhält einen Bord, das andere einen winkelförmigen Ansatz. Die Rohre werden aneinandergehalten und der vorspringende Schenkel umgeschlagen. Falls Abdichtung notwendig ist, kann vor dem Umschlagen eine Hanfschnur zwischengelegt werden.

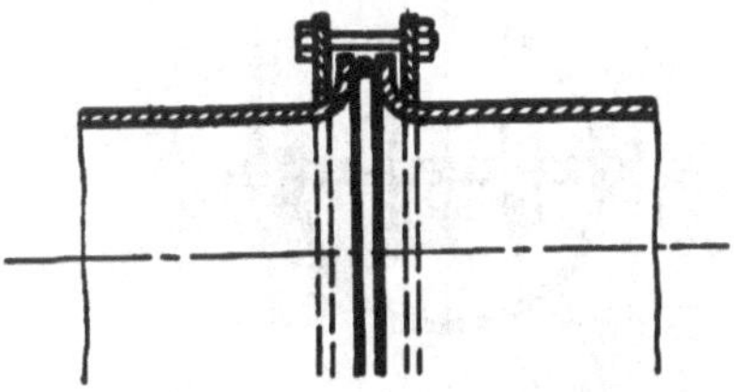

Fig. 250. Lose Flacheisen-Stoßverbindung.

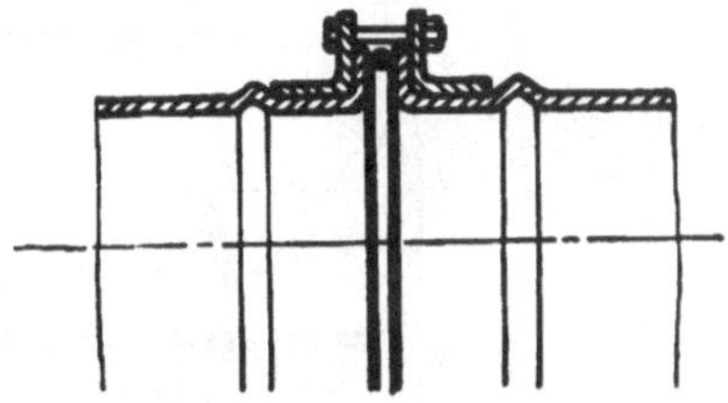

Fig. 251. Winkelflansch-Stoßverbindung.

Eine etwas solidere Verbindung ist diejenige mit der Sickenspannschelle (vgl. Fig. 249). Hier werden die beiden gebördelten Rohrenden durch eine in der Mitte mit einer Sicke versehene Spannschelle zusammengehalten. Die Schelle selbst wird durch Schrauben mit Flügelmuttern angezogen. Bei dieser Verbindung ist es nachträglich immer möglich, durch geringe Lockerung der Spannschelle eine Verdrehung des einen Rohres vorzunehmen, wie es z. B. häufig bei Krümmern oder Abzweigen erforderlich ist.

Zwei besonders feste Verbindungen werden in Fig. 250 u. 251 gezeigt. Die eine ist die häufig zur Verwendung gelangende lose Flacheisen-Verbindung. Auch hier sind beide Rohrenden gebördelt, und je ein Flacheisenring hinter die Bördelung geschoben. Beide Ringe werden durch Schraube und Mutter angezogen.

Die Winkelflansch-Verbindung kommt besonders für rauhe Betriebe oder auch für Aufhängung im Freien in Frage. Hier liegen die horizontalen Flanschschenkel fest zwischen der Bördelung und einer noch besonders vorgesehenen Sicke. Im übrigen ist die Verbindung ähnlich der Flacheisenflanschverbindung. Eine nachträgliche Drehung eines Rohrendes ist jedoch bei dieser Verbindung ausgeschlossen.

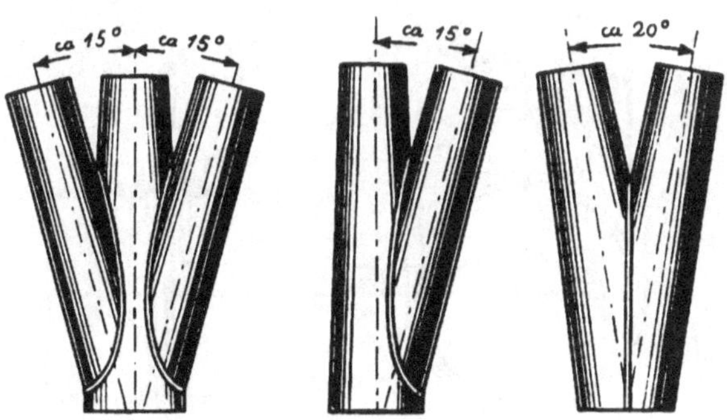

Fig. 252. Blechformstücke.
(Hch. Bertrams, Berlin-Tempelhof, Teilestr.)

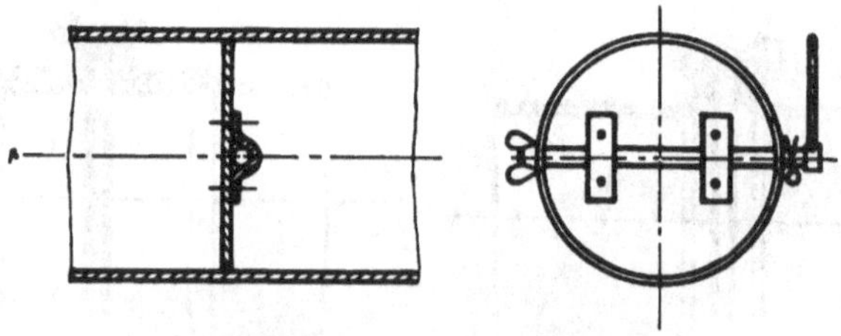

Fig. 253. Drosselklappe für Blechrohre.

c) Krümmer und Abzweige.

Krümmer werden in der Regel in kleinen Durchmessern bis etwa 250 mm auf besonderen Maschinen gepreßt, bei größeren Krümmern bis 1000 mm Dm. sieht man gefalzte Krümmer vor. In besonderen Fällen können Krümmer auch geschweißt oder gelötet werden. Das gleiche gilt für Abzweige und Hosenstücke, die normaler Weise in gleicher Weise gefalzt werden und nur in besonderen Fällen, wo es auf besondere Dichte ankommt, geschweißt oder gelötet werden. Eine gute und schlanke Ausführung von Abzweigstücken (vgl. Fig. 252) und Hosenstücken ist für die Verringerung der Widerstände unerläßlich.

d) Absperrorgane.

In der Ventilatortechnik verwendet man zwei verschiedene Arten von Absperrorganen: den Schieber und die Drosselklappe. Die Drosselklappe ist für Lüftungsanlagen und alle diejenigen Fälle, in denen staubfreie Luft zur Förderung gelangt, wegen ihrer Einfachheit dem Schieber vorzuziehen. Sie besteht in einer durch die Mitte des Rohres führenden Achse, an welcher eine Kreisscheibe oder bei Kanälen eine viereckige Platte befestigt ist. Die Ausführungsart wird in Fig. 253 dargestellt. Für andere Fälle, insbesondere solche, bei denen Material gefördert wird, ist der Schieber als Drossel- bzw. Abschlußorgan zu empfehlen.

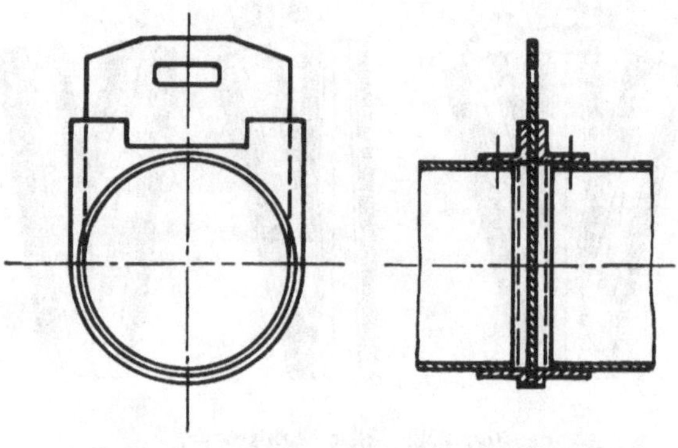

Fig. 254 a. Offener Schieber für Blechrohre.

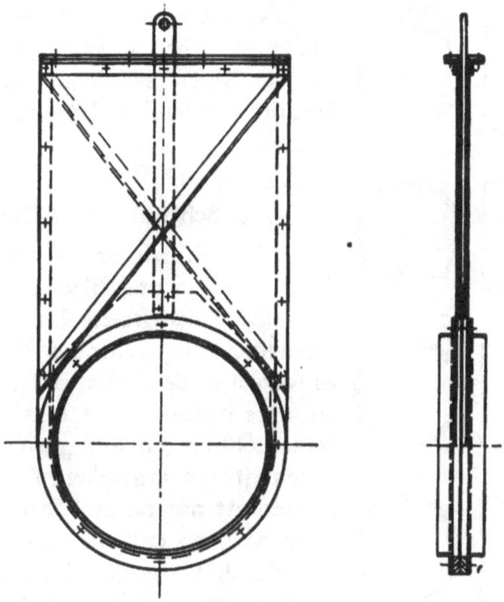

Fig. 254 b. Geschlossener Schieber für Blechrohre.

Man führt ihn in offener oder auch für besondere Fälle in geschlossener Ausführung (vgl. Fig. 254 a u. b) aus. Für kleinere Durchmesser werden gußeiserne Schieber meist lagermäßig hergestellt, für größere kommt eine schmiedeeiserne Konstruktion in Frage.

3. Aufhängung.

Für die Aufhängung der Rohrleitung werden besondere zweiteilige Aufhängungsschellen angefertigt, wie sie in Fig. 255 dargestellt sind. An der Aufhängestelle werden entweder Flacheisen oder Winkeleisen als Verbindung zwischen der Schelle und dem Festpunkt an der Decke, der Wand oder der Säule ausgeführt.

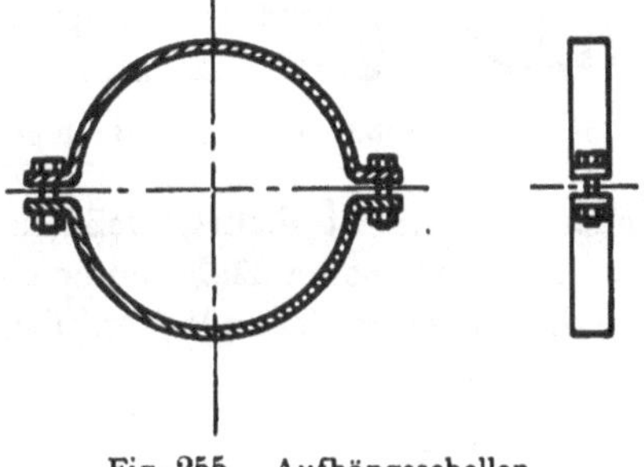

Fig. 255. Aufhängeschellen.

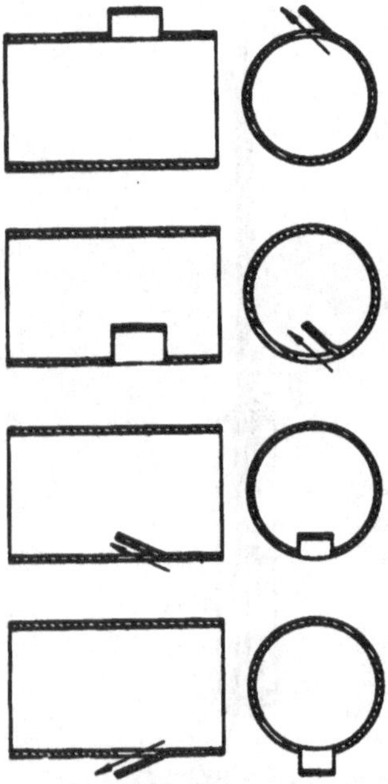

Fig. 256. Schlitze in Blechrohren.

Bei Verlegung im Freien zwischen besonderen Stützen kann die Aufhängung mittels Seilen an einem längs der Rohrleitung hängenden Tragseil vorgenommen werden.

4. Schlitze und Öffnungen.

Die Schlitze und Öffnungen in den Rohrleitungen und Blechkanälen für Luft-Ein- oder -Austritt ergeben sich durch Ausschneiden entsprechender Blechstreifen. Da es jedoch in den meisten Fällen erwünscht ist, eine nachträgliche Einstellung der einzelnen Öffnungen auf gleichmäßigen Luftdurchtritt zu ermöglichen, sieht man den Ausschnitt nur an drei Seiten eines Rechteckes vor, so daß die eigentliche Öffnung erst durch Umbiegen des eingeschnittenen Blechstreifens erfolgt (vgl. Fig. 256). Hierbei kann man dann den Streifen nach innen oder außen umlegen und auf diese Weise eine gewünschte Luftführung oder auch eine Drosselung erreichen.

Eine andere solidere Ausführung ergibt sich durch Ausschneiden und nachheriges Einsetzen eines Schiebers (nach Fig. 257).

Schließlich lassen sich die Öffnungen durch architektonisch wirkende, gleichartige Gitter verkleiden, die man dann innen mit einstellbaren Jalousieklappen oder verschiedenen Stoffarten versieht, um auf diese Weise auch einen gleichmäßigen Luftdurchgang zu ermöglichen.

Reinigungsöffnungen, wie sie bei pneumatischen Förderanlagen

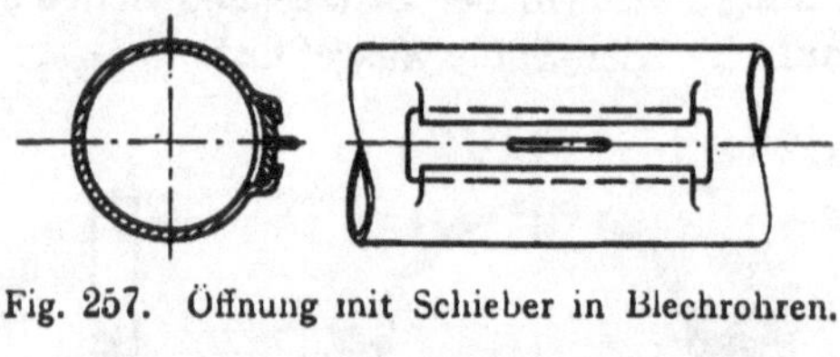

Fig. 257. Öffnung mit Schieber in Blechrohren.

notwendig sind, müssen möglichst dichtschließende Deckel erhalten. Sie werden mit einer schmalen Seitenfläche unter das Rohr geschoben und zweckmäßig durch vier gutschließende Vorreiber fest an das Rohr angedrückt.

Abschnitt XVII.

Geräuschfragen.

1. Ursache.

a) Luft- und Bodenschall.

Die Geräuschfrage spielt bei Ventilatoranlagen, besonders in den Fällen eine ausschlaggebende Rolle, bei welchen es sich um Gebäude oder Räume handelt, in denen andere Geräusche entweder gar nicht oder nur in geringerem Umfange auftreten. Sie ist daher in erster Linie bei allen Lufterneuerungsanlagen in Büros, in Kirchen, Schulen Theatern usw. zu beachten.

Der Schall ist eine Wellenbewegung. Man unterscheidet zwischen Luft und Bodenschall.

Der Luftschall wird von der Geräuschquelle erregt durch die Schwingungen der Luft fortgepflanzt. Er kann also z. B. bei einer Lüftungsanlage durch die Fortpflanzung der Luftwellen im Kanal am Ende dieses in Erscheinung treten.

Beim Bodenschall dagegen überträgt das Fundament die Schallwellen von der Geräuschquelle auf das Mauerwerk, die Decke oder die Wände, welche ihrerseits die Schwingungen auf die angrenzenden Luftschichten übertragen.

In beiden Fällen ist das Lüfteraggregat die Quelle der Geräuschübertragung.

Es bleibt zu prüfen, ob entweder der Lüfter selbst oder die Antriebsmaschine selbst oder beide in Kombination die eigentliche Ursache sind. Schließlich können auch die Kanäle zur Vergrößerung des Geräusches beitragen.

b) Lüfter.

Im Lüfter selbst entsteht das Geräusch wahrscheinlich durch die erzwungene plötzliche Umlenkung größerer Luftmassen zwischen den Schaufeln und die an der Gehäuseschnecke erfolgende Pressung.

c) Motor.

Im Antriebselektromotor kann die Schallbildung auf magnetische Geräusche zurückgeführt werden, die sich durch die Nuten der Wicklung fortpflanzen. Es kann eine Tonbildung in dem Luftring zwischen Läufer und Ständer entstehen und schließlich kann die Lagerung zur Geräuschbildung beitragen.

d) Unterbau.

Das ganze Aggregat kann durch zu schwache Ausbildung des gemeinsamen Unterbaus oder durch die Art der Aufstellung auf einem schwingenden Punkte Erschütterungen erzeugen, die sich als Bodenschall fortpflanzen und schließlich als hörbare Geräusche im Raum auftreten.

2. Vermeidung.

a) Umfangsgeschwindigkeit.

Erfahrungsmäßig wächst die Geräuschbildung mit der Umfangsgeschwindigkeit des Flügelrades;

da nun $u = \frac{\pi d \cdot n}{60}$,

ist die Umfangsgeschwindigkeit von dem Durchmesser und der Drehzahl abhängig. Da ferner die Umfangsgeschwindigkeit in bestimmtem direkten Verhältnis zu dem erzeugten Druck des Lüfters steht, so wächst die Geräuschbildung auch mit dem Druck.

Daher hat der Lüfter für kleine Gegendrücke in der Regel einen ruhigeren Lauf als der für große. Man kann sagen, daß bis etwa 30 mm Gesamtdruck und bei einer Umfangsgeschwindigkeit bis etwa 30 m ein praktisch ruhiger Gang ohne weiteres erzielt werden kann.

Bei gleichartigen Lüftertypen liegt ferner im allgemeinen der Lüfter mit großem Flügelrad und kleiner Drehzahl in der Geräuschfrage günstiger als derjenige mit kleinem Flügelrad und großer Drehzahl, also gleicher Umfangsgeschwindigkeit.

b) Lüfterausführung.

Zwischen zwei verschiedenen Lüftertypen, welche die gleiche Luftleistung abgeben, wird derjenige im allgemeinen ruhiger laufen, welcher die geringere Drehzahl bei gleichem Flügelrad-Durchmesser benötigt, da hierdurch die Umfangsgeschwindigkeit kleiner wird.

Schraubenlüfter verursachen bei gleichen Drücken fast stets größere Geräusche als Fliehkraftlüfter.

Die Ausbildung des Flügelrades hinsichtlich der Schaufelzahl ergibt sowohl bei Fliehkraft- als auch bei Schraubenlüftern die Möglichkeit einer Verminderung des Geräusches. Viele kurze Schaufeln ergeben geringeres Geräusch als wenige und lange bei gleicher Umfangsgeschwindigkeit.

Bei Fliehkraftlüftern spielt außerdem die Ausbildung der sogenannten Zunge, d. i. die Stelle des kleinsten Radius der Gehäuseschnecke eine gewisse Rolle. Das Spiel zwischen Lüfterrad und Gehäuse an dieser Stelle darf nicht zu klein und die Zunge selbst nicht zu scharf, d. i. mit nicht zu geringer Abrundung ausgebildet sein.

Bei Schraubenlüftern, die meist unmittelbar mit dem Antriebsmotor verbunden sind, dürfen die Tragkonstruktionen wie Winkeleisen und Konsolen nicht zu dicht am Lüfterrad selbst liegen. Dabei scheint es hinsichtlich des Geräusches gleichgiltig zu sein, ob die erwähnte Konstruktion auf der Saug- oder Druckseite liegt.

In besonderen Fällen kann man, auch bei größeren Umfangsgeschwindigkeiten das Geräusch, welches durch das Gehäuse eines Fliehkraftlüfters fortgeleitet wird, dadurch herabmindern, daß man es nicht aus Eisenblech, sondern aus Beton herstellt, wodurch die Resonanzfähigkeit des ganzen Aggregates vermindert wird.

Daß Erschütterungen des gesamten Lüfter-Aggregates die Geräuschfrage ungünstig beeinflussen, liegt auf der Hand. Bei unmittelbar mit dem Antriebsmotor zusammengebauten Aggregaten ist es daher eine selbstverständliche Voraussetzung, daß der schmiedeeiserne oder gußeiserne Fundamentkasten, auf dem der Antriebsmotor ruht gegebenenfalls durch Versteifung mit Profileisen in sich stabil gebaut ist und eine feste Verbindung mit dem Lüftergehäuse besitzt, auch wenn dieses selbst nach dem Boden hin abgestützt ist.

Das Ausfüllen des Fundamentkastens mit Zement oder Sand zur Vermeidung von Erschütterungen ist zwar eine oft nachträglich mit Erfolg durchgeführte Maßnahme, die jedoch bei guten Konstruktionen nicht erforderlich sein sollte.

Auf das gute statische und dynamische Austarieren des Flügelrades ist schon in Abschnitt XV 1 d hingewiesen.

Wenn die Ursache der Geräuschbildung, wie es zuweilen die Untersuchung ergibt, im elektrischen Antriebsmotor liegt, so kann diese nur durch Wahl eines Motormodells beseitigt werden, dessen Leistungsausnutzung nicht so weitgehend ist, daß der Motor an der Grenze seiner Leistungsfähigkeit arbeitet. Oft wird es allerdings auch nötig sein, durch besondere Maßnahmen im Motor z. B. durch Vergrößerung des Luftspaltes zwischen Rotor und Stator oder durch Schränkung der Nuten die Geräuschfrage zu bekämpfen. Hinsichtlich der Lagerung sollen Gleitlager ruhiger als Kugellager arbeiten.

c) Dämpfung.

Ist das ganze Lüfteraggregat auf einer hohlen oder verhältnismäßig schwachen Decke oder einem nicht besonders stabilen Gerüst aufgestellt, so daß man befürchten kann, daß ein Mitschwingen größerer Massen mit der durch die Drehbewegung des Lüfterrades erzeugten Eigenschwingung (Resonanz) eintreten kann, muß eine künstliche Dämpfung vorgenommen werden. Diese erzielt man praktisch dadurch, daß man das ganze Aggregat zunächst auf eine klangstumpfe Holzplatte stellt, die je nach der Belastung eine Stärke von 30—50 mm besitzt. Wenn man weiter diese Holzplatte ihrerseits gegen das Fundament durch Einbau von Korkplatten, Schwingungsdämpfern oder Kraftregelplatten isoliert, so wird es in den meisten Fällen möglich sein, eine Erschütterungs- und Geräuschübertragung zu vermeiden. Die im Lüfter erzeugten Eigenschwingungen werden von den elastischen und dämpfenden Zwischenlagen aufgenommen und somit nicht auf die Decke oder den Boden übertragen.

Die erwähnten Schwingungsdämpfer bestehen (vgl. Fig. 258 u. 236) aus 4 Teilen, dem am Fundament befestigten Gehäuse, der mit der Ma-

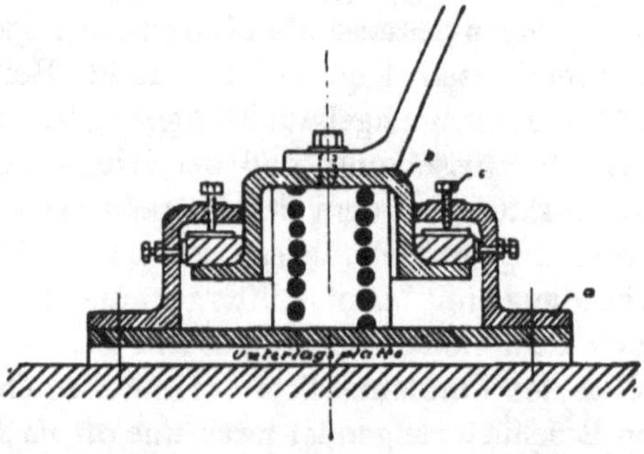

Fig. 258. Schwingungsdämpfer. (Gesellschaft für Isolierung gegen Erschütterung und Geräusche, Charlottenburg 9.)

schine verbundenen Schwingplatte, einer elastischen Zwischenlage und einer Federung. Bei der Montage kann der Feder durch Einstellen einer oder mehrerer Schrauben eine der Belastung entsprechende Vorspannung gegeben werden. Auf diese Weise wird ein zu starkes Federn vermieden und die Dämpfung erhöht. Die Weco-Kraftregelplatte (Fig. 259 u. 260) besteht aus einer künstlich hergestellten paragummiähnlichen Masse in glatten und gerippten Ausführungsformen. Durch

Fig. 259. Glatte Wecoplatte. (Weiß & Co., Leipzig C 1.)

ihre Elastizität und ihr Absorptionsvermögen werden die Schwingungen aufgenommen und gedämpft. In ähnlicher Weise wirken Unterlagen von eisenarmiertem Naturkork, Korfundplatten u. a.

Arbeitet das Lüfteraggregat mit Saug- oder Druckleitung, so empfiehlt es sich in allen Fällen, in denen Geräuschübertragung vermieden werden muß, die Verbindung des Lüfters mit den anschließenden Kanälen durch elastische Zwischenstücke aus Leinwand oder ähnlichen

Stoffen herzustellen. In Fällen, bei denen es sich um Säuregase handelt, kann auch weiches Leder zur Anwendung gelangen.

In den Kanälen selbst, besonders wenn es sich um Blechkanäle handelt, macht sich oft bei großen Luftgeschwindigkeiten von etwa 10 m/s an schon ein gewisses Luftgeräusch, wohl hervorgerufen durch das Mitschwingen der Kanalwandungen, bemerkbar. Man wird daher zur

Fig. 260. Gerippte Wecoplatte. (Weiß & Co., Leipzig C 1.)

Geräuschverminderung möglichst kleine Geschwindigkeiten von maximal 3—4 m/s wählen und auf eine möglichst starre Verbindung der Kanäle und Rohrleitungen mit den Mauern oder Decken achten müssen.

Oft auch ergeben sich Geräusche an den Austrittsstellen der Kanäle. Öffnungen oder Schlitze mit Zungen (vgl. Abschn. XVI 4) können daher in Fällen, wo es sich um Geräuschlosigkeit handelt, nur bei kleinsten Geschwindigkeiten Verwendung finden. Man sieht statt dessen zweckmäßig Gitter mit großem, freien Querschnitt und dahinterliegenden schlaff gespannten Tuch- oder Wollstoffen vor, durch welche gegebenenfalls infolge Interferenz d. i. durch Kombination von vorhandenen durch aufgezwungene Schwingungen eine Geräuschmilderung erzielt wird.

Sachverzeichnis.

A.

Abgase s. a. Rauchgase 192
— von Automobilen 58, 249
Aborte 32
Abscheidung 130, 207
Absperrorgane.................. 288
Abwärmeverwertung 178
Abzweige 12, 288
Äquivalente Öffnung s. a. gleichwertige 50
Afa-Säureabscheider 144
Akkumulatorenräume 41, 240
Aluminium 235
Ammoniakkompressor . 107, 119, 120
— Dämpfe 235
Aufhängung v. Rohren 289
Auftrieb 51, 184
Ausführungsformen d. Lüfter ... 271
Automatische Regelung d. Feuerung 199
— Rohrpostanl. 267
Axialdruck.................... 273
Azetylen-Dämpfe 235

B.

Badeanstalten 163
Bartelfilter 134, 138
Baumwolle-Befeuchtg. 102
— -Entstaubg. 229
— -Förderung 260
Bedürfnisanstalten 32
Befeuchtung, zentrale 97
—, lokale...................... 99
Behaglichkeit 109, 112, 157
Beizereien 236
Beleuchtung 22
Benzin-, Benzol-Dämpfe 235
Bergwerke 48
Berieselung 149, 208
Berieselungs-Kondensator 108
Bethfilter 141
Betzlüfter 5, 50
Bodenschall 291
Bogenlampe................... 22
Braunkohlen-Industrie 228
Brennstoffe 193
Bürohäuser 86
Büroräume 30

C.

Charakteristik v. Lüftern 4
Chlor-Calcium 178
— -Dämpfe 235, 251
— -Wasserstoffdämpfe 235
Cyklon 208

D.

Dampfbildung 153
— -Lufterhitzer 64, 69
— -Turbinenantrieb 200, 282
Dämpfe-Absaugung 233
—, spez. Gew................... 235
Dämpfen 172
Dämpfung 293
Delbag-Filter 134, 148
Depression 51
Diffusor 14, 49
Digestorien 241
Direkte Antriebsarten 276
— Förderanlagen 253
— Saugzuganlagen 190
Discus-Schleifmaschinen 227
Doppeldecke 36, 177
— -Haube 205
Dössentunnel................... 57
Drehmoment 275
Drehstrom-Antrieb 198, 280
Dreilagerausführung 276
Druck, allgem. 5
—, dyn., stat. 9, 12
— v. Kühlmitteln 120
— -Lüftung 18, 39
— -Wirkung 17
Druckereien 104

Durchfahrtheizung 91
Durchzugstype 127
Düsen 98, 101, 257

E.

Economiser 183, 185
Einrohrsystem 266
Einschüttdüse 253
Einzelabsaugung 213
— heizgeräte 67, 89, 90
Einzelwiderstände 11, 12
Elektrische Beleuchtung 22
— Lufterhitzer 63
— Maschinen 23, 167
— Zentrale 37
Elektrofilter 149
Elturlüfter 54
Energiebedarf d. Lufterh. 72
Entflammung v. Stoffen 132
Entnebelung 153
Entqualmung 243
Entstaubungsanlagen 201
Entzündung v. Staub 228
Erfassung v. Staub 17, 202
»Europa«, Schiffsbelüftg. 61

F.

Fahrbarer Luftreiniger 232
Fahrrohr 265
Färbereien 158
Farbspritzanlagen 243
Festungsanlagen 58
Feuchtigkeit 6, 97
Filter s. a. Luftfilter 130
— fläche 152
Fischtrocknung 177
Fliegende Anordnung 276
Fliehkraftlüfter-Antrieb 272
— Ausführungsform 271
— Leistung 2, 13
— Schaufeln 3
— Wirkungsgrad 5
Fluorwasserstoff-Dämpfe 235
Förderanlagen 259
Formerei 225
Funkenbildung 249

G.

Garagen 248
Garbenförderer 265
Gasbeleuchtung 22
— -Dichte 6
Gas-Lufterhitzer 65
Gase, spez. Gewicht 235
Gaststätten 35, 121
G. E. A. Lufterhitzer u. Kühler 64, 68, 107, 129
Gehäuseregulierung 190
Gemäldegalerien 105
Generatoren 23, 182, 232
Geräuschfrage 291
Gerüche 24, 32
Geschütztürme 59
Geschwindigkeit 25, 216
Gewichte u. Rohre 284, 285
Gießereien 44, 223, 249
Glashütten 180
Gleichrichter 23
Gleichstromantrieb 280
Gleichwertige Öffnung 50
G. L. G.-Filter 135, 139
Gotthard-Tunnel 56
Graue-Filter 144
Grundgleichung s. a. Wärmegrundgleichung 21
Gummifabriken 225

H.

Häcksel 263
Handelsschiffe 62
Hauptbewetterung 48
Heißdampf 71
Heizkammer 67
— keller 45
— raum geschl. 209
Hollandtunnel 56
Holzbearbeitung 219
— späne-Förderung 259
— trocknung 170
— wolle-Filter 244
Horden 177
Howdens forced draught 199
Hygrometer 105

I.

Imprägnieren s. a. Tränken 132
Indirekte Förderanlagen 253
— Saugzuganl. 192
Induced draught 199
Innenentstaubung 228
Isolierung gegen Erschütterung 294
— — Wärmeverlust 165

J.

Junkers Lufterhitzer u. Kühler 64, 88, 107

K.

k-Werte ... 75
Kaiser Wilhelm-Tunnel ... 56
Kältemaschinen ... 107, 119
Kammertrocknung ... 165
Kanal-Entgaser ... 251
— -Geschwindigkeit ... 25
— -Trocknung ... 166
— -Widerstand ... 11, 24
Kapok-Förderung ... 260
Kardenentstäubung ... 229
Kasino-Räume ... 87
Kehrlöcher ... 219
Keimfilter ... 86, 147, 148
Kesselhäuser ... 45
Kinos ... 77, 81, 120
Kirchen ... 34, 85
Kleeheu-Förderung ... 263
Klimatisator ... 99
Klimatisierungsanl. ... 106
Kohlenindustrie ... 228
— oxyd ... 58, 110, 235, 248
— säure ... 22, 110, 194, 235
— —, Temp., Druck ... 120
Koksfilter ... 128, 208
Kommutatormotor ... 281
Kondensator ... 108, 129
Kondenswasserbildung ... 40
Konverterentst. ... 225
Korkplatten ... 293
Krankenhäuser ... 86
Kriegsschiffe ... 62, 199
Krümmer ... 288
Küchen ... 33, 162
Kühlgeräte ... 77, 107
— -mittel ... 120
— -räume ... 124, 125
Kühlung elektr. Masch. ... 127
— d. Oberflächen ... 106
— d. Verdunstung ... 106, 118

L.

Laboratorien ... 93, 241
Lackspritzverfahren ... 243
Lebensmittel-Kühlung ... 125
Ledermanschetten ... 242
— -Trocknung ... 173
Lehranstalten ... 29, 82
Leistung v. Lüftern ... 2, 13, 272
Leuchtgas ... 235
Lichtspieltheater ... 77, 81, 120
Linienwählersystem ... 266
Lokomotivschuppen ... 238
Luftbedarf b. Verbr. ... 193
— befeuchtung ... 97
— erhitzer ... 64, 72
— erneuerung ... 18, 20
— erwärmung ... 63, 68
— feuchtigkeit ... 7, 8
— filter ... 130, 137, 151
— geschwindigkeit ... 25, 216
— gewicht, spez. ... 2, 5, 7
— heizung ... 63, 74
— kühlanlagen ... 106
— menge ... 1, 21, 29, 53
— saughaube ... 204
— schall ... 291
— turbine ... 54, 282
— überschuß ... 194
— vorwärmer ... 183, 185
— wäscher ... 98, 113, 149
— wechsel ... 16
Lüfter, Hauptmerkmale ... 1
—, Ausführungsarten. ... 271
— -Kopf f. Schiffe ... 59
Lüftungsschema ... 95
Lumpenförderung ... 62
Luttenleitung ... 52

M.

Malztrocknung ... 177
Metalldrahtlampe ... 22
Methan-Dämpfe ... 235
Mischungsverhältnis ... 256
Möller-Filter ... 135, 137, 148
Motoren, Wärmeabg. ... 23
— -Prüfstände ... 249
Museen ... 105

N.

Nachwärmeanlagen ... 68, 84
Nähte b. Rohren ... 286
Naßpartie ... 161
Nema-Heizgeräte ... 89
Neutrale Zone b. Lüftg. ... 16, 45
— — — Feuerung ... 161

O.

Oberflächen-Kühler ... 106, 107
Öl als Brennstoff ... 193
— f. Filter ... 133
Ölfeuerung ... 200
Oscillierende Fächer ... 230
Ozon ... 33, 177

P.

Papiermaschine 157, 161
Pappenfabrik 262
Parallelschaltung
— v. Lüftern 3
— v. Abscheidern 253
Pendelgefahr 3
Pferdeställe 46
Pneum. Förderanlagen 252
Polierwerkstätten 226
Porzellanfabriken 180
Prallfilter 133
Preßluft-Trocknung 178
Proviantträume 60
Psychrometer 105

Q.

Quecksilberdämpfe 235
— säule 5
Quellen v. Holz 171

R.

Radialdruck 275
Randablösung 15
— absaugung 209
Rauchgasmenge 193
— — gewicht 195
— — absaugung 239
Rauheitsgrad 10
Reibungswiderstand 10
Reihenschlußmotor 198
Riemenantrieb 278
Rinderhäute 174
Ringgutfilter 215
Ringlaufkühler 128
Rohrleitung 283
Rohrpostanlagen 264
Rohrverzweigung 12
Rotationskompressor 99, 103
Rotator-Vorwärmer 183

S.

Saccardodüse 56
Salpetersäure-Dämpfe 235
Salzsäure-Dämpfe 235
Sandstrahlgebläse 202, 223
Sauerstoff 235
Saughaube 33, 204
— lüftung 20
— trichter 204
— wirkung 17
— zug 186, 190, 192
Säureabscheider 42, 144
Schächte i. Bergbau 48, 93
Schalthäuser 243
Schärmaschinen 230
Schieber 290
Schiffslüftung 59
Schildetrockner 176
Schirpfilter 141
Schleifereien 226
Schleuse 253
Schlottergebläse 53
Schornsteinzug 183
Schraubenlüfter 4, 272
Schuhmaschinen 223
Schulen 29, 82
Schwabbelscheiben 226
Schwebegeschwindigkeit 215
Schwefelkohlenstoff 215
— säure 41, 235
— wasserstoff 235
Schweflige Säure 120, 193, 235
Schwinden v. Holz 172
Schwingungsdämpfer 294
Siebfilter 131
Silica-Gel 178
Sitzungszimmer 87
Sonderbewetterung 48, 52
Spaltverlust 53
Späneabsaugung 217, 259
Spez. Gewicht von Gasen 235
— — — Luft 2, 5, 7
— — — Rauchgas 195
Spez. Wärme 8, 170
Spinnsäle 103
Spiritusdämpfe 235
Spreu-Förderung 263
Spritzlakieren 243
— tische 246
Spulmaschinen 230
Staubabsaugung 201
— abscheider 209
— filter 130
— sauggerät 214
— saughaube 204
Steinzeug 238
Stickoxyde 235, 251
— stoff 193, 235
Stoffilter 132, 141
Stöße v. Rohren 286
Stückenabscheider 219

T.

Tabakindustrie 105

Taschenfilter 132
Tauerntunnel 57
Taupunkt 7, 153, 238
Telephonzentralen 125
Temperaturen 6, 52
Textilindustrie, Bef. 102
—, Entn. 161
—, Entst. 229
Theater 77, 120
Thermostat 105
Tonrohre 285
Topfsender....................... 265
Tränken v. Stoff 132
Transformatoren 42, 182
Transmissionsrechnung 74
Treibhäuser 96, 122
Tresore 84
Trockenanlagen 164
Trockenpartie 161
Tropfenfänger 98
Tunnellüftung 55
Turbonlüfter 59, 61

U.

Umfangsgeschwindigkeit........ 292
Umformer 23
Umluft 38, 67, 97, 117
Undichtigkeitsverluste 53, 270
Unterdruck b. Sauglft. 20
Unterwind 186, 189

V.

Verbleites Eisen 235, 285
Verbrennung 193
Verdampfer 108
Verdunstungskühler 106, 118
Vergnügungsstätten 35, 77, 120
Vertikale Anordnung 272
Verzinktes Eisen 235, 285
Viehställe 46
Vorabscheider 224

W.

Wandstärke............... 284, 285
Wärmeabgabe 22, 23
— bedarfsrechnung 74
— grundgleichung 21
— inhalt 7, 9
—, spez. 8, 170
— übertragung 9, 69
— verluste 21, 212
Wäschereien 160
Wasserstoff 235
— dampf 7, 235
— zerstäuber 101
Wattefilter 131
Weberei 103
Wecoplatte 294
Weichenrohrpost 267
Wendeklappensyst. 267
Werkstätten 89
Wiesenheu-Förderung 263
Widerstandsrechnung 10, 26
Winterfeld-Filter 144

X.

Xaver Haberl-Filter 132

Z.

Zentralen 37
Zentrale Befeuchtg. 97
— Luftheizg. 66
Zentrifugen 160
Zinkdämpfe 235
Zinndämpfe 235
Zug b. Feuerung 188
Zwischenbefeuchtg. 68
Zwischensender 265

Werke aus dem Verlage Walter de Gruyter & Co., Berlin W10

in Auswahl *Oktober 1930*

Heizung und Lüftung. Von Ingenieur JOHANNES KÖRTING.

I. Das Wesen und die Berechnung der Heizungs- und Lüftungsanlagen. Mit 22 Figuren.

II. Die Ausführung der Heizungs- und Lüftungsanlagen. Mit 176 Figuren. (Sammlung Göschen Bd. 342 u. 343.) Je Band geb. RM. 1.80

Elektrische Installation für Licht und Kraft. (Siemens-Handbuch.) Bearbeitet von Dipl.-Ing. P. STERN, Oberingenieur der Siemens-Schuckertwerke. Herausgegeben vom Literarischen Bureau der Siemens-Schuckertwerke. Mit 365 Abbildungen und 50 Zahlentafeln. Oktav. XVI, 224 Seiten. 1922. Geb. RM. 4.—

Der Band unterrichtet über Glühlichtbeleuchtung und ihre Verwendung, über Elektromotoren und über Installationen in Wohn- und Geschäftshäusern, gewerblichen und landwirtschaftlichen Betrieben.

Elektrische Stromerzeugungsmaschinen und Motoren. Kurzer Abriß ihres Aufbaues und ihrer Wirkungsweise. Leichtfaßlich dargestellt von RICHARD VATER, Geh. Bergrat, o. Professor an der Technischen Hochschule Berlin. Herausgegeben von Dr. FRITZ SCHMIDT, Privatdozent an der Technischen Hochschule Berlin. Mit 116 Abbildungen im Text. Groß-Oktav. VIII, 128 Seiten. 1920. RM. 3.—, geb. 3.60

Eine gute Einführung in die technischen Grundlagen und die Wirkungsweise der Generatoren, Motoren und Transformatoren, unter Vermeidung mathematischer Ableitungen.

Lehrbuch der Elektrotechnik. Von Professor E. STÖCKHARDT, Diplomingenieur und Studienrat. Dritte, umgearbeitete Auflage. Mit mehreren hundert Abbildungen. Oktav. VIII, 327 Seiten. 1925. Geb. RM. 13.—

Einer Erläuterung der allgemeinen theoretischen Grundlagen folgt eine zusammenfassende Übersicht über Leitungen und Zubehör, Beleuchtung, Magnetismus, Gleichstromerzeuger, Sammler, Wechselstrom, Atomlehre, Quecksilberdampfgleichrichter, drahtlose Telegraphie und Telephonie.

Einführung in die Elektrotechnik. Hochschulvorlesungen von Dr. C. HEINKE, o. Professor der Elektrotechnik an der Technischen Hochschule München, Geh. Reg.-Rat. Zweite, neubearbeitete Auflage. Mit 560 Abbildungen. Oktav. 490 Seiten. 1924. Geb. RM. 18.—

Aus dem Inhalt: Die elektrotechnisch wichtigen Grunderscheinungen und elektromagnetischen Begriffe, Energiewandlungen mit Erzeugung elektrischer Spannungen. Die technische Erzeugung elektrischer Arbeit. Die technische Verwertung elektrischer Arbeit. Elektrische Meßgeräte.

Elektrotechnik. Einführung in die Starkstromtechnik. Von Prof. J. HERRMANN. (Sammlung Göschen Bd. 196—198, 657.)

I. Die physikalischen Grundlagen. Fünfte, neubearb. Auflage. Mit 88 Figuren und 16 Tafeln. RM. 1.80

II. Die Gleichstromtechnik. Fünfte, neubearbeitete Auflage Mit 121 Figuren und 16 Tafeln. RM. 1.80

III. Die Wechselstromtechnik. Fünfte Auflage. Mit 153 Figuren und 16 Tafeln. RM. 1.80

IV. Die Erzeugung und Verteilung der elektrischen Energie. Zweite Auflage. Mit 100 Figuren und 16 Tafeln. RM. 1.80

Die vorliegenden Bände behandeln in leichtverständlicher und übersichtlicher Weise die Starkstromelektrotechnik und bieten in engem Rahmen auf streng wissenschaftlicher Grundlage das auf dem Gebiet der Starkstromtechnik Wissenswerte. Die auf den Tafeln abgebildeten Maschinen, Motoren. Umformer, Transformatoren und Apparate entsprechen den neuesten Ausführungsformen.

Empfindliche Galvanometer für Gleich- und Wechselstrom. Von Dr. OTTO WERNER. Mit 23 Abbildungen und 17 Tabellen. Groß-Oktav. VIII, 208 Seiten. 1928. RM. 13.—, geb. 14.—

Der Verfasser erörtert Aufbau, Arbeitsweise und Empfindlichkeitsarten der Galvanometerkonstruktionen sowohl für Gleich- als auch für Wechselstrom und gibt Gesichtspunkte für die Galvanometerauswahl und kritische Vergleiche der Galvanometertypen.

Die Kommutatormaschinen für einphasigen und mehrphasigen Wechselstrom. Von Dr.-Ing. e. h. M. SCHENKEL, Oberingenieur der Siemens-Schuckertwerke. Mit 124 Abbildungen. Oktav. VII, 259 Seiten. 1924. RM. 10.50, geb. 12.—

Siemens-Handbücher. Herausgegeben von der Siemens & Halske A.G. und der Siemens-Schuckertwerke A.G.

Die Siemens-Handbücher geben eine klare, streng übersichtliche und verständliche Darstellung der gesamten Elektrotechnik in ihren Einzelgebieten. Ihre besondere Stärke ist die Herkunft aus der Praxis, vornehmlich der der Siemenswerke; die Einzelkapitel werden von Spezialisten geschrieben.

I. Band: **Allgemeine Grundlagen der Elektrotechnik.** Von C. MICHALKE. Mit 153 Abbildungen. XII, 167 Seiten. 1925. Geb. RM. 5.—

V. Band: **Das Kraftwerk Fortuna II.** Monographie eines Dampfkraftwerkes in systematischer Darstellung. Bearb. von A. SCHREIBER. Mit 141 Abbildungen im Text und auf 7 Tafeln. XVI, 175 Seiten. 1925. Geb. RM. 6.50

VI. Band: **Elektrische Messungen.** Von W. SKIRL. Mit 431 Bildern. XIV, 455 Seiten. 1928. Geb. RM. 11.—

VII. Band: **Der Leistungsfaktor und Blindleistung.** Von SCHAROWSKY. Mit 159 Bildern. Oktav. IX, 197 Seiten. 1930. Geb. RM. 7.50

VIII. Band: **Elektrisches Schaltzeug.** Bearb. von E. SCHUPP. Mit 314 Abbildungen. XII, 179 Seiten. 1927. Geb. RM. 5.40

XII. Band: **Elektrizität in der Landwirtschaft.** Bearb. von C. BUSCHKIEL. Mit 185 Abbildungen. XII, 171 Seiten. 1927. Geb. RM. 5.40

XIII. Band: **Elektrizität im Bergbau.** Bearb. von J. BÄUMER, C. HAHN, H. KREISLER, A. PASSAUER, W. PHILIPPI, K. SCHADE, L. STEINER und der Literar. Abteilung der Siemens & Halske A.-G. Wernerwerk. Mit 335 Abbildungen und 3 Tafeln. XII, 390 Seiten. 1926. Geb. RM. 11.50

XV. Band: **Elektrische Bahnen.** Bearb. von O. HÖRING. Mit 502 Abbildungen, 9 Zahlentafeln, 1 Karte und 8 Tiefdruckbeilagen. XV, 515 Seiten. 1929. Geb. RM. 15.—

Lehrbuch der Physik. Nach Vorlesungen an der Technischen Hochschule zu München. Von H. EBERT, weiland Professor an der Technischen Hochschule München.

I. Band: **Mechanik, Wärmelehre.** Mit 168 Abbildungen. Zweite, unveränderte Auflage. Groß-Oktav. XX, 661 Seiten. 1917. Anastatischer Neudruck 1920. RM. 20.—, geb. 21.50

II. Band, I. Teil: **Die elektrischen Energieformen.** Fertiggestellt und herausgegeben von C. Heinke, o. Professor an der Technischen Hochschule München. Mit 341 Abbildungen im Text. Groß-Oktav. XX, 687 Seiten. 1920. RM. 22.—, geb. 24.—

II. Band, II. Teil: **Die strahlende Energie.** Unter Mitwirkung von Privatdozent Dr. von Angerer, Professor Dr. W. Kossel, Professor Dr. Emden und Geheimrat Professor Dr. Sommerfeld, fertiggestellt und herausgegeben von Dr. C. Heinke, o. Professor der Elektrotechnik an der Technischen Hochschule München und Geheimer Regierungsrat. Mit 196 Abbildungen im Text. Groß-Oktav. XII, 416 Seiten. 1923. RM. 15.—, geb. 16.50

Einführung in die theoretische Physik mit besonderer Berücksichtigung ihrer modernen Probleme. Von ARTHUR HAAS, a. o. Professor an der Universität Wien.

I. Band: **Mechanik** nebst allgemeiner Theorie der Vektorfelder, der Schwingungen und der Potentiale. Theorie des elektromagnetischen Feldes und des Lichtes. Thermodynamik. Fünfte und sechste, abermals völlig umgearbeitete und wesentlich vermehrte Auflage. Mit 67 Abbildungen im Text. Groß-Oktav. X, 396 Seiten. 1930. RM. 15.—, geb. 16.50

II. Band. Fünfte und sechste, abermals völlig umgearbeitete und wesentlich vermehrte Auflage. Mit 85 Abbildungen im Text und auf 6 Tafeln. Groß-Oktav. VIII, 448 Seiten. 1930. RM. 17.—, geb. 18.50

Künstliche Verwandlung der Elemente (Zertrümmerung der Atome). Von Dr. HANS PETTERSSON, Göteborg (Schweden). Aus dem Schwedischen übersetzt von E. Kirsch. Mit 59 Figuren im Text. Groß-Oktav. 1929. RM. 8.—, geb. 9.—

Das Naturbild der neuen Physik. Von Dr. ARTHUR HAAS, a. o. Professor an der Universität Wien. Zweite, wesentlich vermehrte und verbesserte Auflage. Mit 17 Figuren im Text und auf 2 Tafeln. Groß-Oktav. V, 116 Seiten. 1924. RM. 5.—, geb. 6.—

Die Welt der Atome. Zehn gemeinverständliche Vorträge. Von Dr. ARTHUR HAAS, a. o. Professor für Physik an der Universität Wien. Mit 37 Figuren im Text und auf 3 Tafeln. Oktav. XII, 130 Seiten. 1926. RM. 4.80, geb. 6.—

Vektoranalysis in ihren Grundzügen und wichtigen physikalischen Anwendungen. Von Dr. ARTHUR HAAS, a. o. Professor an der Universität Wien. Zweite, verbesserte Auflage. Mit 37 Abbildungen im Text. Groß-Oktav. VII, 147 Seiten. 1929. RM. 5.—, geb. 6.—

Die Physik. Von Dr. LEO GRAETZ, o. ö. Professor der Physik an der Universität München. Zweite, verbesserte und vermehrte Auflage. Mit 395 teils farbigen Abbildungen im Text und 12 farbigen und schwarzen Tafeln. Royal-Oktav. XII, 582 Seiten. 1923. RM. 10.—, geb. 12.50

Die Schwingung als Vortriebsfaktor in Natur und Technik. Gedanken eines Ingenieurs über das Problem der schwingenden Propulsion in Technik und Biologie. Von HANS SCHRAMM. Mit 54 Abbildungen. Oktav. VI, 91 Seiten. 1927. RM. 4.—

Neue Wege wirtschaftlicher Betriebsführung. Von Dr. ALEXANDER HELLWIG, Diplom-Kaufmann, und FRANK MÄCKBACH, Diplom-Ingenieur. Oktav. 150 Seiten. 1928. Geb. RM. 6.—

Allgemeine Betriebswirtschaftslehre der Unternehmung. Von Dr. KONRAD MELLEROWICZ. (Sammlung Göschen Bd. 1008.) Geb. RM. 1.80

Wirtschaftlichkeit in technischen Betrieben insbesondere der Kraftanlagen. Von Dr. FR. SCHMIDT, Privatdozent an der Technischen Hochschule Berlin. Oktav. 72 Seiten. Mit 16 Abbildungen im Text. RM. 1.60, steif kart. 2.20

Wilhelm von Siemens. Ein Lebensbild. Gedenkblätter zum 75jährigen Bestehen des Hauses Siemens & Halske. Von AUGUST ROTTH. Mit 5 Tafeln in Lichtdruck. Oktav. V, 224 Seiten. 1922. RM. 2.60, geb. 4.—

Einführung in die Theorie der Wärme. Von Dr. HEINRICH MACHE, o. ö. Professor an der Technischen Hochschule in Wien. Mit 96 Textfiguren. Groß-Oktav. VIII, 319 Seiten. 1921. RM. 8.—, geb. 9.—

Aus dem Material von Vorlesungen entstanden und auf einem Minimum von mathematischen und physikalischen Kenntnissen aufbauend, ist das Werk eine Einführung zur streng wissenschaftlichen Behandlung dieses Themas.

Die Physik der Verbrennungserscheinungen. Von Dr. HEINRICH MACHE, o. ö. Professor an der Technischen Hochschule in Wien. Mit 43 Abbildungen im Text und auf 2 Tafeln. Groß-Oktav. V, 133 Seiten. 1918. RM. 3.—, geb. 3.80

Zur Einführung in alle Wissensgebiete empfehlen wir die

Sammlung Göschen. Bisher sind über 1000 Bände erschienen aus folgenden Gebieten: Astronomie / Berg- und Hüttenwesen / Chemie / Eisenbahnwesen / Elektrotechnik / Erdkunde / Länder- und Völkerkunde / Geschichte und Kulturgeschichte / Handelswissenschaft / Hochbautechnik / Ingenieurbau / Kriegswissenschaft / Kunst / Land- und Forstwirtschaft / Literaturgeschichte / Maschinenbautechnik / Mathematik / Medizin, Hygiene, Pharmazie / Musik / Naturwissenschaften / Philosophie / Physik / Rechtswissenschaft / Religionswissenschaft und Theologie / Sprachwissenschaft / Stenographie / Technologie / Unterrichtswesen / Volkswirtschaft. Jeder Band gebunden RM. 1.80

Gesamtverzeichnisse und Sonderverzeichnisse von den obengenannten Gebieten liefern wir unter Bezugnahme auf diese Ankündigung kostenlos.

Natur und Mensch. Die Naturwissenschaften und ihre Anwendungen. Herausgegeben von Dr. C. W. SCHMIDT. Vier Bände. Lexikon-Oktav.

I. Band: **Weltraum und Erde.** Von Dr. H. H. Kritzinger und Dr. C. W. Schmidt. Mit 409 Abbildungen und 30 zum Teil farbigen Tafeln. XII, 494 Seiten. 1926. In Leinen RM. 32.—, in Halbleder 36.—

II. Band: **Das Leben und seine Entwicklung.** Von Professor Dr. C. Schäffer, Professor Dr. W. Gothan und Professor Dr. Freiherr E. Stromer von Reichenbach. Mit 352 Abbildungen im Text und 28 teils farbigen Tafeln. XI, 563 Seiten. 1926. In Leinen RM. 32.—, in Halbleder 36.—

III. Band: **Der Mensch und seine Entwicklung.** Von Professor Dr. G. Kraitschek und Dr. F. Capeller. Mit 243 Abbildungen und 24 teils farbigen Tafeln. XI, 422 Seiten. 1929. In Leinen RM. 32.—, in Halbleder 36.—

IV. Band: **Angewandte Naturwissenschaften.** 1930. Im Druck.

Deutscher Kulturatlas. Herausgegeben von GERHARD LÜDTKE und LUTZ MACKENSEN. Quer-Folio. In Lieferungen zu je 8 Karten. Mindestbezug 8 Karten nach beliebiger Wahl. RM. 2.—
Subskriptionspreis je Lieferung bei Bezug des ganzen Atlasses RM. 1.60

Der „Deutsche Kulturatlas" setzt sich die Aufgabe, Werdegang und Entwicklung des deutschen Lebens in sinnfälliger und greifbarster Weise vor Augen zu führen. Die Linien, die die einzelnen geistesgeschichtlichen Epochen verbinden, und die Fäden, die sich zwischen den verschiedenen Kulturzweigen des gleichen Zeitalters hin und her spinnen, möchte er aufzeigen: inwieweit geistige Schöpfungen vom politischen Geschehen, vom wirtschaftlichen Zeitzustand, von landschaftlicher Sonderentwicklung abhängig sind, ob und wieweit Schöpfer und Schöpfung Ergebnisse ihrer zeitlichen, geistigen und geographischen Umwelt sind.

Die 500 Karten werden u. a. folgende Gebiete umfassen (jede eine graphische Darstellung mit nebengesetztem Text): Vorgeschichte / Geschichte / Siedlung / Wirtschaft und Verkehr / Religionsgeschichte / Recht / Sprache / Literaturgeschichte / Bildungsgeschichte / Philosophie / Kunstgeschichte / Musik.

S O N D E R P R O S P E K T   K O S T E N L O S

FSC
www.fsc.org
MIX
Papier | Fördert
gute Waldnutzung
FSC® C083411

Zeitfracht Medien GmbH
Ferdinand-Jühlke-Straße 7
99095 Erfurt, Deutschland
produktsicherheit@kolibri360.de